配电网规划1000问

冯凯 主编

U0261438

中国电力出版社
CHINA ELECTRIC POWER PRESS

内 容 提 要

本书结合国家、行业、企业标准和政策文件要求，坚持问题导向，对配电网规划各阶段工作中的实际问题进行全面梳理，全书从配电网规划基础、配电网规划区域划分、配电网现状评估、电力负荷预测、电源规划研究和电力电量平衡、配电网规划目标和主要技术原则、配电网网架规划、配电网智能化规划、配电网电力设施空间布局规划、配电网项目可研前期管理、用户和电源接入、电气计算、配电网规划技术经济分析、配电网规划评估和项目后评价、配电网新技术、配电网价值拓展、配电网规划管理、配电网规划数字化发展共18个方面的问题深入浅出地进行解答，旨在填补配电网规划基础工具书的空白，满足各级配电网规划人员专业水平提升需求。

本书通过为读者答疑解惑，可供电力企业各级配电网规划人员参考开展规划业务，也可供高校师生学习配电网规划专业相关知识，是一本知识点全、权威性强的配电网规划参考书。

图书在版编目（CIP）数据

配电网规划 1000 问/冯凯主编 . —北京：中国电力出版社，2023.3（2024.3 重印）
ISBN 978 - 7 - 5198 - 6207 - 7

Ⅰ.①配… Ⅱ.①冯… Ⅲ.①配电系统－电力系统规划－问题解答 Ⅳ.①TM715 - 44

中国版本图书馆 CIP 数据核字（2021）第 235160 号

出版发行：中国电力出版社
地　　址：北京市东城区北京站西街 19 号（邮政编码 100005）
网　　址：http://www.cepp.sgcc.com.cn
责任编辑：王春娟　陈　倩（010 - 63412512）
责任校对：黄　蓓　朱丽芳　马　宁
装帧设计：郝晓燕
责任印制：石　雷
印　　刷：北京九州迅驰传媒文化有限公司
版　　次：2023 年 3 月第一版
印　　次：2024 年 3 月北京第三次印刷
开　　本：710 毫米×1000 毫米　16 开本
印　　张：25.25
字　　数：494 千字
定　　价：98.00 元

编 写 组

主　　编　冯　凯

副 主 编　赵洪磊　　李敬如　　谷　毅　　娄奇鹤

编写人员　吴志力　　张　翼　　王雅丽　　崔　凯　　刘艳茹　　王云飞
　　　　　　张甲雷　　梁　昊　　白　宇　　郭　玥　　孙　洲　　胡诗尧
　　　　　　赵　娟　　丁羽顿　　赵　峰　　王登政　　王玉东　　时光远
　　　　　　张祥龙　　王大成　　吴聪颖　　耿晓晓　　陈　炜　　刘立扬
　　　　　　王紫琪　　侯　佳　　刘文轩　　李弘毅　　马邱哲　　刘　敏
　　　　　　付　瑶　　赵　敏　　王翼飞　　王　辉　　王　蕾　　刘塈煜
　　　　　　赵　龙　　赵　韧　　张林垚　　吴桂联　　高栋梁　　戴　攀
　　　　　　邱　逸　　孙鹏飞　　安　娟　　黄　河　　刘桂林　　杨　洁
　　　　　　李　科　　綦陆杰　　张　媛　　高　克　　王　骏　　黄晓义
　　　　　　张睿智　　李顺昕　　章　德　　黄宗君　　翁秉宇　　李天骄
　　　　　　陈　浩　　杨宇玄　　张清周　　檀晓林　　韩　俊　　李亚馨
　　　　　　杨　卓　　刘立党　　李宁可　　朱　夏　　宋卓然　　左　峰
　　　　　　郑孝杰　　骆韬锐　　安佳坤　　徐　超　　孙义豪　　马千里
　　　　　　杨　波　　梁　毅　　刘　颖　　苟继军　　马会轻　　贺琪博
　　　　　　殷　跃　　韩震焘　　韩　柳　　李均华　　杨银鹏　　张子信
　　　　　　张文涛　　金广祥　　陈一鸣　　赵郁婷　　辛培哲　　冯寅峰
　　　　　　王　浩　　尹天阳　　王东博　　姚实颖　　罗劲瑭　　于慧芳
　　　　　　项　丽　　胡　平　　彭　卉　　刘晋雄　　张笑弟　　赵　锋
　　　　　　叶　炜　　李小明　　陈冰斌　　王华慧　　阮琛奂　　袁明瀚
　　　　　　张　超　　陈世君　　梁　荣　　杨　欣　　李　莉　　江卓翰
　　　　　　李铁良　　王敬哲　　王　义　　焦　波　　胡哲晟　　韩一鸣
　　　　　　张泽宇　　杨　扬　　陈文献

前　言

党的二十大报告提出以中国式现代化推进中华民族伟大复兴。我国已开启全面建设社会主义现代化国家新征程，积极稳妥推进碳达峰碳中和，加快构建新型能源体系和新型电力系统。作为城乡重要基础设施，配电网具备新型电力系统全部要素，既承担着广泛的政治责任、经济责任和社会责任，也是发展新业务、新业态、新模式的物质基础，在落实国家战略部署、服务人民美好生活中发挥着"主战场""主阵地""主力军"作用。

作为指导配电网发展的龙头，配电网规划对推动落实配电网高质量、高效率、精益化发展意义重大。随着"放管服"改革深入推进，电网企业配电网规划业务已逐步下放到市、县层级，各层级配电网规划人员亟需一本系统全面解答配电网规划关键问题的工具书，以便更好地开展配电网规划相关工作。为此，基于国家、行业、企业标准和政策文件要求，根据国家电网公司发展战略，从配电网规划工作遇到的实际问题出发，编写《配电网规划1000问》一书。本书共分十八章，从配电网规划基础、配电网规划区域划分、配电网现状评估、电力负荷预测、电源规划研究和电力电量平衡、配电网规划目标和主要技术原则、配电网网架规划、配电网智能化规划、配电网电力设施空间布局规划、配电网项目可研前期管理、用户和电源接入、电气计算、配电网规划技术经济分析、配电网规划评估和项目后评价、配电网新技术、配电网价值拓展、配电网规划管理、配电网规划数字化发展等方面，梳理了1010个与配电网规划有关的问题，以期覆盖不同层级规划人员规划工作需求，全面提升各级配电网规划人员的专业水平，为配电网规划工作提供指导和帮助。

本书的出版得到了国网经济技术研究院有限公司提供的大力支持，在此表示感谢！

虽然编写人员付出了巨大努力，由于配电网技术发展迅猛，新要素、新业态层出不穷，加上编者水平有限，书中难免有不足或疏漏之处，敬请读者及同仁不吝赐教。

编者
2023 年 3 月

目 录

第一章　配电网规划基础

第一节　概述

1. 什么是配电网?

配电网是从电源侧（输电网、发电设施、分布式电源等）接受电能，并通过配电设施就地或逐级分配给各类用户的电力网络，对应电压等级一般为 110kV 及以下。其中，35~110kV 电网为高压配电网，10（20、6）kV 电网为中压配电网，220/380V 电网为低压配电网。

2. 配电网具有哪些特点?

配电网承担电能分配的作用，资产规模大，处于输电网/电源与电力用户之间，直接面向用户。配电网的规划设计、建设改造、运行维护直接关系到整个电网企业的经济效益和广大电力用户的安全可靠供电。配电网具有以下特点：

（1）配电网资产规模大，建设标准直接决定了全社会生产成本、电网企业的投产能力及用户供电可靠性。

（2）配电网发展应以用户需求为导向，不仅要与上一级电网协调优化，更要满足用户接入及供电需求。

（3）配电网是新型电力系统发展的重要环节，是分布式电源与多元负荷接入、微电网与综合能源利用、智能化与信息化建设的主要平台。

（4）配电网单个工程小，建设周期短，用户需求变化快，改造频繁。

（5）配电网与道路、桥梁等市政设施以及其他市政管线关系紧密，工程实施受所在地区市政条件和政策法规影响大，不可控因素多。

3. 配电网规划的主要作用是什么?

配电网规划是电网规划的重要组成部分，也是国土空间规划的重要组成部分，科学、合理的配电网规划可以最大限度地节约配电网建设投资，提高配电网运行的可靠性和经济性，满足电力用户的安全可靠用电，保障国民经济健康发展。主要作用包括：

（1）明确适合规划区域的配电网发展技术原则和建设标准，推动新技术、新工艺、新方法的落地。

（2）明确与经济社会发展及国土空间规划相适应的配电网规划目标。

（3）制定配电网近期、中期规划方案及规划项目，明确建设时序和投资规模，指导配电网建设有序开展。

（4）提出配电网电力设施布局所需的站址、廊道等资源需求，促进配电网与城乡建设协调发展。

4. 配电网规划的特点是什么？

基于配电网的特点以及配电网规划的作用，决定了配电网规划具有以下特点：

（1）配电网规划要以满足用户可靠性为目标，兼顾地区差异化特点和电网建设的经济性。

（2）规划边界条件复杂。各类用户接入标准及要求不同，配电网规划应满足用户接入及供电需求，还应与上一级电网规划协调。同时，适应外部条件变化，与城乡其他基础设施建设相协调。

（3）规划应统筹标准化和差异化需求。配电网规划时应执行统一的技术原则和建设标准。同时，考虑地区发展差异及供电需求差异，在保证可靠供电的前提下，为兼顾经济性，应充分考虑不同地区及不同阶段方案的差异性。

（4）规划应考虑一定的适应性。制定规划时，应充分考虑配电网建设外界条件复杂、建设周期要求短的特点，满足配电网发展需求。同时，随着分布式电源及电动汽车等多元化负荷的发展，对规划的前瞻性及适应性要求更高。

5. 配电网规划应遵循哪些基本原则？

配电网规划应遵循以下原则：

（1）坚持各级电网协调发展，将配电网作为一个整体系统，满足各组成部分间的协调配合、空间上的优化布局和时间上的合理过渡。各电压等级变电容量与用电负荷、电源装机和上下级变电容量相匹配，各电压等级电网具有一定的负荷转移能力，并与上下级电网协调配合、相互支援。

（2）坚持以效益效率为导向，在保障安全质量的前提下，处理好投入和产出的关系、投资能力和需求的关系，综合考虑供电可靠性、电压合格率等技术指标与设备利用效率、项目投资收益等经济性指标，优先挖掘存量资产作用，科学制定规划方案，合理确定建设规模，优化项目建设时序。

（3）遵循资产全寿命周期成本最优的原则，分析由投资成本、运行成本、检修维护成本、故障成本和退役处置成本等组成的资产全寿命周期成本，对多个方案进行比选，实现电网资产在规划设计、建设改造、运维检修等全过程的整体成本最优。

（4）遵循差异化规划原则，根据各省各地和不同类型供电区域的经济社会发展阶段、实际需求和承受能力，差异化制定规划目标、技术原则和建设标准，合理满足区域发展、各类用户用电需求和多元主体灵活便捷接入。

（5）全面推行网格化规划方法，结合国土空间规划、供电范围、负荷特性、用户需求等特点，合理划分供电分区、网格和单元，细致开展负荷预测，统筹变电站出线间隔和廊道资源，科学制定目标网架及过渡方案，实现现状电网到目标网架平稳过渡。

（6）面向智慧化发展方向，加大智能终端部署和配电通信网建设，加快推广应用先进信息网络技术、控制技术，推动电网和信息系统融合发展，提升配电网互联互济能力和智能互动能力，有效支撑分布式能源开发利用和各种用能设施"即插即用"，实现"源网荷储"协调互动，保障个性化、综合化、智能化服务需求，促进能源新业务、新业态、新模式发展。

（7）加强计算分析，采用适用的评估方法和辅助决策手段开展技术经济分析，适应配电网由无源网络到有源网络的形态变化，促进精益化管理水平的提升。

（8）确保与政府规划相衔接，按行政区划和政府要求开展电力设施空间布局规划，规划成果纳入地方国土空间规划，推动变电站、开关站、环网室（箱）、配电室站点，以及线路走廊用地、电缆通道合理预留。

6. 配电网规划的流程是什么？

配电网规划的主要流程步骤如下：

（1）资料收集。收集内容既应包括电网、发电设施、多元化负荷、电力管廊的现状及规划等电力系统相关的资料，还应包括国土空间规划等社会经济相关的资料。

（2）现状诊断分析。单个设备分析与总量分析、全电压等级协调发展分析相结合，深入剖析配电网现状，从供电能力、网架结构、装备水平、运行效率、智能化等方面，诊断配电网存在的主要问题及原因，结合地区经济社会发展要求，分析面临的形势。

（3）电力需求预测。结合历史用电情况和社会经济发展趋势，预测规划期内电量与负荷的发展水平，分析用电负荷的构成及特性，根据电源规划、用户接入预测，提出分电压等级网供负荷需求，具备国土空间详细规划的地区应进行空间负荷预测，并对地区饱和负荷进行科学预测，进一步掌握用户及负荷的分布情况和发展需求。

（4）供电区域划分。依据饱和负荷密度，参考行政级别、经济发达程度、城市功能定位、用户重要程度、用电水平、GDP 等因素，合理划分配电网供电区域，分别确定各类供电区域的配电网发展目标，以及相应的规划技术原则和建设标准。

（5）发展目标确定。结合地区经济社会发展需求，提出配电网供电可靠性、电能质量、网架结构和装备水平等规划水平年发展目标和阶段性目标。

（6）变配电容量估算。根据网供负荷预测结果，并考虑各类电源参与的电力平衡分析结果，依据容载比、负载率等相关技术原则要求，确定规划期内各电压等级变电、配电容量需求。

（7）网架方案制定。制定各电压等级目标网架及过渡方案，科学合理布点、布线，优化各类变配电设施的空间布局，明确站址、线路通道等建设资源需求。

（8）用户和电源接入。根据不同电力用户和电源的可靠性需求，结合目标网架，提出接入方案，包括接入电压等级、接入位置等；对于分布式电源、电动汽车充换电设施、电气化铁路等特殊电力用户，开展谐波分析、短路计算等必要的专题论证。

（9）电气计算分析。开展潮流、短路、可靠性、安全性、电压质量、无功平衡等电气计算，分析校验规划方案的合理性，确保方案满足电压质量、安全运行、供电可靠性等技术要求。

（10）二次系统与智能化规划。提出与一次系统相适应的二次系统（继电保护与自动装置）、配电自动化、通信网络等方面相关技术方案；分析分布式电源及多元化负荷高渗透率接入的影响，推广应用先进传感器、自动控制、信息通信、电力电子等新技术、新设备、新工艺，提升智能化、信息化水平。

（11）投资估算。根据配电网建设与改造规模，结合典型工程造价水平，估算确定投资需求，以及资金筹措方案。

（12）技术经济分析。综合考虑企业营业情况、电价水平、售电量等因素，计算规划方案的各项技术经济指标，估算规划产生的经济效益和社会效益，分析投入产出和规划成效。

7. 配电网规划工作应符合哪些具体工作要求？

配电网规划工作包括配电网规划边界条件的确定，配电网规划的编制、评审、评估和滚动调整，具体工作要求如下：

（1）配电网规划范围应覆盖电力企业全部经营区域（不包括增量配电区域）。

（2）配电网规划是电力企业安排项目前期、制定投资计划、实施工程建设等工作的重要依据，编制重点是提出规划期各级配电网的建设方案、建设项目安排、

逐年投资估算等。

（3）配电网规划应与主网架、通信网、智能终端、数据平台、应用系统等专业规划有机衔接，统筹考虑配电网与新型电力系统发展需求，推动配电网一、二次与信息化的共建共维。

8. 配电网规划编制的主要内容是什么？

配电网规划编制内容主要包括以下几部分：

（1）规划目的和依据。包括规划目的和意义、规划思路、规划范围与年限、规划依据等内容。

（2）地区经济社会发展概况。包括规划地区总体情况、经济社会发展历史、经济社会发展规划等内容。

（3）电网现状。包括供电企业概况、电力需求情况、并网电源情况、高压配电网现状、中压配电网现状、低压配电网现状、电网现状评估以及问题分析。

（4）电力需求预测。包括历史数据分析、电量需求预测、电力需求预测及负荷特性分析预测等内容。

（5）规划目标和技术原则。包括规划区域划分、规划目标及高中低压配电网主要技术原则。

（6）电源规划。包括常规电源（水电、火电等）接入和新能源电源（风电、光伏发电及生物质发电等）接入规划方案。

（7）配电网规划方案。根据配电网特点，配电网规划方案应分为高压配电网规划方案和中低压配电网规划方案。

（8）其他相关规划内容。包括通信系统、配电自动化、继电保护及自动装置等与配电网规划相关的其他专项规划内容，明确技术原则及建设方案等。

（9）投资估算与规划成效分析。包括投资估算依据、规划投资、资金筹措方案以及规划成效分析等内容。根据需要进行投入效率分析、财务评价、敏感性分析等经济效益分析，必要时进行社会效益分析。

（10）结论与建议。包括规划期内的建设规模、投资估算等主要规划结论。视需要对配电网发展、建设中迫切需要解决的问题提出建议。

9. 从社会角度和电网角度看，配电网发展的目标分别是什么？

从社会角度看，配电网发展应能满足地方经济发展和社会进步需要，安全可靠、经济高效、公平便捷地服务电力客户，并促进分布式可调节资源多类聚合，电、气、冷、热多能互补，实现区域能源管理多级协同，提高能源利用效率，降低社会用能成本，优化电力营商环境，推动能源转型升级。

从电网角度看，配电网应具有科学的网架结构、必备的容量裕度、适当的转供能力、合理的装备水平和必要的数字化、自动化、智能化水平，以提高供电保障能力、应急处置能力、资源配置能力。

10. 国民经济和社会发展对配电网的要求是什么？

"十四五"期间，我国经济和社会发展坚定不移贯彻创新、协调、绿色、开放、共享的新发展理念，坚持稳中求进工作总基调，以推动高质量发展为主题，以深化供给侧结构性改革为主线，以改革创新为根本动力，以满足人民日益增长的美好生活需要为根本目的，统筹发展和安全，加快建设现代化经济体系，加快构建以国内大循环为主体、国内国际双循环相互促进的新发展格局，推进国家治理体系和治理能力现代化，实现经济行稳致远、社会安定和谐，为全面建设社会主义现代化国家开好局、起好步。配电网作为重要的公共基础设施，其发展要贯彻落实国家重大战略部署，紧密结合高质量发展方向，积极服务经济社会发展。

（1）服务乡村振兴战略。实施乡村建设行动，以县域为基本单元推进城乡融合发展，升级改造农村电网，支持乡村振兴重点帮扶县建设，实现巩固拓展脱贫攻坚成果同乡村振兴有效衔接。

（2）服务新型城镇化战略。以城市群、都市圈为依托促进大中小城市和小城镇协调联动、特色化发展，加快县城电网补短板强弱项，支撑老旧小区、楼宇等功能改造，为人民群众提供更高品质的供电服务。

（3）服务区域协调发展战略。加快配电网规划建设，全面服务京津冀、长江经济带、长三角一体化、黄河流域等区域重大战略，支持西部大开发、东北全面振兴、中部地区崛起、东部率先发展。

（4）构建现代能源体系。加快电网基础设施智能化改造和智能微电网建设，加强源网荷储衔接，提升清洁能源消纳和存储能力，提升向边远地区输配电能力。

（5）加快数字化发展。加快推动数字产业化，在智慧能源领域开展试点示范。推动配电网智能化升级，实现源网荷储互动、多能协同互补、用能需求智能调控。

（6）坚持绿色发展。深入打好污染防治攻坚战，因地制宜推动北方地区清洁取暖，落实 2030 年碳达峰、2060 年碳中和目标，推动能源清洁低碳安全高效利用。

11. 区域协调发展战略对配电网的要求是什么？

2020 年 5 月 22 日，国务院总理李克强在发布的 2020 年国务院政府工作报告中提出，加快落实区域发展战略。继续推动西部大开发、东北全面振兴、中部地区崛起、东部率先发展。深入推进京津冀协同发展、粤港澳大湾区建设、长三角一体化发展。推进长江经济带共抓大保护。编制黄河流域生态保护和高质量发展规划纲要。推动成渝地区双城经济圈建设。促进革命老区、民族地区、边疆地区、贫困地区加快发展。服务海洋经济发展。

区域协调发展战略对优化重塑城乡区域发展格局，补短板、强弱项，拓展发展新空间、增强发展后劲，实现全面协调可持续发展提出更高要求。随着区域协调发展战略深入推进，服务中心城市和城市群发展、实现农业农村现代化，要求配电网加快补齐电网发展短板，消除电网安全隐患，推进东部地区城乡电网一体化、中部地区供电服务均等化、西部地区供电保障再提升，满足人民美好生活用能需求，显著提升中心城市和城市群电网承载能力，助力形成主体功能明显、优势互补、高质量发展的区域经济布局。

12. 新型城镇化战略是什么？　其对配电网的要求是什么？

新型城镇化是以城乡统筹、城乡一体、产城互动、节约集约、生态宜居、和谐发展为基本特征的城镇化，是大中小城市、小城镇、新型农村社区协调发展、互促共进的城镇化。积极推进新型城镇化建设，要求实现农村配电网转型升级。新型城镇化建设带来城乡经济社会快速发展，主要产业结构将发生深刻变化，传统农村向城镇化转型必将伴随现代农业、基础设施、生活方式、交通环保和清洁能源利用等新发展模式出现。不同发展类型的小城镇在供电能力、供电质量、新能源利用、基础设施布局和供电模式等方面都将对配电网建设提出不同的要求，迫切需要加快配电网转型升级，提升信息化、自动化和智能化水平，使其具备较强的双向互动、协调控制能力，为配电网服务新型城镇化建设注入不竭动力。

13. 乡村振兴战略目标对农村电网的要求是什么？

乡村振兴是习近平总书记 2017 年 10 月 18 日在中国共产党第十九次全国代表大会报告中提出的战略。报告指出，农业农村农民问题是关系国计民生的根本性问题，必须始终把解决好"三农"问题作为全党工作的重中之重，实施乡村振兴战略。按照决胜全面建成小康社会、分两个阶段实现第二个百年奋斗目标的战略安排，中央农村工作会议明确了实施乡村振兴战略的目标任务：到 2035 年，乡村振兴取得决定性进展，农业农村现代化基本实现；到 2050 年，乡村全面振兴，农业强、农村美、农民富全面实现。

未来农村电网发展，必须把落实乡村振兴战略作为工作总遵循，全面加强乡村电气化建设，大力提升农村供电服务水平，加快推进城乡一体化进程和新型城镇化建设，更好地促进农村经济高质量发展。

要持续巩固脱贫攻坚成果，要求发挥农村电网主战场作用。持续巩固脱贫攻坚成果，离不开电力的可靠供应，迫切需要加快补齐农村电网发展和民生短板，提高原有贫困地区电网支撑能力，强化扶贫项目电力保障，创新电网产业扶贫举措，夯实农业农村优先发展基础。

要加快城乡一体化进程，要求缩小城农网发展差距。城乡一体化将提高现代农业发展水平，并逐步实现基础设施和公共服务设施的共建共享，使农民在生产和生活上的电力需求有明显提高。这将对农村电网的供电保障提出更高要求，迫切需要进一步缩小城农网发展差距，推动城乡供电服务一体化、均等化，不断提升农村电网供电能力和供电可靠性，满足农村经济社会快速发展的需要。

在制定农村电网规划方案时，应按照乡村振兴战略"产业兴旺、生态宜居、乡风文明、治理有效、生活富裕"的总要求，充分考虑农村电力发展特点和发展需求，坚持一切从实际出发，遵循"统一规划、统一标准、差异分区、精准施策"的原则，统筹农村电网发展质量和效率效益，合理确定规划目标和建设标准，加快补齐发展短板，提升农村电网供电保障能力，推动构建农村现代能源体系，促进农村能源生产清洁化、消费电气化、配置智慧化，建设与现代化农业、美丽宜居乡村、农村产业融合相适应的新型农村电网，全面支撑农村经济社会发展。

14. 国土空间规划体系给配电网发展带来了怎样的机遇和挑战？

国土空间规划是对一定区域国土空间开发保护在空间和时间上作出的安排，包括总体规划、详细规划和相关专项规划。国家、省、市县编制国土空间总体规划，各地结合实际编制乡镇国土空间规划。相关专项规划是指在特定区域（流域）、特定领域，为体现特定功能，对空间开发保护利用作出的专门安排，是涉及空间利用的专项规划。国土空间总体规划是详细规划的依据、相关专项规划的基础；相关专项规划要相互协同，并与详细规划做好衔接。将配电网规划全面纳入国土空间规划相关工作，对保证配电网规划顺利落地影响显著、意义重大，带来了诸多发展机遇：

（1）能够实现配电网规划与其他专业规划的有效衔接。配电网规划与国土空间规划中主体功能区、土地利用、城乡发展规划等关系密切。在政府部门的统一协调下，通过加强信息资源共享，各行业同步推进工作，有利于解决各专业规划不同期，电网项目落地拿不准、定不下、走不通的问题，提升配电网规划的可操作性。

（2）能够保障配电网规划目标顺利实现。配电网规划纳入国土空间规划后，相关部门和个人不得随意修改、违规变更，这为保护变电站站址、线路廊道以及其他配电设施用地提供了规划依据，有利于配电网规划"一张蓝图绘到底"。

（3）能够提升配电网规划前期工作效率。通过将配电网规划融入国土空间规划体系，土地性质、建设条件、周边环境影响等因素更为清晰明确，减少了配电网工程建设中不确定因素，可有效避免因外部条件变化产生的颠覆性问题，降低工程建设拆迁难度，减少协调工作量，保证配电网规划项目按期投产。

纳入国土空间规划体系也使配电网面临空前的挑战：

（1）国土空间规划"一张图"要求进一步提高电网企业配电网规划前期工作深度，需要加强地方政府国土及其他职能部门在规划编制过程中的参与度，完善规划人员空间规划信息储备。

（2）配电网规划期限与国土空间规划未能形成完全吻合。目前来看，国土空间规划期限明显长于配电网规划，二者之间的差异，给配电网规划未来电力设施布点带来一定的不确定性。

（3）国土空间规划建设标准与配电网规划存在不一致风险。政府部门在制定国土空间规划时，受空间规划及总体规划指标制约，需要对包括供电企业在内的各方利益诉求进行综合平衡，鉴于各地具体情况千差万别，容易在建设标准理解上与供电企业不一致。

15. 新时代的中国能源发展对配电网发展的要求是什么？

中国共产党第十八次全国代表大会以来，我国发展进入新时代，我国的能源发展也进入新时代。习近平总书记提出"四个革命、一个合作"能源安全新战略，为新时代中国能源发展指明了方向，开辟了中国特色能源发展新道路。新时代的中国能源发展需要配电网落实高质量发展要求，深化精益化管理、差异化规划、智慧化提升，解决发展不平衡不充分问题。降低能源对外依存度，提高能源安全保障水平，要求扩大配电网能源生产清洁替代规模、能源消费电能替代规模。要求配电网提供更加高效、便捷的能源服务，拓展综合化、一体化的增值业务。提高用能效率，降低用能成本，要求充分发挥配电网的资源配置价值和行业全方位带动作用，促进形成良好的发展生态。打造企业可持续发展新动能，要求进一步挖掘配电网基础设施和数据资源价值，形成系列产品，有效服务政府决策、行业发展、居民个性化需求。

16. "双碳"目标是什么？　给配电网发展带来哪些挑战？

2020 年 9 月 22 日，习近平总书记在第七十五届联合国大会一般性辩论上宣布，中国将提高国家自主贡献力度，采取更加有力的政策和措施，二氧化碳排放力争于 2030 年前达到峰值，努力争取 2060 年前实现碳中和。12 月 12 日，习近平总书记在气候雄心峰会上进一步宣布，到 2030 年，中国单位国内生产总值二氧化碳排放将比 2005 年下降 65% 以上，非化石能源占一次能源消费比重将达到 25% 左右，森林蓄积量将比 2005 年增加 60 亿 m^3，风电、太阳能发电总装机容量将达到 12 亿 kW 以上。

在国家"双碳"目标激励下，预计到 2025 年，国家电网公司经营区分布式光伏装机容量将达到 1.8 亿 kW，约为 2020 年的 2.5 倍。随着分布式电源的广泛接入，配电网结构形态发生变化，将向供需互动的有源网络过渡，加之源网荷储协同互动等新的功能需求，对配电网发展将产生广泛深远的影响。

（1）配电网发展形态发生较大变化。随着越来越多的新能源接入配电网就地消纳，配电网将由传统的单向接受电力向用户分配逐步演化为有源供电网络，在网络形态上表现为由传统的"注入型"向"平衡型""上送型"转变。同时，分布式可再生能源广泛采用逆变器等设备并网，提高了配电网电力电子化程度和网络结构的复杂性，也加大了运行控制的难度。

（2）配电网运行灵活性面临极大考验。随着"双碳"战略的推进实施，配电主体将更加复杂多元，能源流向更加多样。一方面，智能楼宇、智慧园区、微电网等新型用能组织将大量涌现并接入配电网，与之形成双向互动；另一方面，电动汽车、分布式储能呈现快速发展趋势，"源荷"界限开始模糊化（即出现"产消者"），对配电网运行灵活性提出了更高要求，在保证新能源足额消纳的同时，应能够满足多元化负荷"即插即用"接入需求。

17. 在新型电力系统的框架下，配电网的发展趋势是什么？

未来新型电力系统的核心特征是新能源占主体地位。同时围绕着满足人民对美好生活的向往，电动汽车、清洁供暖、分布式光伏、家用储能、智能家居以及电能替代的广泛应用，使得配电网电源及负荷朝着多元化方向发展。面对源荷两端重大变化，配电网功能与形态也需要进行深刻的变革。新型电力系统框架下的配电网，将向高比例分布式新能源广泛接入、高弹性电网灵活可靠配置资源、高度电气化的终端负荷多元互动、基础设施多网融合数字赋能等方向发展。

18. 构建新型电力系统，配电网运行控制面临哪些挑战？

构建新型电力系统，配电网运行控制更加复杂。首先，配电网发展形态将发生较大变化。随着越来越多的新能源接入配电网就地消纳，配电网将逐步演化为有源供电网络，这也使得配电网电力电子化程度和网络结构复杂度大大增加，进而加大了配电网运行控制的难度。其次，随着"双碳"目标的持续推进，配电主体将更加复杂多元，能源流向更加多样，因而配电网运行灵活性也将面临极大考验。再次，由于风光等可再生能源具有地域积聚效应，大量风光等新能源接入区域较为集中，区域配电网难以消纳，并且为满足新能源最大出力运行工况，新能源发电容易导致主变、线路利用效率降低，影响配电网运行效益。

19. 构建新型电力系统，配电网规划方面应开展哪些工作？

推动构建新型电力系统，配电网规划应支持分布式电源和微电网发展。分布式电源是传统发电形式的重要补充，在"双碳"目标激励下，分布式电源将迎来快速增长阶段，但受到风光资源、建设条件等因素限制，分布式电源能量密度低，还需要与集中式电源共同发展。推进分布式电源就地就近接入，按照"能并尽并"的原则，大力推广应用分布式电源并网典型设计，推动实现各类分布式电源灵活并网和消纳。依托微电网实现分布式电源友好接入，微电网作为相对独立的系统，能够通过源网荷储智能互动平抑分布式电源出力波动，有利于分布式电源的友好接入和就地消纳。因地制宜确定微电网应用场景，微电网建设应紧密结合当地资源禀赋和供用电情况，兼顾技术指标与投资效益，统筹考虑建设运行方式，使其具有更强的生命力和可持续发展能力。推动微电网向更深层次发展，微电网未来仍有很大发展潜力，需要进一步推动微电网更加灵活和多元化发展，更好发挥对分布式电源的支撑作用。

20. 建设"具有中国特色国际领先的能源互联网企业"战略目标内涵是什么？能源互联网与配电网的关系是什么？

建设"具有中国特色国际领先的能源互联网企业"战略目标，其中"具有中国特色"是根本，"国际领先"是追求，"能源互联网"是方向。"具有中国特色"的内涵可以概括为"五个明确"，即明确以习近平新时代中国特色社会主义思想为指导，明确坚持党的全面领导，明确坚持以人民为中心的发展思想，明确走出一条中国特色的电网发展道路，明确走中国特色国有企业改革发展道路。"国际领先"的内涵可以概括为"六个领先"，即经营实力领先、核心技术领先、服务品质领先、企业治理领先、绿色发展领先、品牌价值领先。

能源互联网是以电为中心，以坚强智能电网为基础平台，将先进信息通信技术、控制技术与先进能源技术深度融合应用，支撑能源电力清洁低碳转型、能源综合利用效率优化和多元主体灵活便捷接入，具有清洁低碳、安全可靠、泛在互联、高效互动、智能开放等特征的智慧能源系统。能源互联网包括能源网架体系、信息支撑体系和价值创造体系。

配电网涵盖电力生产、传输、存储和消费的全部环节，具备能源互联网全部要素，是发展新业务、新业态、新模式的物质基础，是建设能源互联网的主战场。能源互联网价值创造更多依赖于配电网的业务延伸，以及配电网信息支撑体系的建设，是配电网发展的高级形态。

第二节　规划编制条件

21. 配电网规划编制依据的材料主要包括哪些？

配电网规划的主要依据包括：本地区统计年鉴、国民经济和社会发展规划、国土空间规划，电网运行、统计基础数据，上级电网规划成果，相关的法律、法规、导则和技术原则，以及其他与配电网规划有关的资料。

22. 配电网规划的边界条件有哪些？

配电网规划的边界条件包括国家战略决策部署、国土空间规划等地方规划、经济社会发展情况、上级电源及现状电网情况、评估结果等。

23. 配电网规划范围涉及哪些方面？

配电网规划范围涉及地域范围（含下辖的区县），涵盖的电压等级范围，以及规划时间范围，即规划基准年、水平年和远景展望年。

24. 规划基准年、 水平年和远景展望年的定义是什么？

规划基准年是电网规划的基础年，一般是每次电网规划的规划期的前一年。分析现状电网就是分析截至规划基准年的配电网实际情况。

规划水平年是要求重点研究，并提供规划成果的年度，一般是规划期内重要年度和规划期末的年度。

远景展望年一般是规划期末的后 5 年或 10 年。

25. 配电网规划近期、 中期、 远期划分的依据和工作重点分别是什么？

配电网规划年限应与国民经济和社会发展规划的年限相一致，一般可分为近期（5 年）、中期（10 年）、远期（15 年及以上），遵循"近细远粗、远近结合"的思路，并建立逐年滚动工作机制。

近期规划应着力解决当前配电网存在的主要问题，并依据近期规划编制年度计划，35～110kV 电网应给出 5 年的网架规划和分年度新建与改造项目；10kV 及以下电网应给出 3 年的网架规划和分年度新建与改造项目，并估算 5 年的建设及投资规模。中期规划应与近、远期规划相衔接，明确配电网发展目标，对近期规划起指导作用。远期规划应侧重于战略性研究和展望。

26. 配电网规划应覆盖哪些电网项目？

配电网规划是电力规划的重要组成部分，配电网规划应实现对配电网输配电服务所需各类电网项目的合理覆盖，包括配电网基建项目和配电网技术改造项目。配电网基建项目是指为配电网提供输配电服务而实施的新建（含扩建）资产类项目，配电网技术改造项目是指对配电网原有输配电服务资产的技术改造类项目。配电网基建和技术改造项目均包含输变电工程项目（配电网）、电网安全与服务项目（通信、信息化、智能化、客户服务等）、电网生产辅助设施项目（运营场所、生产工器具等）。

27. 高压配电网基建项目新建、扩建、改造项目的主要内容和区别分别是什么?

新建项目通常包括变电站（开关站）新建工程、线路新建工程等，是从无到有、新开始建设的项目。

扩建项目通常是指变电站扩建工程、间隔扩建工程等，是在原有基础上进行容量和设备数量增加的项目。

改造项目通常是指主变压器增容改造工程、线路增容改造工程、变电站母线改造工程、综合自动化系统改造工程等，是在原有基础上进行容量的增加、型式的改造，但设备数量并不改变的项目。

28. 扩展性改造项目包括哪些?

扩展性改造项目指改变生产能力、改变电压等级、改变网络结构、改变通道资源使用方式以及因系统参数、设备标准变化而实施的设备整体更换等项目。

29. 按在电网中发挥的优先作用进行分类，各电压等级配电网规划项目功能属性可以分为哪些类别?

35～110kV 电网，市辖供电区项目主要分类包括：解决设备重（过）载、满足新增负荷供电要求、消除设备安全隐患、网架结构加强、变电站配套送出、电源接入、其他等；县级供电区项目主要分类包括：加强与主网联系、解决设备重（过）载、满足新增负荷供电要求、消除设备安全隐患、网架结构加强、变电站配套送出、电源接入、其他等。

10kV 电网，考虑工程在电网中发挥的作用和工程特点等因素构建项目属性将工程进行分类。市辖、县级供电区工程分类包括：解决设备重（过）载、解决"低电压"台区、变电站配套送出、满足新增负荷供电要求、解决"卡脖子"、消除设备安全隐患、加强网架结构、分布式电源接入、电动汽车充换电设施接入、改造高损配电变压器、其他等。

30. 业扩配套项目包括哪些?

业扩配套项目是指根据客户新装、增容用电申请或潜在用电需求，由电网公司投资建设的公共电网连接点以下的配电网新建、改造等工程项目，公共电网连接点以上工程原则上纳入电网公司公共配电网项目实施。包括业扩接入引起的公共电网（含输配电线路、开关站、环网柜等）新建、改造；各类工业园区、开发区内 35kV 及以上中心变电站、10（20）kV 开关（环网）站所等公用的供配电设施；国家批准的各类新增省级及以上园区内用户红线外供配电设施；电能替代项目、电动汽车充换电设施红线外供配电设施。

第三节　数据资料收集

31. 配电网规划基础数据包括哪些内容?

配电网规划基础数据主要包括经济社会、电力供需、用户信息、发电设备、电网设备、电网运行、拓扑关系、典型造价、管道资源、配电网智能化和地理位置 11 类数据。

32. 需向地方政府收集的配电网规划数据资料有哪些?

配电网规划数据中需要向地方政府收集的主要包含经济社会概况等方面的资料,包括描述行政区划、面积、人口、GDP、交通条件、地理环境、资源优势等内容。

33. 配电网规划基础数据主要来源于哪些系统?

配电网规划基础数据主要来源于网上电网系统（plan information system, PIS）、规划计划管理系统、电网调度管理系统（outage management system, OMS）、生产管理系统（production management system, PMS）、电能质量在线监测系统、营销基础数据平台、地理信息管理系统（geographical information system, GIS）7 个专业系统。

34. 配电网规划数据收集应遵循哪些原则?

配电网规划基础数据的收集要充分依托数据信息平台,加快建设覆盖配电网全域的数据资产体系,深化"营配调规"数据链贯通,从源头真实掌握配电网发展情况。

配电网规划要充分发挥"网上电网"平台作用,积极探索利用人工智能方法辅助规划工作应用,量化分析评估手段,实现规划过程信息化、规划决策智能化、规划成果可视化。

配电网规划要加强与各级政府部门的联系,及时掌握和更新规划区重要信息,提高配电网规划内容的全面性和时效性。

按照国家有关法律、法规及有关规定,加强配电网规划数据和相关资料的保密和保管工作。

35. 配电网规划基础数据管理的目标是什么?

配电网规划基础数据管理的目标是形成具有准确性、完整性、一致性、及时性的配电网规划基础数据库，构建职责明确、流程清晰、各方协同的配电网规划基础数据管理体系。基本原则是坚持统一领导、分级管理，专业负责、横向协同，源端唯一、共维共享。

36. 配电网规划基础信息收集、 基础信息数据集成应分别遵循哪些原则？

配电网规划基础信息的收集应遵循规范性、完整性、优先级的原则。配电网规划基础信息的数据集成应遵循统一性、灵活性、最优化的原则。

37. 配电网规划基础信息数据交互应遵循哪些原则？

（1）标准化原则。数据及数据交换的方案应符合电力行业数据规范和要求。

（2）最优化原则。在数据交换过程中，仅交换必要数据，减少冗余数据，保证数据交换的及时性与高效性。

（3）完整性原则。在数据交换过程中，数据内容正确且保存完整，防止数据处理过程出现错误或者数据丢失。

（4）一致性原则。在数据交换过程中，确保源系统数据和规划设计系统数据保持一致，并提供数据同步机制。

（5）安全性原则。在数据交换过程中，保证数据安全，不因偶然或恶意原因使数据遭到破坏、更改或泄露，同时保证网络安全，不因数据交换方式不当导致网络安全防护水平降低或受破坏。

38. 配电网规划基础信息数据交互方式有哪些？

（1）采用数据中心作为中间存储环节进行数据交换。数据请求方发送消息给数据提供方；数据提供方将所需增量或者全量数据推送到数据中心，并返回请求结果给数据请求方；数据请求方从数据中心抽取所需数据，完成数据交换。

（2）采用电网公司统一数据交换平台进行纵向数据交换。省级数据中心通过电网公司统一数据交换平台利用数据同步复制方式将数据纵向传输到电网公司总部数据中心。

（3）采用 E 格式文件实现计算数据与电网调度管理系统及配电网规划计算分析软件的交互。

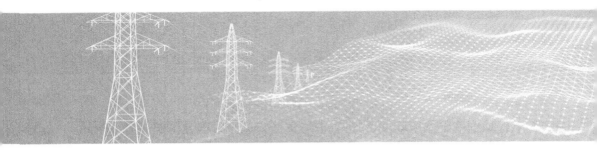

第二章 配电网规划区域划分

第一节 供 电 区 域 划 分

39. 什么是供电区域?

供电区域是配电网差异化规划的重要基础,用于确定区域内配电网规划建设标准,主要依据饱和负荷密度,也可参考行政级别、经济发达程度、城市功能定位、用户重要程度、用电水平、GDP 等因素确定。电网企业经营区供电区域等级划分可分为 A+、A、B、C、D、E 六类。

40. 供电区域等级划分的主要原则是什么?

供电区域等级划分可分为 A+、A、B、C、D、E 六类,供电区域划分的主要原则包括:

(1) 供电区域划分主要依据饱和负荷密度,也可参考行政级别、经济发达程度、城市功能定位、用户重要程度、用电水平、GDP 等因素确定。

(2) 供电区域面积不宜小于 $5km^2$。

(3) 计算饱和负荷密度时,应扣除 110(66)kV 及以上专线负荷和相应面积,以及高山、戈壁、荒漠、水域、森林等无效供电面积。

41. 如何依据饱和负荷密度确定供电区域等级?

饱和负荷是指规划区域在经济社会水平发展到成熟阶段的最大用电负荷。当一个区域发展至某一阶段,电力需求保持相对稳定(连续 5 年年最大负荷增速小于 2%,或年电量增速小于 1%),且与该地区国土空间规划中的电力需求预测基本一致,可将该地区该阶段的最大用电负荷视为饱和负荷。

依据饱和负荷密度 σ(单位:MW/km^2)确定供电区域类别的原则为:

(1) $\sigma \geqslant 30$,供电区域为 A+ 类。

（2）$15 \leqslant \sigma < 30$，供电区域为 A 类。

（3）$6 \leqslant \sigma < 15$，供电区域为 B 类。

（4）$1 \leqslant \sigma < 6$，供电区域为 C 类。

（5）$0.1 \leqslant \sigma < 1$，供电区域为 D 类。

（6）$\sigma < 0.1$，供电区域为 E 类。

42. 各类供电区域主要分布地区是什么？

（1）A+类供电区域主要分布在直辖市市中心城区，或省会城市、计划单列市核心区。

（2）A 类供电区域主要分布在地市级及以上城区。

（3）B 类供电区域主要分布在县级及以上城区。

（4）C 类供电区域主要分布在城镇区域。

（5）D 类供电区域主要分布在乡村地区。

（6）E 类供电区域主要分布在农牧区。

需要说明的是，上述主要分布地区作为参考，实际划分时应综合考虑其他因素。

43. 供电区域划分如何调整？

结合总部级电网公司管理要求，在省级电力公司指导下统一开展供电区域调整工作，在一个规划周期内（一般 5 年）供电区域类型应相对稳定。在新规划周期开始时调整的，或有重大边界条件变化确需在规划中期调整的，应专题说明。

44. A+、A 类供电区域选取有何特殊要求？

A+、A 类供电区域面积应严格限制，原则上规划期末负荷密度远低于 $30MW/km^2$ 或 $15MW/km^2$ 的，不设置为 A+或 A 类供电区域。

第二节　供电网格划分

45. 什么是供电分区？

供电分区指在地市或县域内部，高压配电网网架结构完整、供电范围相对独立、中压配电网联系较为紧密的区域。

46. 什么是供电网格？

供电网格是在供电分区划分基础上，与地方国土空间规划相衔接，具有一定数量高压配电网供电电源、中压配电网供电范围明确的独立区域。

47. 什么是供电单元?

供电单元是在供电网格划分基础上，结合城市用地功能定位，综合考虑用地属性、负荷密度、供电特性等因素划分的若干相对独立的单元。

48. 供电区域、供电分区、供电网格、供电单元之间的关系是什么?

供电区域是配电网差异化规划的重要基础，用于确定区域内配电网规划建设标准。

供电分区、供电网格、供电单元对应不同电网规划层级，各层级间相互衔接、上下配合。供电分区是开展高压配电网规划的基本单位，主要用于高压配电网变电站布点和目标网架构建。供电网格是开展中压配电网目标网架规划的基本单位，主要从全局最优角度，确定区域饱和年目标网架结构，统筹上级电源出线间隔及通道资源。供电单元是配电网规划的最小单位，是在供电网格基础上的进一步细分，重点落实供电网格目标网架，确定配电设施布点和中压线路建设方案。

供电区域划分不属于网格划分体系，网格划分体系包含供电分区、供电网格和供电单元。供电区域关注区域电网发展目标，划分的边界原则上应与行政区域边界相一致。网格划分更关注电网形态，是在供电区域内以明晰网架结构、明确供电范围、辅助配电网规划为目标的深度划分。

49. 供电分区划分的标准是什么?

（1）供电分区宜衔接城乡规划功能区、组团等区划，结合地理形态、行政边界划分，规划期内的高压配电网网架结构完整、供电范围相对独立。供电分区一般可按县（区）行政区划划分，对于电力需求总量较大的市（县），可划分为若干个供电分区，原则上每个供电分区负荷不超过 1000MW。

（2）供电分区划分应相对稳定、不重不漏，具有一定的近远期适应性，划分结果应逐步纳入相关业务系统中。

50. 供电网格划分的标准是什么?

（1）供电网格宜结合道路、铁路、河流、山丘等明显的地理形态进行划分，与国土空间规划相适应。在城市电网规划中，可以街区（群）、地块（组）作为供电网格；在农村电网规划中，可以乡镇作为供电网格。

（2）供电网格的供电范围应相对独立，供电区域类型应统一，电网规模应适中，饱和期宜包含 2～4 座具有中压出线的上级公用变电站（包括有直接中压出线的 220kV 变电站），且各变电站之间具有较强的中压联络。

（3）在划分供电网格时，应综合考虑中压配电网运维检修、营销服务等因素，以利于推进一体化供电服务。

（4）供电网格划分应相对稳定、不重不漏，具有一定的近远期适应性，划分结果应逐步纳入相关业务系统中。

51. 根据地区开发情况，供电网格可分为哪几类?

根据地区开发情况，供电网格可分为规划建成区、规划建设区和自然发展区。

规划建成区指城市行政区内实际已成片开发建设、市政公用设施和公共设施基本具备的地区。区域内电力负荷已经达到或即将达到饱和负荷。

规划建设区指规划区域正在进行开发建设，区域内电力负荷增长较为迅速，一般具有地方政府控制性详规。

自然发展区指政府实行规划控制，发展前景待明确，尚未大规模开发建设，电力负荷发展相对平稳的区域。

52. 供电单元划分的标准是什么?

（1）在城市（园区）电网规划中，供电单元一般由若干个相邻的、开发程度相近、供电可靠性要求基本一致的地块（或用户区块）组成。在农村电网规划中，供电单元一般由一个或相邻的多个自然村或行政村组成。在划分供电单元时，应综合考虑区域内各类负荷的互补特性，兼顾分布式电源发展需求，提高设备利用率。

（2）供电单元的划分应综合考虑饱和年上级变电站的布点位置、容量大小、间隔资源等影响，饱和期供电单元内以1~4组中压典型接线为宜，并具备2个及以上主供电源。正常方式下，供电单元内各供电线路宜仅为本单元内的负荷供电。

（3）供电单元划分应相对稳定、不重不漏，具有一定的近远期适应性，划分结果应逐步纳入相关业务系统中。

53. 配电网网格化规划中的供电单元划分情况需要描述哪些内容?

配电网网格化规划中的供电单元划分情况需要描述供电网格内供电单元划分情况，明确各供电单元名称、位置、范围、面积等内容，并结合图表对规划结果进行描述。

54. 供电网格（单元）的命名及编码有哪些要求?

供电网格（单元）应具有唯一的命名和编码。供电网格（单元）命名及编码应便于识别，可根据各地区特点科学制定，统一管理。

如：供电网格（单元）可由2（4）个字符串组成，分别为省份—地市—县

（区）、供电网格、供电单元编号、供电单元属性。如图 2 - 1 所示。

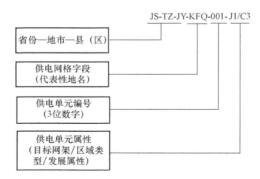

图 2 - 1　供电网格（单元）命名示例

第三章 配电网现状评估

第一节 基 本 要 求

55. 配电网现状评估的目的和意义是什么?

配电网现状评估的目的和意义是通过诊断分析电网发展和企业经营指标现状水平,全面梳理影响电网发展和企业效益的主要指标,便于针对性提出提升电网发展质量、安全稳定水平、运行效率效益,提高企业资源配置能力、可持续发展能力的措施和建议。

56. 配电网现状评估中技术经济指标分析有哪些?

配电网技术经济指标分析包括:

(1)结合本地区供电可靠率、110(66)kV 及以下综合线损率、综合电压合格率统计指标,描述市辖供电区与县级供电区指标分布情况,分析各指标的适配性及原因。

(2)结合本地区及各类供电区 110(66)kV 和 35kV 容载比、主变压器和线路 $N-1$ 通过率、主变压器和线路最大负载率分布等指标,分析目前高压配电网运行情况。

(3)结合本地区及各类供电区 10kV 线路 $N-1$ 通过率、联络率、转供能力、配电变压器和线路最大负载率分布指标,分析目前中压配电网运行情况。

(4)统计分析本地区及各类供电区域客户接入电网受限情况,县域配电网与高压电网联系薄弱和农网“低电压”情况。

(5)统计配电网建设及投资渠道以及各投资渠道占比情况。分析市辖供电区、县级供电区配电网投资中公司投资(中央资本金、配套贷款)、小区配套费、用户投资、增量配电等社会投资、政府垫资等占比情况。

57. 配电网现状评估中配电网面临的形势及存在的主要问题应包括哪些?

配电网面临的形势及存在的主要问题应包括:

(1) 分析配电网面临的形势,论述电力体制改革、农村电力普遍服务、新能源及多元化负荷接入等新形势对配电网发展的影响。

(2) 总结城网存在的主要问题,包括供电能力、电网结构、电网设备、建设环境、建设资金、与地方发展规划衔接情况等方面。总结农网存在的主要问题,包括供电能力、电网结构、电网设备、建设环境、建设资金、农村"低电压"等问题。

第二节　主　要　指　标

58. 配电网现状评估中的电网规模应包含哪些? 统计方式有哪些?

配电网规模主要包含变电站数量、主变压器数量与容量、架空/电缆线路条数与长度、开关站、环网柜数量、断路器数量、负荷开关数量、配电变压器数量与容量等信息。

统计方式有以下几种:

(1) 按照设备类型统计。按照变电站、架空线路、电缆线路、开关站、环网柜、断路器、负荷开关、配电变压器等配电网主设备(设施)类型统计配电网规模。

(2) 按照变电站进行统计。以变电站为统计单位,分别统计各变电站供区范围内的配电网主设备(设施)规模。

(3) 按照中压线路进行统计。以中压线路为统计单位,分别统计各线路上的主设备(设施)规模。

(4) 按照资产性质进行统计。以中压线路/配电变压器为统计单位,分别统计公用线路和专用线路、公用变压器和专用变压器,以区分公网资产和用户资产。

(5) 按照供电区域类型进行统计。以供电区域类型(A+、A、B、C、D、E类)为统计单位,分别统计各类型区域的主设备(设施)规模。

59. 配电网供电质量方面主要包含哪些指标?

供电质量指标主要包含供电可靠性和电压合格率。其中供电可靠性为统计期内,对用户有效供电时间总小时数与统计期间小时数的百分比。供电可靠性通常用供电可靠率、用户平均停电时间、用户平均停电次数、故障停电时间占比等指标加以衡量。电压合格率为电压偏差在限制范围内的累计运行时间与总的运行统计时间的百分比。电压合格率常用综合电压合格率衡量。

60. 配电网供电可靠率指标的定义及计算方法是什么?

供电可靠率为在统计期间内,对用户有效供电时间总小时数与统计期间小时数的比值。供电可靠率应按式(3-1)~式(3-6)计算:

$$T_1 = \frac{\sum t_i M_i}{N} \tag{3-1}$$

$$Q = \frac{\sum M_i}{N} \tag{3-2}$$

$$p = \frac{T_F}{T} \times 100\% \tag{3-3}$$

$$RS_{-1} = \left(1 - \frac{T_1}{T_S}\right) \times 100\% \tag{3-4}$$

$$RS_{-2} = \left(1 - \frac{T_1 - T_3}{T_S}\right) \times 100\% \tag{3-5}$$

$$RS_{-3} = \left(1 - \frac{T_1 - T_2}{T_S}\right) \times 100\% \tag{3-6}$$

式中　T_1——用户平均停电时间;

t_i——每次停电时间;

M_i——每次停电用户数;

N——总用户数;

Q——用户平均停电次数;

p——故障停电时间占比;

T_F——故障停电时间;

T——总停电时间;

RS_{-1}——供电可靠率;

RS_{-2}——供电可靠率(不计外部影响);

RS_{-3}——供电可靠率(不计系统电源不足限电);

T_2——用户平均限电时间;

T_3——用户平均受外部影响停电时间;

T_S——统计期间时间。

61. 配电网综合电压合格率指标的定义及计算方法是什么?

综合电压合格率为实际运行电压偏差在限值范围内的累计运行时间与对应总运行统计时间的百分比。

综合电压合格率按式(3-7)、式(3-8)计算:

$$V = 0.5 \times V_A + 0.5 \times \frac{V_B + V_C + V_D}{3} \qquad (3-7)$$

$$V_i = \left(1 - \frac{t_{up} + t_{low}}{t}\right) \times 100\% \qquad (3-8)$$

式中　V——综合电压合格率；

　　　V_A——A 类监测点合格率；

　　　V_B——B 类监测点合格率；

　　　V_C——C 类监测点合格率；

　　　V_D——D 类监测点合格率；

　　　V_i——监测点电压合格率，$i \in \{A、B、C、D\}$；

　　　t_{up}——电压超上限时间；

　　　t_{low}——电压超下限时间；

　　　t——电压监测总时间。

62. 配电网供电能力方面主要包括哪些指标？

配电网供电能力指标主要包含 110（66）/35kV 电网容载比、110（66）/35kV 变电站可扩建主变压器容量占比、110（66）/35kV 线路最大负载率平均值、110（66）/35kV 重载线路占比、110（66）/35kV 重载主变压器占比、110（66）/35kV 轻载线路占比、110（66）/35kV 轻载主变压器占比、10kV 线路出线间隔利用与负载匹配率、10kV 线路最大负载率平均值、10kV 重载线路占比、10kV 轻载线路占比、10kV 配电变压器最大负载率平均值、10kV 重载配电变压器占比、10kV 轻载配电变压器占比、户均配电变压器容量等。

63. 配电网容载比指标的定义及计算方法是什么？

容载比是配电网规划时宏观控制变电总容量，满足电力平衡，合理安排变电站布点和变电容量的重要依据。容载比是某一供电区域、同一电压等级电网的公用变电设备总容量与对应的网供最大负荷的比值。一般用于评价某一供电区域内 35～110kV 电网的容量裕度，是配电网规划的宏观指标，一般分电压等级计算。

合理的容载比与网架结构相结合，可确保故障时负荷的有序转移，保障供电可靠性，满足负荷增长需求。

容载比的确定要考虑负荷分散系数、平均功率因数、变压器负载率、储备系数、负荷增长率、负荷转移能力等因素的影响，在配电网规划中一般可用式（3-9）来估算：

$$R_S = \frac{\sum S_{ei}}{P_{max}} \qquad (3-9)$$

式中 R_s——容载比（MVA/MW）；

P_{max}——规划区域该电压等级的年网供最大负荷；

$\sum S_{ei}$——规划区域该电压等级公用变电站主变压器容量之和。

容载比计算应以行政区县或者供电分区作为最小统计分析范围，对于负荷发展水平极度不平衡、负荷特性差异较大（供电分区最大负荷出现在不同季节）的地区宜按照供电分区计算统计。容载比不宜用于单一变电站、电源汇集外送分析。

64. 配电网可扩建主变压器容量占比指标的定义是什么？

110（66）/35kV 可扩建主变压器容量占比为现有 110（66）/35kV 变电站可扩建容量（MVA）与现有 110（66）/35kV 变电站已投运总容量（MVA）比值的百分数。

65. 配电网重载线路/主变压器/配电变压器指标的定义及计算方法是什么？

110（66）/35/10kV 重载线路指最大负载率大于等于 80%、小于 100% 且单次持续时间超过 2 小时的 110（66）/35/10kV 线路；110（66）/35/10kV 过载线路指最大负载率大于 100% 且单次持续时间超过 2 小时的 110（66）/35/10kV 线路。

110（66）/35kV 重载主变压器指最大负载率大于等于 80% 且单次持续时间超过 2 小时的 110（66）/35kV 主变压器；110（66）/35kV 过载主变压器指最大负载率大于 100% 且单次持续时间超过 2 小时的 110（66）/35kV 主变压器；10kV 重载配电变压器指最大负载率大于 80% 且单次持续时间超过 2 小时的 10kV 配电变压器；10kV 过载配电变压器指最大负载率大于 100% 且单次持续时间超过 2 小时的 10kV 配电变压器。

66. 配电网最大负载率平均值指标的定义及计算方法是什么？

110（66）/35/10kV 线路最大负载率平均值为所有 110（66）/35/10kV 线路在正常运行方式下最大负载率的平均值。110（66）/35/10kV 线路最大负载率平均值（%）为所有 110（66）/35/10kV 线路最大负载率之和（%）与 110（66）/35/10kV 线路总条数（条）的比值。其中，单条 110（66）/35/10kV 线路最大负载率（%）为单条 110（66）/35/10kV 线路年最大负荷（MW）与单条 110（66）/35/10kV 线路额定输送功率（MW）比值的百分数。

110（66）/35kV 主变压器最大负载率平均值为所有 110（66）/35kV 主变压器最大负载率的平均值。110（66）/35kV 主变压器最大负载率平均值（%）为所有 110（66）/35kV 主变压器最大负载率之和（%）与 110（66）/35kV 主变压器总台数（台）的比值。其中，单台 110（66）/35kV 主变压器最大负载率（%）为单台 110（66）/35kV 主变压器年最大负荷（kW）与单台 110（66）/35kV 主变压器额定输送功率（kW）比值的百分数。

10kV 配电变压器最大负载率平均值为所有 10kV 配电变压器最大负载率的平均值。10kV 配电变压器最大负载率平均值（％）为所有 10kV 配电变压器最大负载率之和（％）与 10kV 配电变压器总台数（台）的比值。其中，单台 10kV 配电变压器最大负载率（％）为单台 10kV 配电变压器年最大负荷（kW）与单台 10kV 配电变压器额定输送功率（kW）比值的百分数。

67. 配电网年平均负载率指标的定义及计算方法是什么？

年平均负载率是配电网设备年度输送电量（kWh）与该设备年度额定输送电量（kWh）比值的百分数，是衡量配电网设备利用率的关键指标。配电网线路年平均负载率为年度线路实际输送电量（kWh）与线路持续输送容量（kW）乘以年度 8760 小时的比值；配电网主（配电）变压器年平均负载率为主（配电）变压器年下网电量和主（配电）变压器年上网电量之和（kWh）与主（配电）变压器额定容量（kW）乘以年度 8760 小时的比值。配电网线路年平均负载率、主变压器年平均负载率、配电变压器年平均负载率计算公式如式（3-10）～式（3-12）所示：

$$110kV 及以下线路年均负载率 \frac{年度线路实际输送电量}{8760 \times 线路持续输送容量} \quad (3-10)$$

$$主变压器年平均负载率 = \frac{主变压器上网电量 + 主变压器下网电量}{8760 \times 主变压器额定容量}$$
$$(3-11)$$

$$配电变压器年平均负载率 = \frac{配电变压器上网电量 + 配电变压器下网电量}{8760 \times 配电变压器额定容量}$$
$$(3-12)$$

68. 配电网户均配电变压器容量指标的定义及计算方法是什么？

户均配电变压器容量为所有低压用户配电变压器容量的平均值。户均配电变压器容量（kVA/户）为公用配电变压器总容量（kVA）与低压用户总户数（户）的比值。配电网发展注重效率效益，坚持可靠性与效率效益相协调，不再把户均配电变压器容量作为导向性指标。

69. 配电网网架结构方面主要包含哪些指标？

配电网网架结构指标主要包含 110（66）/35kV 单辐射线路或单主变压器变电站占比、110（66）/35kV 配电网标准化结构占比、110（66）/35kV 配电网 $N-1$ 通过率、10kV 线路平均供电半径、10kV 架空线路平均分段数、10kV 配电网标准化结构占比、10kV 线路联络率、10kV 线路站间联络率、10kV 线路 $N-1$ 通过率等。

70. 配电网 110 （66） /35kV 单线路或单主变压器变电站占比指标的定义及计算方法是什么？

110（66）/35kV 单线路或单主变压器变电站指仅有单条电源进线或仅有单台主变压器的 110（66）/35kV 变电站。

110（66）/35kV 单线路或单主变压器变电站占比（％）为 110（66）/35kV 单线路或单主变压器变电站座数（座）与 110（66）/35kV 变电站总座数（座）比值的百分数。在统计时不计入主变压器低压侧负荷可全部转移的单线路或单主变压器变电站，仅统计不满足供电安全准则的单线路或单主变压器变电站，供电安全准则依据 DL/T 5729—2016《配电网规划设计技术导则》。

71. 配电网标准化结构占比指标的定义及计算方法是什么？

配电网标准化结构占比（％）为采用标准结构的 10～110（66）kV 线路条数（条）占 10～110（66）kV 线路总条数（条）的比例（％）。其中标准结构是指符合 Q/GDW 10738—2020《配电网规划设计技术导则》中的目标网架推荐结构。

72. 配电网 $N-1$ 通过率指标的定义及计算方法是什么？

$N-1$ 停运指的是高压配电网中一台变压器或一条线路故障或计划退出运行，或者中压配电线路中一个分段（包括架空线路的一个分段、电缆线路的一个环网单元或一段电缆进线本体）故障或计划退出运行。

110（66）/35kV 配电网 $N-1$ 通过率（％）分为 110（66）/35kV 主变压器 $N-1$ 通过率和 110（66）/35kV 线路 $N-1$ 通过率。其中，110（66）/35kV 主变压器 $N-1$ 通过率（％）为满足 $N-1$ 的 110（66）/35kV 主变压器台数（台）与 110（66）/35kV 主变压器总台数（台）比值的百分数。110（66）/35kV 线路 $N-1$ 通过率（％）为满足 $N-1$ 的 110（66）/35/10kV 线路条数（条）与 110（66）/35/10kV 线路总条数（条）比值的百分数。

10kV 配电网 $N-1$ 通过率（％）主要关注 10kV 线路 $N-1$ 通过率（％），为满足 $N-1$ 的 10kV 线路条数（条）与 10kV 线路总条数（条）比值的百分数。

73. 配电网 10kV 线路平均供电距离指标的定义及计算方法是什么？

10kV 线路平均供电距离（km）为所有 10kV 线路供电距离之和（km）与 10kV 线路总条数（条）的比值。其中 10kV 线路的供电距离指从变电站 10kV 出线到其供电的最远负荷点之间的线路长度。

74. 配电网 10kV 架空线路平均分段数指标的定义及计算方法是什么？

10kV 架空线路平均分段数（段/条）为 10kV 架空线路总分段数（段）与 10kV 架空线路总条数（条）的比值。其中 10kV 架空线路包括架空线长度比例超过 50％的混合线路。

75. 配电网装备水平方面主要包含哪些指标？

配电网装备水平指标主要包含 110（66）/35/10kV 线路截面标准化率、110（66）/35/10kV 主（配电）变压器容量标准化率、110（66）/35/10kV 设备平均投运年限、110（66）/35/10kV 老旧设备占比、10kV 线路电缆化率、10kV 架空线路绝缘化率、高损配电变压器占比等。

76. 配电网老旧设备占比指标的定义及计算方法是什么？

配电网老旧设备占比（％）为运行达到或超出设计寿命年限的 80％且状态评价为异常状态或严重状态的 110（66）/35/10kV 设备数（台）与 110（66）/35/10kV 设备总数（台）比值的百分数。

77. 配电网 10kV 线路电缆化率和 10kV 架空线路绝缘化率指标的定义及计算方法是什么？

10kV 线路电缆化率（％）为某一供电区域内所有 10kV 线路电缆线长度之和（km）与所有 10kV 线路总长度（km）比值的百分数。

10kV 架空线路绝缘化率（％）为某一供电区域内所有 10kV 线路架空绝缘线路长度之和（km）与所有 10kV 线路架空线路总长度（km）比值的百分数。

78. 配电网高损配电变压器占比指标的定义及计算方法是什么？

高损配电变压器占比（％）为高损配电变压器台数（台）与配电变压器总台数（台）比值的百分数。根据 GB 20052—2020《电力变压器能效限定值及能效等级》，变压器能效等级分为 3 级，其中 1 级能效最高，损耗最低，低于 3 级能效的即是高损配电变压器，S9 系列及以下配电变压器可认为是高损配电变压器。

79. 配电网绿色智能方面主要包含哪些指标？

配电网绿色智能指标主要包含清洁能源装机占比、分布式电源渗透率、分布式电源控制能力、配电变压器信息采集率、智能电能表覆盖率、配电自动化覆盖率、配电网自动化有效覆盖率、"三遥"终端占比、馈线通信网络覆盖率、站所通信网络覆盖率、可响应负荷占比、负荷控制能力等。

80. 配电网范围内清洁能源装机占比指标的定义及计算方法是什么？

配电网范围内清洁能源装机占比为配电网清洁能源装机容量占总电源装机容量的比例。配电网范围内清洁能源装机占比（％）为配电网清洁能源装机容量（MW）与配电网电源装机容量（MW）比值的百分比。

81. 配电网自动化覆盖率和配电网自动化有效覆盖率指标的定义及计算方法是什么？

安装在配电网馈线回路的柱上等处的配电终端，按照功能分为"三遥"终端和"二遥"终端，其中"二遥"终端又可分为基本型终端、标准型终端和动作型终端。安装在配电网馈线回路的开关站、配电室、环网柜、箱式变电站等处的配电终端，按照功能分为"三遥"终端和"二遥"终端，其中"二遥"终端又可分为标准型终端和动作型终端。基本型"二遥"终端用于采集或接收由故障指示器发出的线路故障信息，并具备故障报警信息上传功能的配电终端；标准型"二遥"终端用于配电线路遥测、遥信及故障信息的监测，实现本地报警，并具备报警信息上传功能的配电终端；动作型"二遥"终端用于配电线路遥测、遥信及故障信息的监测，并能实现就地故障自动隔离与动作信息主动上传的配电终端。

配电自动化覆盖率为区域内配置终端的中压线路条数占该区域中压线路总条数的比例，记作 DAR-1。配电自动化覆盖率=（区域内配置终端的中压线路条数/区域中压线路总条数）×100％。

若考虑线路的终端配置要求，则定义为配电自动化有效覆盖率，记作 DAR-2。配电自动化有效覆盖率=（区域内符合终端配置要求的中压线路条数/区域中压线路总条数）×100％。

82. 配电网可响应负荷占比指标的定义及计算方法是什么？

配电网可响应负荷占比（％）为配电网可响应负荷（MW）与全社会最大负荷（MW）比值的百分数。其中，配电网可响应负荷即为满足需求响应行为的负荷，需求响应（demand response，DR）即电力需求响应的简称，是指当电力批发市场价格升高或系统可靠性受威胁时，电力用户接收到供电方发出的诱导性减少负荷的直接补偿通知或者电力价格上升信号后，改变其固有的习惯用电模式，减少或者推移某时段的用电负荷以响应电力供应，从而保障电网稳定，并抑制电价上升的短期行为。

83. 配电网效率效益方面主要包含哪些指标？

配电网效率效益指标主要包含轻（空）载占比、线损率、单位投资增供负荷、单位投资增供电量等。

84. 配电网轻 （空） 载线路/主 （配电） 变压器的定义及计算方法是什么？

110（66）/35/10kV 轻载线路指最大负载率小于 20％ 的 110（66）/35/10kV 线路；110（66）/35/10kV 空载线路指最大负载率为 0％ 的 110（66）/35/10kV 线路。

110（66）/35kV 轻载主变压器指最大负载率小于 20％ 的 110（66）/35kV 主变压器；10kV 轻载配电变压器指最大负载率小于 20％ 的 10kV 配电变压器。110（66）/35kV 空载主变压器指最大负载率为 0％ 的 110（66）/35kV 主变压器；10kV 轻载配电变压器指最大负载率小于 20％ 的 10kV 配电变压器。

85. 10kV 线路出线间隔利用与负载匹配率指标的定义及计算方法是什么？

10kV 线路出线间隔利用与负载匹配率为各变电站 10kV 线路出线间隔利用率（％）与该变电站最大负载率比值的算数平均值。其中，10kV 线路出线间隔利用率（％）为已用 10kV 馈出线间隔数（个）与 10kV 馈出线间隔总数（个）比值的百分数。

86. 配电网线损率指标的定义是什么？

线损率为电力网络中损耗的电能占电力网络供应电能的百分比。配电网线损率计算范围包括 110kV、66kV、35kV、10kV、0.4kV、110kV 及以下、35kV 及以下、10kV 及以下。

87. 单位投资增供负荷、 单位投资增供电量指标的定义及计算方法是什么？

单位投资增供负荷（kW/万元）为期末年供电最大负荷与期初年供电最大负荷之差（kW）与统计期内电网投资（万元）的比值。

单位投资增供电量（kWh/万元）为期末年供电量与期初年供电量之差（kWh）与统计期内电网投资（万元）的比值。

88. 配电网供电质量中电压偏差允许范围是多少？

配电网规划要保证网络中各节点满足电压损失及其分配要求，各类用户受电电压质量执行 GB/T 12325—2008《电能质量　供电电压偏差》的规定。

（1）35～110kV 供电电压正负偏差的绝对值之和不超过额定电压的 10％。

（2）10kV 及以下三相供电电压允许偏差为额定电压的 ±7％。

（3）220V 单相供电电压允许偏差为额定电压的 ＋7％ 与 －10％。

（4）对供电点短路容量较小、供电距离较长以及对供电电压偏差有特殊要求的用户，由供用电双方协议确定。

若电压偏差超过规定的范围，则认为电压合格率不满足要求。

89. 配电网供电质量中供电可靠性和综合电压合格率的要求是多少？

近中期规划的供电质量应不低于电网企业承诺标准：城市电网平均供电可靠率达到 99.9%，居民客户端平均电压合格率达到 98.5%；农村电网平均供电可靠率达到 99.8%，居民客户端平均电压合格率达到 97.5%；特殊边远地区电网平均供电可靠率和居民客户端平均电压合格率符合国家有关监管要求。各等级供电区域饱和期规划的供电质量目标如表 3-1 所示。

表 3-1　　　　　　　　各等级供电区域饱和期规划的供电质量

供电区域类型	平均供电可靠率（%）	综合电压合格率（%）
A+	≥99.999	≥99.99
A	≥99.990	≥99.97
B	≥99.965	≥99.95
C	≥99.863	≥98.79
D	≥99.726	≥97.00
E	不低于向社会承诺的指标	不低于向社会承诺的指标

若供电可靠率和综合电压合格率暂未达到规定数值，可认为供电可靠率和综合电压合格率仍有提高的空间。

90. 配电网供电能力中如何判断 35～110kV 容载比是否合理？

对于某行政区县或供电分区经济增长和社会发展不同阶段，用 K_P 来表示年负荷平均增长率，计算 K_P 来判断容载比是否合理。容载比范围分布如表 3-2 所示。

表 3-2　　　　　　　　　容载比范围分布表

负荷增长情况	饱和期	较慢增长	中等增长	较快增长
年负荷平均增长率	$K_P \leqslant 2\%$	$2\% < K_P \leqslant 4\%$	$4\% < K_P \leqslant 7\%$	$K_P > 7\%$
35～110kV 容载比建议值	1.5～1.7	1.6～1.8	1.7～1.9	1.8～2.0

对于负荷发展初期或负荷发展快速阶段的规划区域、需满足 $N-1-1$ 安全准则的规划区域以及负荷分散程度较高的规划区域，可取容载比建议值的上限；对于变电站内主变压器台数配置较多，中压配电网转移能力较强的区域，可取容载比建议值下限；反之可取容载比建议值的上限。

若配电网现状容载比超出 35～110kV 容载比建议值范围，则认为不合理。

91. 配电网网架结构中 35～110kV 标准化目标网架结构是什么？

35～110kV 高压配电网标准化目标网架结构如表 3-3 所示。

表 3-3　　　　　　　　35～110kV 高压配电网标准化网架结构

供电区域类型	标准化目标网架结构
A+、A	双辐射、多辐射、双链、三链
B	双辐射、多辐射、双环网、单链、双链、三链
C	双辐射、双环网、单链、双链、单环网
D	双辐射、单环网、单链
E	单辐射、单环网、单链

92. 配电网网架结构中 10kV 标准化目标网架结构是什么？

10kV 中压配电网标准化目标网架结构如表 3-4 所示。

表 3-4　　　　　　　10kV 中压配电网标准化目标网架结构

线路型式	供电区域类型	标准化目标网架结构
电缆网	A+、A、B	双环式、单环式
	C	单环式
架空网	A+、A、B、C	多分段适度联络、多分段单联络
	D	多分段单联络、多分段单辐射
	E	多分段单辐射

93. 配电网绿色智能中各类供电区域标准配电自动化终端配置方式是什么？

配电自动化终端宜按照监控对象分为站所终端（DTU）、馈线终端（FTU）、故障指示器等，实现"三遥""二遥"等功能。配电自动化终端配置原则应满足 DL/T 5542—2018《配电网规划设计规程》、DL/T 5729—2016《配电网规划设计技术导则》要求，宜按照供电安全准则及故障处理模式合理配置，D、E 类地区分布式电源较多时宜适当增加"二遥"终端，监测线路电流、电压、有功、无功及开关位置等信息。各类供电区域配电自动化终端的配置方式如表 3-5 所示。

表 3-5　　　　　　　各类供电区域配电自动化配置方式

供电区域类型	终端配置方式	
	常规地区	分布式电源较多地区
A+	"三遥"为主	
A	"三遥"或"二遥"	
B	"二遥"为主，联络开关和特别重要的分段开关也可配置"三遥"	
C	"二遥"为主，如确有必要经论证后可采用少量"三遥"	
D	基本型"二遥"为主	"二遥"为主
E	基本型"二遥"为主	"二遥"为主

第四章 电力负荷预测

第一节 负荷预测基础

94. 什么是电力负荷、全社会电力负荷?

电力负荷,又称"用电负荷",是指电能用户的用电设备在某一时刻向电力系统取用的电功率。全社会电力负荷指一段时间内,某个特定区域电能用户的用电设备向电力系统取用的电功率。

95. 什么是全社会用电量?

全社会用电量指一段时间内,某个特定区域电能用户的用电设备向电力系统取用的电量总和。

96. 负荷按照物理性能分为哪几类?

按照物理性能,电力负荷分为有功负荷和无功负荷。有功负荷是指把电能功率转化为其他形式的功率,在用电设备中实际消耗的功率。无功负荷一般由电路中电感或电容元件引起,电路能量仅交换而并没有被负载消耗掉。负荷预测主要是有功负荷的预测,通常根据有功负荷预测结果来制定电网规划方案,并依据规划方案,进行无功平衡的计算,配置合理的无功补偿设备,满足无功负荷需求。

97. 负荷按照行业类型分为哪几类?

按照行业类型,电力负荷分为国民经济行业用电和居民生活用电,也可分为第一产业、第二产业、第三产业用电和居民生活用电。其中,国民经济行业用电中的农、林、牧、渔业用电属于第一产业用电,工业和建筑业用电属于第二产业用电,其他剩余部分用电属于第三产业用电。居民生活用电是指用于居民家庭内部生活服务的用电。

98. 负荷按照统计口径分为哪几类？

按照统计口径，电力系统中的负荷可分为发电负荷、供电负荷和用电负荷。发电负荷是指某一时刻电力系统内各发电厂实际发电出力的总和。发电负荷减去各发电厂厂用负荷，加上区域净输入负荷就是系统的供电负荷，它代表了该区域内电网供给电力的能力。供电负荷减去电网中线路和变压器的损耗后，就是系统的用电负荷，也就是系统内各个用户在某一时刻所耗用电力的总和。

99. 负荷按照重要程度分为哪几类？

依据电力负荷对供电可靠性的要求及中断供电在政治、经济上所造成损失或影响的程度，电力负荷分为一级负荷、二级负荷和三级负荷。一级负荷指中断供电将造成人身伤亡，或在政治上、经济上造成重大损失的负荷。二级负荷指中断供电将影响重要用电单位的正常工作，或将在政治上、经济上造成较大损失的负荷。三级负荷指一级、二级负荷之外的负荷。划分负荷重要性级别主要用于调度管理和用电管理，便于在电力供应紧张或事故情况电力缺额较大时，通过控制分级负荷，保证重要负荷的供电。

100. 什么是电力负荷预测？

电力负荷预测是指以电力负荷和外界因素变化为基础，以特定的数学方法或者模型分析为手段，通过对电力特性、经济社会、气象条件等进行分析，对未来电力需求的时间、空间分布做出预测，并研究与相关因素之间的影响关系。

101. 配电网电力负荷预测的主要对象是什么？

配电网规划中电力负荷预测的主要对象包括全社会电力负荷预测，分区、分压负荷预测，多元化负荷预测。

全社会电力负荷预测通过分析国民经济社会发展中的各种相关因素与电力需求之间的关系，运用一定的理论和方法，探求其变化规律，对负荷的总量、分类量、空间分布和时间特性等方面进行预测。

分区、分压负荷预测是在全社会负荷预测基础上，进一步预测各电压等级的网供负荷和各区域的电力负荷，以确定各电压等级和各区域配电网在规划期内需新增的变（配）电容量需求。

随着分布式电源、电动汽车和储能等多元化负荷大量接入，具有强波动性、可调控特性的负荷持续增加，配电网负荷预测还需要充分考虑分布式电源置信容量、负荷可调控程度、电网控制策略等因素带来的影响。

102. 配电网电力负荷预测的基本原则和结果是什么？

负荷预测应根据不同区域、不同社会发展阶段、不同用户类型以及空间负荷预测结果，确定负荷发展曲线，并以此作为规划的依据；应采用多种方法，经综合分析后给出高、中、低负荷预测方案，并提出推荐方案；应分析综合能源系统耦合互补特性、需求响应引起的用户终端用电方式变化和负荷特性变化，并考虑各类分布式电源以及储能设施、电动汽车充换电设施等新型负荷接入对预测结果的影响；应给出电量和负荷的总量及分布（分区、分电压等级）预测结果，近期负荷预测结果应逐年列出，中期预测列出规划水平年预测结果，远期预测列出规划末期预测结果。

103. 配电网电力负荷预测的主要流程有哪些？

选定负荷预测区域、现状及历史负荷数据分析、区域经济发展预测、选取合适的负荷预测方法、开展区域负荷预测、校验负荷预测的合理性。

104. 负荷预测过程中需要哪些基础数据？其来源是什么？

负荷预测需要的基础数据包括但不限于经济社会和自然气象数据、经济社会发展规划、城市总体规划、城市控制性详细规划、重大项目建设情况、上级电网规划对本规划区的负荷预测结果、历史年负荷和电量数据。

经济社会数据来自国家总体规划、区域规划、相关专项规划以及统计年鉴、政府工作报告等，自然气象数据来自气象部门的历史气象观测信息和数值气象预报信息等，历史年负荷和电量数据来自电网公司相关专业信息系统。

历史数据如有缺失、畸变等情况，在无法获取确切数据的情况下，应做相应的预处理，修正后的数据应保持连续、合理。

105. 影响电力负荷的因素有哪些？如何获得影响因素的数据？

电力负荷的影响因素包括但不限于经济因素、气象因素、时序因素、特殊事件因素等。

经济因素包含总量经济、各行业经济指标增长情况等，可通过国家、省、市政府统计局官方网站或统计年鉴等获得。

气象因素主要包含气温、湿度、气压、风速、云遮或日照强度等，可通过国家、省、市政府气象局官方网站等途径获得。

时序因素主要包含季节变化、周循环、法定及传统节日等，可通过国家发布的台历、政府官方网站、气象局等获得节气变化、节假日安排。

特殊事件因素主要指对生产生活用电产生较大影响的事件，可通过政府新闻网站、报纸、微博等了解社会面存在的特殊事件。

106. 收集大用户报装情况应涵盖哪些信息?

收集大用户报装情况应涵盖大用户的装接容量、供电电压等级、预计接电时间、大用户所对应行业的需用系数、大用户所对应行业的同时率及各类大用户所对应的各类行业之间的同时率。

107. 配电网规划中负荷预测年限有什么要求?

根据预测期的长短,负荷预测可分为近、中期负荷预测及远期(含饱和)负荷预测。近期负荷预测主要为配电网工程项目安排提供依据;中期负荷预测主要为阶段性规划方案提供依据;远期(含饱和)负荷预测主要为远期规划方案提供依据,其中饱和负荷预测及其空间分布主要为目标网架规划提供依据,并为高压变电站站址和高、中压线路廊道等电力设施布局规划提供参考。配电网规划中负荷预测年限应与国民经济和社会发展规划的年限相一致,并进行相应的滚动修编,应实现近中期与远期相衔接。可分为近期 5 年、中期 10 年、远期 15 年及以上三个阶段。

108. 负荷预测的不同阶段应关注哪些影响因素?

负荷预测应从经济、社会、能源、电力、环境角度综合分析不同阶段的影响因素。远期(含饱和)负荷预测宜重点关注地区经济社会以及行业发展规律、经济周期、重大战略、气候变化等;近中期负荷预测宜重点关注经济社会发展规划、宏观政策、行动计划、业扩报装、气温变化等。

109. 配电网规划中, 省、 市、 县级电力需求预测的重点分别是什么?

省级规划重点开展全省全社会用电量和用电负荷预测;市、县级规划重点细化本地区全社会电力需求预测结果,进行分区分压网供负荷预测,具备地方控制性详细规划的地区应开展空间负荷预测。

110. 电力负荷特性分析有哪些重要指标?

电力负荷特性指标主要有日负荷率、日最小负荷率、日峰谷差、日峰谷差率、月不均衡系数、季不均衡系数、年最大负荷利用小时数等。

111. 什么是最大负荷、 最小负荷、 平均负荷、 规划计算负荷?

最大负荷是指在一定的时间内,系统的最大负荷或尖峰负荷。
平均负荷是指有一段时间的用电总量与时间的比值。

最小负荷是指在一定的时间内，系统的最低负荷或低谷负荷。

规划计算负荷是在最大负荷基础上，结合负荷特性、设备过载能力以及需求响应等灵活性资源综合确定的配电网规划时所采用的负荷。

112. 什么是网供负荷?

网供负荷是指同一规划区域（省、市、县、供电分区、供电网格、供电单元等）、同一电压等级公用变压器同一时刻所供负荷之和。

113. 什么是饱和负荷?

规划区域在经济社会水平发展到成熟阶段的最大用电负荷。当一个区域发展至某一阶段，电力需求保持相对稳定（连续 5 年年最大负荷增速小于 2%，或年电量增速小于 1%），且与该地区国土空间规划中的电力需求预测基本一致，可将该地区该阶段的最大用电负荷视为饱和。

114. 什么是电力负荷特性?

电力负荷特性分为内在负荷特性和外在负荷特性，内在负荷特性是指负荷功率随负荷端电压或系统频率变化而变化的规律，分为电压特性和频率特性；外在负荷特性是指负荷随时间变化的规律，即负荷曲线随时间变化而表现出的一系列外部特征。

115. 什么是日负荷率、 日最小负荷率?

日负荷率是日平均负荷与日最大负荷的比值。日负荷率的大小表示日负荷的波动程度，其值越高，说明负荷一天内的变化越小。

日最小负荷率是日最小负荷与同日最大负荷的比值，表示一天内负荷变化的幅度。

116. 什么是日峰谷差、 日峰谷差率?

日峰谷差指日最大负荷减去日最小负荷所得值。

日峰谷差率是指日峰谷差与日最大负荷的百分比值。

117. 什么是不均衡系数?

不均衡系数是一段时间内的平均负荷与这段时间内最大负荷的比值。不均衡系数主要有月不均衡系数、季不均衡系数。月不均衡系数是月平均负荷与月最大负荷日平均负荷的比值，它表示月内负荷变化的不均衡性；季不均衡系数是一年内 12 个月各月最大负荷的平均值与年最大负荷的比值，它表示一年内月最大负荷变化的不均衡性。

118. 什么是年最大负荷利用小时数？

年最大负荷利用小时数是指年统调用电量（统调发售电量、统调发购电量）与年统调最大负荷的比值。当已知规划期的负荷用电量后，可用年最大负荷利用小时数法预测年最大负荷。也可利用年最大负荷利用小时数校核某一地区负荷与电量的预测结果。

119. 常用的负荷曲线有哪些？　有哪些作用？

负荷曲线主要有日负荷曲线、周负荷曲线、年负荷曲线以及持续负荷曲线。电力系统规划设计中，负荷曲线是进行电力电量平衡、分析电厂运行方式、研究调峰问题及装机的利用程度、确定区域间电力电量交换和可靠性计算及电源优化的基础资料。

120. 如何理解持续负荷曲线？

持续负荷曲线是在某一时间段内各个负荷大小的累计持续时间排列出来的曲线，一般分为日持续负荷曲线和年持续负荷曲线。日持续负荷曲线可用来计算系统日用电量，年持续负荷曲线在电网规划中可用来计算系统年发（用）电量并进行可靠性计算。

121. 不同类型的电力负荷曲线有何区别？

日负荷曲线表示负荷数值在一昼夜 0～24h 内的变化情况，周负荷曲线表示一周内每天最大负荷的变化情况，年负荷曲线表示一年内各月最大负荷的变化情况。持续负荷曲线是表示负荷与其持续时间关系的曲线。

122. 什么是负荷同时率？

在规定的时间段内，某一电力系统综合最大负荷与其所属各个子地区（或各用户、各变电站）各最大负荷之和的比值为负荷同时率。它的大小与电力用户数量和用电特点有关，对于地区之间和系统之间，一般为 0.9～0.95，各用户之间为 0.85～1.0，用户特别多时为 0.7～0.85。

123. 什么是负荷密度？

表征负荷分布密集程度的量化参数，以每平方千米的平均用电功率计量。

124. 不同类型负荷的典型负荷特性有何差异？

（1）工业用电负荷用电量大，用电比较稳定，日负荷率几乎不受任何其他因素的影响，仅与用户本身的用电设备的使用情况有关，因而日负荷率值较高，一般都在0.9以上。工业负荷在月内、季度内的变化是不大的，比较均衡。

（2）城市生活用电的主要是照明用电和电器用电，日变化较大，日负荷率较低，在0.4左右。随着城市居民生活水平的提高，夏季空调用电和冬季电采暖用电比重显著提高，因此负荷预测中需特别关注夏季最高气温日和冬季最低气温日的负荷变化。

（3）农业用电在日内的变化相对较小，但在月内、年度内，负荷变化很大，呈现出很不均衡的特点。

（4）交通运输用电的日负荷率一般比较低，日负荷率通常为0.4左右，冬季和夏季的负荷率指标差别较小。

125. 城市生活用电的负荷特性与哪些因素有关？

城市居民生活用电水平是衡量城市生活现代化程度的重要指标之一，人均居民生活用电量水平的高低，主要受城市的地理位置、人口规模、经济发展水平、居民收入、居民家庭生活消费结构及家用电器的拥有量、气候条件、生活习惯、居民生活用电量占城市总用电量的比重、电能供应政策及电源条件等诸多因素制约。

126. 什么是空间负荷预测？

空间负荷预测主要用于城市控制性详细规划已确定的地区，在时间上可预测未来负荷发展的饱和状态及其增长过程，在空间上预测负荷的分布信息，为配电网规划提供科学依据。

127. 总量预测、分区预测、分压负荷预测的联系是什么？

总量预测是对整个规划区域的负荷开展预测，指导分区分压负荷预测。

分区负荷预测按照分区原则和标准对规划区域进行划分，并开展负荷预测工作。

分压负荷预测是按照地区配电网电压等级序列，根据需要对高、中压配电网不同电压等级的网供负荷进行预测。

128. 分区负荷预测的工作流程是什么？

（1）分区负荷预测数据分析。分析各分区城市规划、经济社会发展形势、历年负荷情况、重大项目建设情况、大用户报装情况等，得到各分区现状负荷规模及未来变化趋势。

（2）分区负荷预测方法选取。根据各分区数据获取情况，选择合适的预测方法对各分区进行预测。对于受大电力用户负荷影响较大的分区，建议使用大电力用户法；对于经济社会发展平稳地区，建议使用平均增长率法。

（3）负荷预测结果推荐。综合考虑地区经济社会发展状况，给出各分区高、中、低负荷预测方案，并确定推荐方案。

129. 分压负荷预测的工作流程是什么？

（1）分压负荷数据分析。分析变压器总负荷、直供用户、并网电源、重大项目建设情况、大用户报装等情况，得到各电压等级负荷占比及变化趋势。

（2）分压负荷预测方法选取。高压配电网负荷预测应根据用电结构、大用户报装等情况选取平均增长率法、最大负荷利用小时数法、大电力用户法等进行预测；中低压配电网负荷预测应根据各电压等级的用户负荷特性和区域产业发展等情况，选取大电力用户法、平均增长率法、空间负荷密度法等进行预测。

（3）负荷预测结果推荐。选取适当负荷同时率计算得出高、中、低方案，并与总体负荷预测相校验，得出预测结果推荐值。

130. 总量负荷预测结果应如何校核？

总量负荷预测结果采用纵向校核和横向校核方法进行校核。

（1）纵向校核。和规划地区历史年的发展相校核，分析预测结果与历史数据的差异性，如负荷增长率是否符合地区发展阶段，年最大负荷利用小时数是否和地区产业结构调整趋势一致等。

（2）横向校核。将预测结果与其他同类地区的预测结果或者现状发展阶段进行比较。

131. 分区、 分压负荷预测结果如何校核？

（1）选取合适的负荷同时率汇总分区负荷，与地区总量负荷预测结果相校核，包括汇总值是否与总量负荷预测结果相一致，增长趋势是否相同，规划年汇总拟合曲线是否与总量负荷预测曲线相一致等。

（2）选取合适的负荷同时率汇总本电压等级负荷，与上级电网负荷预测结果相校核，包括汇总值是否与上级电网负荷预测结果匹配等。

132. 基于供电网格 （单元） 的负荷预测的基本要求是什么？

结合各供电网格（单元）所处的发展阶段，选用合适的负荷预测方法得出各供电网格（单元）的负荷预测结果，采用"自下而上"方式预测规划区域近中期、饱和年负荷水平，并与总量负荷预测结果校核。

第二节　负　荷　预　测　方　法

133. 电量预测方法主要有哪些?

电量预测方法主要有平均增长率法、电力弹性系数法、人均用电量指标法、用电单耗法、类比法、回归分析法、时间序列分析法、增长速度法、生长曲线法、灰色预测法等。

134. 什么是平均增长率法?

平均增长率法可以进行电力负荷预测和电量预测,主要是根据历史规律和未来国民经济发展规划,估算今后负荷的平均增长率,并以此测算规划水平年的负荷情况,其主要适用于平稳增长(减少)的近期预测。计算方法见式(4-1)。

$$y_n = y_0 \times \prod_{t=1}^{n}(1+\alpha_t) \tag{4-1}$$

式中　y_0——预测基准值,万 kW 或亿 kWh;

　　　α_t——第 t 年预测量的增长率;

　　　y_n——计算期末期的预测量,万 kW 或亿 kWh。

　　　n——预测年限。

135. 什么是电力弹性系数法?

电力弹性系数可以进行电量预测,电力弹性系数是指在某一时期内用电量的平均年增长率与同一时期内国内生产总值平均年增长率的比值。电力弹性系数法是根据已经掌握的未来一段时期内国民经济发展规划确定的国内生产总值的年平均增长率,以及电力弹性系数的历史变化规律,预测今后一段时期的电力需求的方法。其使用于远期粗略的电量预测。计算方法见式(4-2)。

$$E_n = E_0(1+K\beta)^n \tag{4-2}$$

式中　E_n——预测期末的用电量,kWh 或亿 kWh;

　　　E_0——预测初期的用电量,kWh 或亿 kWh;

　　　K——规划期的电力弹性系数;

　　　n——计算期年数;

　　　β——国内生产总值平均增长速度。

136. 什么是人均用电量指标法?

人均用电量指标法可以进行电量预测,是按照预测的人口数及选取的人均用电量指标来预测未来电量需求的方法，该方法需预测总人口，关键是人均用电指标的选取。计算方法见式（4-3）。

$$E_n = P_{0n}q_n \qquad (4-3)$$

式中 E_n——预测期末的用电量，kWh；

       P_{0n}——总人口的预测值，人；

       q_n——预测年份的人均用电量，kWh/人。

137. 电力负荷预测方法主要有哪些？

电力负荷预测方法主要有平均增长率法、最大负荷利用小时数法、大电力用户法、负荷密度指标法、增长速度法、趋势外推法、生长曲线法、神经网络法、蒙特卡洛法等。

138. 什么是用电单耗法？

用电单耗法可以进行电量预测，将预测期的产品产量（或产值）乘以用电单耗，可得所需要的用电量。计算方法见式（4-4）。

$$E = \sum_{i=1}^{n} \theta_i m_i \qquad (4-4)$$

式中 E——某行业预测期的用电量，kWh；

       θ_i——各种产品产量（或产值）的用电单耗；kWh/吨或 kWh/辆等；

       m_i——各种产品产量（或产值），吨或辆等；

       n——计算的行业的企业数；

139. 什么是最大负荷利用小时数法？

在已知预期用电量的情况下，可采用最大负荷利用小时数法预测规划期的最大负荷，其中年最大负荷利用小时数可以根据历史统计资料及今后用电结构变化情况分析确定。其主要适用于近、中、远期预测。计算方法见式（4-5）。

$$P_{max} = \frac{E}{T_{max}} \qquad (4-5)$$

式中 P_{max}——预期最大负荷，kW；

       E——预期用电量，kWh

       T_{max}——年最大负荷利用小时数，h。

140. 什么是大电力用户法？

大电力用户法可以进行电力负荷预测，是一种将大电力用户负荷增长与区域负荷自然增长相结合的方法进行负荷预测。其主要适用于大用户占比较高的地区，或掌握大用户详细资料的地区。计算方法见式（4-6）。

$$P_m = P_0 \times (1 + K\%)^m + \left[\sum_{n=1}^{n} (S_n \times K_d) \times \eta_d \right] \times \eta \qquad (4-6)$$

式中　P_m——第 m 年的最高负荷，万 kW；

　　　P_0——基准年最高负荷扣除已有大用户负荷，万 kW；

　　　K——最高负荷扣除大用户的自然增长率；

　　　S_n——第 n 个大用户的装接容量，万 kVA；

　　　K_d——第 n 个大用户所对应的 d 行业需用系数；

　　　η_d——d 行业的同时率；

　　　η——各行业之间的同时率。

141. 什么是负荷密度指标法？

负荷密度指标法可以进行电力负荷预测，根据区域控制性详细规划中各地块的用电性质和容积率，选用合适的负荷密度指标、需用系数、同时率，测算规划水平年负荷情况。其主要适用于总体规划、控制性详细规划的经济开发区等区域电网规划，预测不同用电性质地区负荷分布的地理位置、数量和时序。计算方法见式（4-7）。

$$P = K_c \times \sum (S \times R \times D \times K_d) \qquad (4-7)$$

式中　P——区域空间负荷，W 或 kW；

　　　K_c——同时率；

　　　S——用地单元占地面积，m^2 或 km^2；

　　　R——容积率；

　　　D——用地单元建筑面积负荷密度指标，W/m^2 或 MW/km^2；

　　　K_d——用地单元需用系数。

142. 什么是增长速度法？

增长速度法可以进行电力负荷预测和电量预测，是根据历史负荷或电量数据，计算其相邻时间间隔的增长速度，对这一速度序列进行预测，从而得到预测水平年的负荷或电量。其主要适用于近期和中期预测。

143. 什么是趋势外推法？

趋势外推法可以进行电力负荷预测和电量预测，根据时间序列的历史值来预测未来值。趋势外推法是一种常见的方法，包括不同的子方法，如果预测对象的历史数据构成了基本的单调序列，可采用基本预测方法，包括移动平均法、指数平滑法、灰色预测法。适用于近期、中期和远期负荷预测。

144. 什么是生长曲线法？

生长曲线法可以进行电力负荷预测和电量预测，某个地区的负荷或电量发展，可能首先是开始时期的低速增长；到某个转折点后，开始进入快速增长期；再发展到某个转折点后，开始进入饱和期。生长曲线法预测原理类似于回归分析中的各个对数模型、指数模型等。其适用于近期、中期和远期负荷预测。

145. 什么是神经网络法？

神经网络法可以进行电力负荷预测和电量预测，是从神经心理学和认知科学研究成果出发，模仿生物脑结构和功能，应用数学方法发展起来的一种具有高度并行计算能力、自学能力和容错能力的处理方法。神经网络法由一个输入层，若干个中间隐含层和一个输出层组成，能通过不断学习，从未知模式的大量复杂数据中发现规律，克服传统分析方法函数模型选择困难，分析过程复杂等缺点，在模式识别与分类、滤波识别、自动控制、预测等方面具有显著优势。

146. 什么是蒙特卡洛法？

蒙特卡洛法也称统计模拟方法，可以进行电力负荷预测和电量预测，是 20 世纪 40 年代中期，由于科学技术的发展和电子计算机的发明，而被提出的一种以概率统计理论为指导的数值计算方法。其基本思想是当所求解问题是某种随机事件出现的概率，或者是某个随机变量的期望值时，通过某种"实验"的方法，以这种事件出现的频率估计这一随机事件的概率，或者得到这个随机变量的某些数字特征，并将其作为问题的解。

147. 什么是类比法？

类比法可以进行电力负荷预测和电量预测，就是对类似事物对比分析，通过已知事物对未知事物或新事物的发展变化做出预测。应用到电力负荷或电量预测就是选择一个可对比的对象（地区），把其经济发展及用电情况与待预测地区的电力消费对比分析，从而估计待预测区的负荷或电量水平。其适用于近期、中期和远期预测。

148. 什么是回归分析法？

回归分析法可以进行电力负荷或电量预测，根据历史数据的变化规律来求出因变量与自变量之间的回归方程式，最终确定模型参数，据此作出预测。回归分析法主要分为一元线性回归、多元线性回归等。其主要适用于近期、中期和远期预测。

149. 城市总体规划阶段、城市详细规划阶段应选择哪些负荷预测方法？

城市总体规划阶段电力负荷预测方法，宜选用人均用电指标法、横向比较法、电力弹性系数法、回归分析法、增长率法、单位建设用地负荷密度法、单耗法等。城市详细规划阶段的电力负荷预测，一般负荷（均布负荷）宜选用单位建筑面积负荷指标法；点负荷宜选用单耗法，或由有关专业部门、设计单位提供负荷、电量资料。

150. 历史负荷及电量增长趋势分析包括哪些内容？

统计近 5～10 年规划区域的历史用电情况，分析规划区负荷和电量的变化趋势，阐述国民经济社会发展和产业结构变化对用电结构、负荷电量、负荷特性的影响。

151. 采用回归分析进行预测的基本模型是什么？

根据历史数据，选择最接近的曲线函数，用最小二乘法（或其他方法）求解出回归系数，并建立回归方程，然后用相关系数检验，并可算出回归方程的标准偏差，得出回归方程所预测结果的可信度，认为合格后，则回归方程是有意义的，并可算出回归方程的标准偏差，得出回归方程所预测结果的可信度。

152. 分电压等级网供负荷预测应根据什么计算？

分电压等级网供负荷预测可根据全社会最大负荷、直供用户负荷、自发自用负荷、上级变电站直降负荷、下级电网接入电源的出力、厂用电和网损、同时系数等因素综合计算得到。

153. 使用负荷密度法进行空间负荷预测的步骤有哪些？

（1）根据城市控制性详细规划确定的各个地块用地性质、用地面积、容积率等指标，按 GB/T 50293—2014《城市电力规划规范》确定的城市建设用地用电负荷分类，统计规划区分地块及分类用地性质及建筑面积。

（2）确定单位建筑面积用电指标及单位占地面积用电指标。根据 GB/T 50293—2014《城市电力规划规范》选取用电指标，依据《工业与民用供配电设计手册（第四版）》选取需用系数，计算各类用地单位面积用电指标。

（3）计算规划区用电负荷及各地块负荷。

（4）对负荷预测结果采用人均综合电量、人均生活电量、负荷密度三项指标进行校核，分析预测结果合理性。

154. 如何计算年均负荷或电量的增长率?

负荷或电量的年平均增长率为所计算年度的年最大负荷或电量与前一水平年度最大负荷或电量的比值。计算方法见式（4-8）。

$$K_p = (\sqrt[n]{K_A} - 1) \times 100\% \qquad\qquad (4-8)$$

式中　K_p——负荷或电量的年平均增长率;

K_A——所计算年度的负荷或电量与前一水平年的负荷或电量的比值;

n——两个水平年相隔年数，一般与国民经济计划相适应（5 年或 10 年）。

155. 如何编制日负荷曲线?

在电力系统规划设计中，日负荷曲线常用历史负荷曲线修改法、用户负荷曲线叠加法、典型系统法三种方法编制。

（1）历史负荷曲线修改法。在实际日负荷曲线的基础上，按远景负荷结构的变化进行修改，可以得到日负荷曲线。

（2）用户负荷曲线叠加法。将各类负荷的日负荷曲线按设计水平年负荷的大小叠加而成系统的日负荷曲线。

（3）典型系统法。根据设计水平年各类负荷用电比重，套用负荷结构相近的典型日负荷曲线。可按照其他电力系统的负荷曲线修改而成典型负荷曲线，也可根据各类负荷的典型负荷曲线叠加后修改而成。

156. 如何编制年负荷曲线?

在电力系统规划设计中，年负荷曲线的编制包括以下两种情况：

（1）对季节性生产用电比重小于 10% 或用电构成比例没有大变化的情况，可仍采用原有年负荷曲线的形状。

（2）对于季节性生产用电比重大于 10% 或季节性生产用电构成比例有较大的变化，需分别作出连续性生产用电和季节性生产用电的年负荷逐月变化曲线，然后叠加成系统年负荷曲线。

第三节　新型负荷预测

157. 什么是新型负荷、多元化负荷、电力柔性负荷?

新型负荷是指随着经济社会与技术的发展，逐步出现的、区别于传统的负荷类型，如电动汽车负荷、电采暖负荷等。

多元化负荷是指具备有源特性的非传统负荷，主要包括电动汽车充换电设施、储能系统、并网型微电网等。

电力柔性负荷是指可通过主动参与电网运行控制，能够与电网进行能量互动，具有柔性特征的负荷，负荷柔性表现为在一定时间段内的灵活可变。

158. 配电网规划中如何考虑电动汽车的电力负荷？

现阶段配电网规划中对于电动汽车负荷的考虑主要为充电负荷，暂不考虑电动汽车向电网反送电情况。预测电动汽车充电负荷，应考虑电动汽车类别、地域、气候、相关政策（含电价）和社会经济的发展对电动汽车负荷的影响；还应考虑地区充换电设施实际建设情况对电动汽车负荷发展的影响。

159. 电动汽车充电负荷的特点及其预测方法是什么？

电动汽车充电负荷与居民的充电行为相关，具有分时段概率的特点。电动汽车负荷预测可采用趋势外推法、概率建模法、蒙特卡洛模拟法等方法进行预测。

160. 如何计算电动汽车充换电设施负荷？

电动汽车充换电设施负荷计算步骤如下：

（1）单台充电机（桩）的输入容量计算方法见式（4-9）。

$$S = \frac{P}{\eta \cos\varphi} \tag{4-9}$$

式中　S——单台充电机（桩）的输入容量，kVA；

P——单台充电机（桩）的输出功率，kW；

$\cos\varphi$——充电机（桩）的功率因数；

η——充电机（桩）的效率。

（2）由多台充电机（桩）组成的充电设备输入容量计算方法见式（4-10）。

$$S = K\sum_{i=1}^{n} S_i = K\sum_{i=1}^{n} \frac{P_i}{\eta_i \cos\varphi_i} \tag{4-10}$$

式中　S——充电机（桩）的输入总容量，kVA；

K——充电机（桩）的同时系数；

n——充电机（桩）的数目；

S_i——第 i 台充电机（桩）的输入容量，kVA；

P_i——第 i 台充电机（桩）的输出功率，kW；

$\cos\varphi_i$——第 i 台充电机（桩）的功率因数；

η_i——第 i 台充电机（桩）的效率。

161. 什么是电采暖负荷、采暖热负荷？

电采暖负荷是指电采暖设备在单位时间内向电力系统取用电能的总和。采暖热负荷是指在设计室外温度下，为了达到要求的室内温度，维持房间的热平衡，供暖系统在单位时间内向建筑供给的热量，即根据采暖房间耗热量和得热量的平衡计算结果，需要采暖系统供给的热流量。

162. 配电网规划中如何考虑电采暖负荷？

在大规模电采暖接入配电网地区，负荷预测应考虑不同区域经济社会发展情况、自然气候、电采暖设备类型、电采暖面积、建筑物保暖性能、地区电采暖相关政策等对负荷预测的影响，以及电采暖用电负荷的季节特性等因素。

163. 电采暖负荷的特点及其预测方法是什么？

电采暖负荷与天气变化及居民的取暖行为相关，具有分散性的特点。电采暖负荷预测主要依据采暖用户类型、采暖区域面积进行预测，也可采用趋势外推法、专家法、神经网络法进行预测。

164. 如何计算电采暖负荷？

电采暖负荷计算步骤如下：

（1）电采暖用电负荷由供暖热负荷和电采暖设备确定。

（2）采暖热负荷预测方法可采用计算法和概算指标法两种，其中：

1）当建筑物的围护结构、尺寸和位置等资料为已知时，热负荷可根据热工计算、采暖通风设计数据确定。农村住宅也可采用计算法进行热负荷估算。

2）城镇热负荷可采用概算指标法来估算供热系统热负荷。计算方法见式（4-11）。

$$Q_{HL} = q_h \times S \tag{4-11}$$

式中　Q_{HL}——采暖热负荷，W；

　　　q_h——采暖热负荷指标，W/m²，热负荷指标可参照 CJJ 34—2010《城镇供热管网设计规范》相关规定。

　　　S——采暖面积，m²。

（3）电采暖用电负荷预测应在热负荷预测结果的基础上，根据电采暖设备类型的电热转换效率（能效比）确定电采暖热等效电负荷。不同电采暖设备的热等效电负荷计算方法如下：

1）直热式。电热转换效率可在 0.95～1 之间选取。电采暖热等效电负荷为取暖热负荷与电热转换效率之比。计算方法见式（4-12）。

$$Q_{EL} = \frac{Q_{HL}}{\lambda} \tag{4-12}$$

式中　Q_{EL}——电采暖热等效电负荷，W；

　　　λ——电热转换效率。

2）蓄热式。电采暖热等效电负荷由热负荷、电热转换效率和蓄热能力决定。计算方法见式（4-13）。

$$Q_{EL} = \frac{Q_{HL}}{\lambda} \times k \qquad (4-13)$$

式中　k——蓄热能力调节系数。

3）空气源热泵。采暖热等效电负荷为热负荷与能效比之比。计算方法见式（4-14）。

$$Q_{EL} = \frac{Q_{HL}}{COP} \qquad (4-14)$$

式中　COP——能效比，能效比大于1，可在2～3选取。

（4）区域电采暖用电负荷为区域内所有电采暖设备功率之和与同时率、需用系数之积。计算方法见式（4-15）。

$$Q_{EL\text{-}TOTLE} = \sum Q_{EL} \times K_T \times K_X \qquad (4-15)$$

式中　$Q_{EL\text{-}TOTLE}$——区域电采暖用电负荷，W；

　　　　K_T——同时率；

　　　　K_X——需用系数。

165. 如何进行电采暖及电动汽车充换电设施接入配电网的电力总量需求预测？

（1）电量需求预测。对常规电量、电采暖负荷电量、电动汽车充换电设施用电量分别进行需求预测，再将三者相加作为总电量预测结果。

（2）年最大负荷预测。对常规电力负荷、电采暖负荷、电动汽车充换电设施负荷分别进行需求预测，再将三者相加取同时率后作为冬季最大负荷预测结果。

第五章 电源规划研究和电力电量平衡

第一节 电源规划研究

166. 为什么要开展电源规划研究?

随着国民经济的发展,电力系统用户对电力和电能的需求不断增加,必须通过新建电源满足系统负荷增长需求。电源规划的任务是在满足一系列投资与运行约束的前提下,确定新增电源装机容量及投产时间。传统电源规划以总成本最小为规划目标,主要考量指标是经济性和可靠性。这类规划思想在新能源占比较低时提出,以年为规划时间颗粒度,主要基于电力电量平衡思想,以保证系统可靠性要求和电厂合理的利用小时数。随着"双碳"目标的提出,新能源占比不断增大,能源利用效率、碳排放等指标也应纳入研究范围。

167. 电源规划的主要内容是什么?

电源规划的主要内容是根据规划期内的负荷预测结果,利用各种优化方法,在满足规划区域内的电力负荷、电量增长需求和各种约束条件下,保证技术上的合理性和各类电源之间的相互协调,同时考虑到未来发展中的随机因素及不确定性,寻求规划期内国民经济总支出最小的电源建设方案,确定在规划期内何时、何地、兴建何种类型、多大容量的电源。电源规划报告具体包括负荷预测、厂址选择、燃料来源、运输条件、水库调度、系统运行、网络规划和各种技术经济指标的选定等。

168. 电源规划应遵循什么原则?

电源规划应遵循充足性、可靠性、灵活性和经济性原则,应保证以下几点:

(1)充足性。电源规划应与负荷预测、一次能源供应预测相适应,合理安排容量、结构及建设(退役)时序,避免在规划期内出现因电源建设不足而造成的缺电问题。

（2）可靠性。电源规划应适应负荷变动的需要，满足调峰调频要求，保证供电的可靠性。

（3）灵活性。电源规划应考虑合理的灵活性调节资源，以应对可再生能源等随机电源波动造成的影响。

（4）经济性。应提高发电能源供应的经济性，能源流向应合理，系统装机和可再生能源电量应得到充分利用，做到保护生态、节约能源、减少污染。

169. 合理的电源结构需满足哪些要求？

应根据各类电源在电力系统中的功能定位，结合一次能源供应可靠性，合理配置不同类型电源的装机规模和布局，满足电力系统电力电量平衡和安全稳定运行的需求，为系统提供必要的惯量、短路容量、有功和无功支撑。

电力系统应统筹建设足够的调节能力，常规电厂（火电、水电、核电等）应具备必需的调峰、调频和调压能力，新能源场站应提高调节能力，必要时应配置燃气电站、抽水蓄能电站、储能电站等灵活调节资源及调相机、静止同步补偿器、静止无功补偿器等动态无功调节设备。

170. 常见的电源有哪些类型？　配电网规划时需重点关注哪些电源？

按不同的分类标准，电源可分不同的类型。在电源规划研究中，通常按照一次能源的类型、建设形式、调节能力、发电类型等进行分类。

（1）按照一次能源类型，可将电源分为常规能源电源、新能源电源、可再生能源电源、非可再生能源电源、清洁电源等。其中清洁电源包含可再生能源电源、气电和核电。常见电源分类如表 5-1 所示。

表 5-1 　　　　　　　　　　一次能源的分类

类别	常规能源	新能源
可再生能源	水能等	太阳能、海洋能、风能、地热、生物质能等
非可再生能源	煤炭、石油、天然气、油页岩、沥青砂、核裂变燃料等	核聚变能量等

（2）按照建设形式，可将电源分为集中式电源和分布式电源。

（3）按照调节能力，可分为可调电源（常规火电、气电、库容水电等）和不可调电源（风电、光伏、径流式水电、冷热电等）。

（4）按照发电类型，可分为交流电源和直流电源。

配电网规划中，应重点关注接入 110kV 及以下电压等级的电源，尤其是出力随机性较强、调节能力较弱、易产生谐波的分布式电源。对于屋顶资源丰富、用能形式多元的园区，宜重点关注分布式光伏、多能耦合电源（冷热电三联供）等；在农副产品加工产业聚集区，宜重点关注生物质能发电；对于水资源丰富区域，宜重点关注小水电及风、光、水多种能源的耦合关系；在直流负荷、变流器型电源集中的区域，可结合负荷需求与当地电网条件，规划直流供电方案。

171. 什么是分布式电源？有什么特点？

分布式电源是指接入 35kV 及以下电压等级电网、位于用户附近，在 35kV 及以下电压等级就地消纳为主的电源。

相较集中式电源，分布式电源具有分布广泛、灵活性强、靠近负荷中心、有一定环保性等特点，拥有良好的应用前景。然而，分布式光伏、分散式风电等电源同时具有了间歇性、波动性、随机性等特征，电压、频率调节控制能力与传统燃煤、燃气等机组相比有较大差距，并网后容易导致系统运行的安全稳定性问题。

172. 分布式电源对配电网电压分布有什么影响？

配电网在正常运行工况下采用开环运行方式为主，接入分布式电源之后，负荷需求由上级电网和本地电源共同支撑，从而降低了上级电网向本地配电网传输的功率。由于降低了传输功率，再加上分布式电源并网点具备一定程度的无功功率支持，各节点电压将升高，若不加控制，有可能造成局部点位电压越限。

173. 分布式电源对配电网可靠性有什么影响？

从正面效应来看，分布式发电的实质是一类备用电源，可以在一定程度上缓解电力系统重过载问题，降低输电过程中的电力损耗。通过对分布式电源的合理规划，科学设定其容量及位置，能够使系统的可靠性得到提升。

从负面效应来看，一方面，若分布式发电设备不具有一定的低电压穿越能力，则会在系统故障时退出运行，不但无法发挥支持系统电压的作用，还将引发更大的电源缺口；另一方面，系统故障时分布式电源若无法及时解列，将会产生保护失效、扩大停电区域以及供电设备受损等不利影响。

174. 分布式电源对配电网损耗有什么影响？

分布式电源对线路损耗所产生的影响与分布式电源发电功率、负荷的大小及接入点有关，具体的线损可通过潮流计算确定。通常情况下，分布式电源发电功率与区域负荷需求越接近，线损越小。当分布式电源发电功率增大到一定值，导致线路倒送潮流大于无分布式电源时的负荷潮流时，线损将会超过无分布式电源接入时的值。此外，当分布式电源不均衡接入低压电网时，三相潮流不平衡将加剧线路损耗。

175. 分布式电源对继电保护有什么影响?

配电网中 80% 以上的故障是瞬时故障,因此传统配电网线路一般配置不设方向的三段式过电流保护。但分布式电源接入后,各个节点电流的大小甚至方向都会产生变化,导致过电流三段保护无法正确动作,最终影响电力系统的可靠性和安全性。分布式电源对继电保护的主要影响有以下几点:

(1)引起保护拒动。线路故障时分布式电源若保持供电,可能使得部分保护装设点流过的故障电流低于动作值,造成保护拒动。

(2)引起保护误动。分布式电源接入后,相邻馈线若发生故障,分布式电源反供电流可能引起本侧线路保护误动。

(3)扩大停电范围。对于线路瞬时故障,本线路保护成功跳闸后,分布式电源若仍向故障点供电,将导致故障点电弧无法立即熄灭。故障点电弧不熄灭,将导致线路重合闸失败,瞬时故障转变为永久性故障,停电范围扩大。

(4)引起非计划孤岛。随着分布式光伏大量集中接入,容易在系统发生故障跳闸后形成孤岛独立运行,或者因不对称故障造成主变压器中性点过电压。非计划孤岛将带来电能质量下降、危及人身安全、影响自动重合闸、损坏设备等不利影响。

176. 分布式电源规划中应重点关注哪些因素?

分布式电源接入最主要的两个因素是接入容量大小和接入的位置。合理规划分布式电源的安装位置、操作类型以及容量,通过与电网供电负荷协调配合就近消纳,能起到提升配电设施利用效率,延缓电网建设需求,降低电网支出成本的作用。反之,则会对配电网的线损、稳定性、电能质量以及安全可靠性等产生不良影响。

177. 分布式电源的渗透率、消纳能力是指什么?

目前国内外对分布式电源的渗透率主要有两种定义:第一种指分布式电源全年发电量与用电量的比值,第二种指分布式电源装机总容量与负荷峰值的比值。两种定义具有各自的适用范围,第一种适用于描述分布式电源的运行特性,第二种适用于规划阶段评估分布式电源的规划容量。通常认为当分布式电源渗透率大于 10% 时,就需要考虑分布式电源并网对配电网的影响。

配电网对分布式电源的消纳能力是在考虑配电网节点电压和短路电流不越限、馈线运行负载率在允许范围内、谐波电压总畸变率满足标准要求的情况下,配电网所有可接入节点所接入的分布式电源最大容量。

178. 分布式电源发电功率该如何预测?

分布式电源发电功率可以采用统计分析、概率建模法、神经网络法、蒙特卡洛模拟法等方法进行预测;对于出力具有随机特性的一种或多种分布式电源,应基于当地相似条件电源的出力统计数据选择合理的负荷同时率,必要时对其出力系数进行分析和预判;应考虑分布式电源类别、地域气候特征、季节变化以及相关政策对分布式电源发电功率的影响。

179. 如何在电源规划研究时提升新能源消纳利用水平?

(1)统筹优化新能源开发布局。在满足碳达峰、碳中和需求的前提下,结合各个地区的新能源资源条件,包括土地等建设条件,特别是充分利用中东部地区相对较大的新能源并网消纳空间,积极推动新能源就地开发利用。在西部地区、北部地区新能源资源富集地区,要科学规划、布局一批以新能源为主的电源基地和电力输送通道,实现新能源电力全局优化配置。

(2)大力提升电力系统灵活调节能力。在发电侧,加强火电灵活性改造,包括推动抽水蓄能电站、天然气调峰电站的建设。在电网侧,加大基础设施建设,提升资源优化配置能力,特别要发挥大电网资源互济的作用。在用户侧,推进终端电能替代特别是绿色电能替代,提高需求侧响应能力。另外,加快储能的规模化发展,推动电力系统全面数字化,构建高效、智慧的调度运行体系。

(3)构建新能源消纳长效机制。一是在电网保障消纳的基础上,通过源网荷储一体化、多能互补等途径,实现电源、电网、用户、储能各类市场主体共同承担清洁能源消纳责任的机制。二是统筹负荷侧、电源侧、电网侧的资源,完善新能源调度机制,多维度提升电力系统的调节能力,保障调节能力与新能源开发利用规模匹配。三是要科学制定新能源合理利用率目标。要形成有利于新能源发展和新型电力系统整体优化的动态调整机制,要因地制宜,制定各地区的目标,充分利用系统消纳能力,积极提升新能源发展空间。

第二节　电 力 电 量 平 衡

180. 什么是电力电量平衡?

电力电量平衡即电力电量供应与需求之间的平衡。电力平衡是瞬时平衡,需校验规划期内本区域内可用装机能否满足电力尖峰负荷需求;电量平衡是过程平衡,需校验规划期内本区域可用装机能否满足一段时间内的电量需求。

181. 电力电量平衡的目的是什么？

（1）在电力系统规划和设计阶段，通过电力电量平衡计算确定规划设计水平年内全系统所需的装机容量、调峰容量以及与外系统的送受电容量，通过系统内各供电分区的分区平衡确定电源的送电方向，为电源装机方案、调峰方案、变电容量配置、网架方案以及燃料需求计算等提供依据。

（2）对于地区电网规划，进行电力电量平衡的目的主要是确定规划水平年内逐年和远景年该地区电网各电压等级所需配置的变电容量及输变电项目的建设进度，为地区电网网架方案提供依据。

182. 电力电量平衡的主要内容有哪些？　应给出哪些结论？

电力电量平衡的主要内容包括：
（1）根据工作需要，进行近期逐年、中长期代表年的电力电量平衡；
（2）根据工作需要，开展分电压等级、分区域电力平衡；
（3）开展调峰平衡研究。

电力电量平衡需给出以下结论：
（1）规划年份与省外系统交换的电力电量，提出区外电力占用电比重；
（2）规划年份省内区域间电力流向及规模；
（3）电源发电利用小时数；
（4）对电力电量平衡结果进行综合分析，说明电源规划、区外来电等不确定因素对平衡的影响。

183. 配电网规划在电力电量平衡中是否需要考虑灵活性资源？　考虑哪些灵活性资源？

在电力电量平衡时，需要考虑灵活性资源，以确保电网发展具有更强适应性和更好经济性。随着技术的发展和突破，新的电源技术、储能技术和负荷不断涌现，当前形势下，在区域电力电量平衡时需要考虑电动汽车充电负荷、虚拟电厂、需求侧响应、储能设施等因素。

184. 电力平衡的一般要求是什么？

电力平衡应分区、分电压等级、分年度进行，并考虑各类分布式电源和储能设施、电动汽车充换电设施等新型负荷的影响。

185. 电力平衡中，规划计算负荷应如何确定？

配电网规划计算负荷需在最大负荷基础上结合负荷特性、设备过载能力以及需求侧响应等灵活性资源综合确定。高压配电网的规划计算负荷的确定应考虑尖峰负荷持续时间，一般可按最大负荷的 95％计算，根据尖峰负荷持续时间长短，适当调整最大负荷的百分比。中压配电网的规划计算负荷可采用瞬间值、15 分钟时刻点最大负荷、整点最大负荷、最大数日最大负荷的平均值等。在开展省、地市、县域、供电分区、供电网格（乡镇）逐级规划时，配电网规划计算负荷应根据历史数据或理论计算，选取适当的同时率进行归集或分解。

186. 分电压等级进行电力平衡时需要注意哪些方面？

分电压等级进行电力平衡需要考虑需求响应、储能设施、电动汽车充换电设施等灵活性资源的影响，根据其资源库规模、尖峰负荷持续时间等情况，确定合理的规划计算负荷，作为分电压等级电力平衡的主要依据。

187. 如何进行分压电力平衡计算？

分压电力平衡可根据表 5 - 2 计算。

表 5 - 2　　　　　　　　　　分压电力平衡表　　　　　　　　　　MW

项目	××年	××年	××年	××年	××年
1　全社会用电负荷					
2　地方公用电厂厂用电					
3　自发自用负荷（含孤网）					
4　220kV 及以上电网直供负荷					
5　110kV 电网直供负荷					
6　35kV 电网直供负荷					
7　220kV 直降 35kV 负荷					
8　220kV 直降 10kV 负荷					
9　110kV 直降 10kV 负荷					
10　35kV 上网且参与电力平衡发电负荷					
11　10kV 及以下上网且参与电力平衡发电负荷					
12　110kV 网供负荷					
13　35kV 网供负荷					
14　变电容量					
14.1　当年投产不计					
14.2　当年投产计一半					
14.3　当年投产全计					
15　容载比					

续表

项目	××年	××年	××年	××年	××年
15.1　当年投产不计					
15.2　当年投产计一半					
15.3　当年投产全计					

注　1. 110（66）kV 网供负荷（12）＝Σ110（66）kV 公用变压器降压负荷＝全社会用电负荷（1）－地方公用电厂厂用电（2）－自发自用负荷（含孤网）（3）－110（66）kV 及以上电网直供负荷（4＋5）－220kV 直降 35kV 负荷（7）－220kV 直降 10kV 负荷（8）－35kV 及以下上网且参与电力平衡发电负荷（10＋11）。

　　2. 35kV 网供负荷（13）＝Σ35kV 公用变压器降压负荷＝全社会用电负荷（1）－地方公用电厂厂用电（2）－自发自用负荷（含孤网）（3）－35kV 及以上电网直供负荷（4＋5＋6）－220kV 直降 10kV（8）－110kV 直降 10kV（9）－10kV 及以下上网且参与电力平衡发电负荷（11）。

　　3. 容载比（15）＝变电容量（14）/网供负荷（12、13）。

　　4. 虚拟电厂、储能、负荷响应、可中断负荷等灵活资源参与电力平衡时，应根据其接入电压等级，在上级网供负荷中扣除。若灵活资源已作为确定规划计算负荷的依据，则不应列入该平衡表，避免重复计算。

188. 不同类型电源参与电力平衡应遵循什么样的原则？

各类电源参与电力平衡的比例应根据当地实际电源出力规律确定，并与电力平衡场景相对应。如水电资源丰富的区域若按夏（冬）峰、汛谷场景进行平衡时，不同场景同一类电源出力比例应根据实际情况进行调整。

189. 如何确定不同电源参与电力平衡的比例？

在确定各类电源参与电力平衡的比例时，应充分分析历史年实际运行情况，按照平衡场景（全社会最大负荷、水电倒送最大负荷等）取连续 5 年以上的平均值进行确定。具体计算方法见式（5 - 1）。

$$k = \frac{P}{S} \tag{5 - 1}$$

式中　k——电源参与电力平衡的比例，%；

　　　P——电源出力，MW；

　　　S——电源装机容量，MW。

不同电源参与电量平衡的目标是在保证系统对用户充分供电、安全可靠运行的情况下使系统的总燃料费用最小。一般原则是：

（1）优先利用水电、风电和太阳能的发电量。

（2）充分利用热电厂热电联产的发电量以及核电电量。

（3）火电设备出力应在其设计的最小出力之上，其年利用小时数应在合理范围内。

根据电源类型及出力特征的相似性，可按一定规则进行打捆统计。220kV 及以上电源宜逐一根据实际运行规律确定参与比例，110kV 及以下电源应按一次能源类型分类，同类电源中可按照单机装机容量 6kW 为界进行打捆。

190. 电力平衡时应如何考虑水电的影响？

（1）水电出力季节性显著。受季风气候影响，水资源丰富区域的年度降水往往呈现显著的季节性，水力发电年度特性曲线随之呈现丰水期高、枯水期低的特征，且库容规模越小，季节性越明显。

（2）本地电源影响网供负荷特性。电力平衡是为了确定规划年各电压等级网供负荷的大小，而大量小水电将就地平衡当地负荷需求，降低高电压等级网供负荷，减少对外来电源的依赖。

（3）错峰效应拉大网供负荷峰谷差。负荷的年度特性通常呈现夏季（煤改电区域冬季）高峰，春、秋季低谷的特征，与部分区域水电出力特性可能存在错峰现象。错峰效应会拉大上级电压等级网供负荷的年度峰谷差。对于水电资源丰富而负荷不大的地区，年度网供负荷甚至呈现丰水期倒送，枯水期正送的特性。

（4）正、倒送网供负荷需分场景平衡。电网规划进行电力平衡时，为保证地区供电能力充足，需对年度负荷最大、水电出力较小的枯水期峰荷场景进行校核；而为了确保丰水期不造成弃水，则需对水电出力最大、负荷需求最小的丰水期谷荷场景进行校核。综合夏（冬）峰和汛谷平衡结果，方可得出该区域各电压等级双向网供负荷的需求。

191. 电力平衡时应如何考虑风电的影响？

风电场是由几十、上百台独立风力发电机组成的电厂，风电场的装机容量为所有风机容量之和。风电是随机电源，风电出力的不规律性不仅难以定量风电在平衡中的出力，也增加了系统的调峰难度。在描述风电的特性时，除了风电的年利用小时，还采用风电有效容量和风电可信容量两个指标。风电有效容量是指风电累计电量为 95％时的最大出力值。风电可信容量是指风电出力累计时间概率为95％时的出力最小值。在电力平衡时，通常只计入风电可信容量。在分析调峰平衡时，可以考虑风电有效容量的影响。对于水电调节能力强并存在水电空闲容量的系统，可以通过水风互补调节水电的出力过程，提高风电的可信容量，从而间接发挥风电的容量效益。

192. 电力平衡时应如何考虑太阳能发电的影响？

太阳能电站按发电原理分为光热发电和光伏发电。

（1）光热发电将光能转换成热能蒸汽推动汽轮机发电，一般上午发电出力逐渐上升，中午发电出力最大，傍晚发电出力逐步降低直到停机。光热发电机组出力规律性较强，昼夜发电出力过程相对稳定，可根据当地历史发电规律及负荷特性，确定参与其参与电力平衡的比例。

（2）光伏发电是将太阳能板产生的直流电能通过逆变器转换成交流发电，是没有发电机的电源。光伏发电容量一般为太阳能板的容量。光伏发电昼夜规律性较强，但短时发电能力不稳定，也具有一定的随机性。确定光伏发电参与平衡的比例时，既要考虑当地负荷特性与光伏出力长期平均特性，还要考虑光伏出力短时稳定性。光伏发电参与平衡的比例通常可取负荷最大时段光伏出力的最小值占装机容量的比例。

193. 分布式电源出力对网供负荷特性产生明显影响时如何开展电力平衡？

（1）对于单一形式的分布式电源，应充分考虑分布式电源出力特点，分场景进行电力平衡。分布式电源以水电为主时，应分丰水期和枯水期进行电力平衡；分布式电源以光伏为主时，应充分考虑用电负荷高峰时段与地区日照之间的关系，可分季节、分白天黑夜进行电力平衡计算；分布式电源以风电为主时，应分季节进行电力平衡计算。

（2）多种分布式电源并存情况下，应先对各类分布式电源出力情况进行曲线拟合，确定分布式电源整体出力特性，并以此为依据确定电力平衡场景。

（3）对于发生功率倒送的电压等级，应充分考虑倒送负荷情况，如倒送功率大于最大用电功率，电力平衡时应进行电力倒送平衡计算，确保变电站不出现逆向重过载问题。

194. 如何通过电力平衡结果确定规划年高压配电网变电容量需求？

通过电力平衡得到规划年网供负荷后，可根据式（5-2）计算得到需新增的变电容量。

$$\sum S_{ei} = P_{max} \times R_s - \sum S'_{ei} \qquad (5\text{-}2)$$

式中　$\sum S_{ei}$——规划年区域内该电压等级公用变电站主变压器容量之和，MVA；

$\quad\ P_{max}$——规划年区域内该电压等级的年网供最大负荷，MW；

$\quad\ R_s$——容载比（无量纲），取值应符合相关配电网规划设计导则规定；

$\quad\ \sum S'_{ei}$——基准年区域内该电压等级公用变电站主变压器容量之和，MVA。

195. 配电网供电单元的电力平衡应如何开展？

配电网供电单元电力平衡的目的是确定该供电单元所需的10（20、6）kV公用线路回数。供电单元内配电变压器的布点及容量需根据具体负荷报装信息进行规划。配电网供电单元电力平衡可参考以下步骤开展：

（1）预测供电单元内负荷、电源年曲线及典型日曲线（需去除专线负荷）。

（2）叠加负荷、电源年曲线，确定该供电单元最大 10（20、6）kV 公用线路供电（倒送）负荷出现的时段。

（3）选取该时段的负荷、电源的典型日曲线进行叠加。若电源主要由分布式光伏、径流式水电等随机性较大的电源组成，需充分考虑气候对于出力特性的影响。

（4）根据该供电单元实际的发展条件，在负荷、电源叠加曲线中叠加负荷响应、储能等灵活资源特性曲线，起到削峰填谷的作用。

（5）若区域内存在电动汽车充电负荷，并可进行有序充电管理时，可在负荷预测中考虑有序充电形态下的充电负荷特性，或将有序充电作为灵活资源的一种形式，计入灵活资源特性曲线中。

（6）根据曲线叠加结果，确定该供电单元 10（20、6）kV 公用线路最大供电（倒送）负荷，按可根据式（5-3）计算得出公用线路回路数。

$$n = \frac{P_{max}}{p} \qquad (5-3)$$

式中　　n——10（20、6）kV 公用线路回路数，回；

P_{max}——10（20、6）kV 公用线路最大供电（倒送）负荷，MW；

p——单回线路最大供电负荷，MW。

需要注意：单回线路最大供电负荷应根据网架结构、$N-1$ 要求、线径、表计、运行环境等因素确定。若供电单元仅有无响应能力的负荷，并仅由 10（20、6）kV 线路供电，则可直接根据供电单元负荷预测得到的 10（20、6）kV 公用线路最大供电负荷，采用公式计算得到回路数，无需特性曲线叠加。

196. 什么情况下需要进行电量平衡计算？

通常电量平衡计算宜在输电网规划中开展；对于分布式电源较多的区域，在配电网规划时也应进行电量平衡计算。分布式电源高比例接入后会对配电网电力平衡产生较大影响，此外光伏、风电等间歇性电源的发电利用小时数在不同地区差异较大，因此需要通过电力电量平衡综合计算来支撑论证配电网规划方案的财务可行性分析。分布式电源接入后，一方面将影响该区域的售电量，如果接入的分布式电源未实现就地消纳，将存在分布式电源上网电量，可能需要供电公司承担（或垫付）补贴费用；另一方面，分布式电源接入将增加电网建设与改造成本，保证清洁能源消纳要求电网配备更多调节资源，需要通过财务可行性分析进行测算。

197. 如何进行电量平衡计算？

输电网规划时，需进行电量平衡计算，对于分布式电源接入较多的配电网，也可参照表 5-3 计算电量平衡结果，以分析规划方案的财务可行性。

表 5-3　　　　　　　　　　　　电量平衡表

规划区域	××年	××年	××年	××年
1　全社会用电量（MWh）				
2　区域内电厂发电量（MWh）				
3　统调电源 1 装机容量（MW）				
4　统调电源 2 装机容量（MW）				
……				
5　110kV 及以下非统调电源装机容量（MW）				
5.1　6MW 及以上小火电装机容量（MW）				
5.1.1　煤电（MW）				
5.1.2　生物质发电（MW）				
5.1.3　垃圾发电（MW）				
5.2　6MW 以上小水电装机容量（MW）				
5.3　6MW 以下小水电装机容量（MW）				
5.4　光伏装机容量（MW）				
5.5　风电装机容量（MW）				
6　需受入电量（MWh）				

注　1. 全社会用电量（1）应包含抽水蓄能等储能设施的损耗电量。

　　2. 需受入电量（6）＝全社会用电量（1）－区域内电厂发电量（2）。

　　3. 区域内电厂发电量（2）＝Σ 电源装机容量×年利用小时数。

198. 不同电源参与电量平衡应遵循什么原则？

电量平衡中各类电源年利用小时数应根据当地电源出力实际规律确定，可参考各类电源历史年发电量及装机容量计算得出。通常统调电源宜单独计列，同一类型的小型电源可按实际出力特性相似度打捆计列。

199. 如何确定不同电源参与电量平衡的年利用小时数？

在确定各类电源参与电量平衡的年利用小时数时，应充分分析历史年实际运行情况，取连续 5 年以上的平均值进行确定。具体可通过式（5-4）计算。

$$h = \frac{E}{S} \qquad\qquad (5-4)$$

式中　h——电源年利用小时数，h；

　　　E——电源年发电量，MWh；

　　　S——电源装机容量，MW。

通常，电源可根据一次能源的类型进行分类。由于电价、备用容量等因素的影响，同类电源中不同装机容量、接入电压等级的电源年利用小时数仍有较大差异，可根据统调电源、非统调 6MW 以上装机电源、非统调 6MW 以下装机电源进行二级分类。

当光伏、风电等电源处于发展初期，缺少历史数据时，可根据日照小时数分布图、风电利用小时数图进行估算。

200. 电力电量平衡考虑的备用容量主要是什么？

电力电量平衡考虑的备用容量主要是指负荷备用容量、事故备用容量和检修备用容量。

（1）负荷备用容量是指为满足电力负荷短时波动变化，系统需要设置的发电备用容量。负荷备用容量一般取最大负荷值的 2%～5%。低值适合于大系统，高值适合于小系统。

（2）事故备用容量是在系统发电机组发生故障停运情况下，为满足保证负荷连续供电需求而设置的电源容量。事故备用容量一般取最大负荷值的 8%～10%，但不得低于系统中的最大单机（或受电直流单极）容量，其中约 50% 应为可快速调用的热备用，另外 50% 可以为冷备用。

（3）发电机组定期检修是电源自身的要求，检修时段宜安排在系统有电源富余容量的低负荷季节。安排机组检修后，如果可用机组不能满足系统负荷以及负荷备用和事故备用的需求，系统需要增加的装机容量称为检修备用容量（或检修容量）。

201. 离网型电网应如何进行电源配置？

离网型电网作为大电网延伸供电方式的补充，主要适用于距离大电网较远、负荷规模较小、电网延伸投资代价大、电网线路走线困难地区。离网型电网由于需要依靠内部建设电源满足供电需求，组网模式与传统大电网的设计思路不同，通常依据当地能源资源禀赋情况确定电源类型，再综合选择能够满足用户需求并保证发电设施可靠运行的电源配置方式。常见的组网方式有"光伏＋储能""风电＋储能"，有一定可靠性要求时可增加柴油发电备用电源。

（1）光储离网型电网中光伏容量配置。

太阳能光伏发电系统根据现场实际勘察调研用户用电负荷、当地年均日照小时数、光伏系统综合效率等数据确定光伏电站容量，计算方法见式（5-5）。

$$P = \frac{E}{H \times K} \tag{5-5}$$

式中　P——光伏电池组件安装容量，kW；

E——当地日用电量，kWh；

H——当地最小日峰值日照小时数，h；

K——系统综合发电效率，%。

（2）风储离网型电网中风电容量配置。

风力发电系统根据现场实际勘察调研用户用电负荷、当地年均风电利用小时数、风电系统综合效率等数据确定风电机组容量，计算方法见式（5-6）。

$$P = \frac{E}{H \times K} \tag{5-6}$$

式中　P——风电装机容量，kW；

E——当地日用电量，kWh；

H——当地最小日风资源利用小时数，h；

K——风电系统综合发电效率，%。

（3）柴油发电机容量配置。

作为主供电源时，柴油发电机容量根据系统最大负荷选择。柴油发电机工作效率一般在 70%～80% 的额定功率时达到最优，容量配置可根据式（5-7）计算。

$$P = \frac{P_1}{K} \tag{5-7}$$

式中　P——柴油发电机装机容量，kW；

P_1——用户最大负荷，kW；

K——柴油发电机综合发电效率，%。

对于高原地区，还应考虑因海拔升高带来的柴油发电机组效率降低的情况，例如在海拔 3000m 区域柴油发电机组最大功率约为额定容量的 75%。

作为备供电源，在主供电源故障、检修或不能满足供电能力的情况下，由柴油发电机备供，要求满足用户重要负荷一定时间的供电需求。具体容量配置根据重要负荷的类型、功率等决定。一般地，由于备供电源供电属于特殊情况下的运行方式，可不考虑最优发电效率系数，容量配置可根据式（5-8）计算。

$$P = P_1 \tag{5-8}$$

式中　P——柴油发电机装机容量，kW；

P_1——用户重要负荷，kW，用户负荷最大工况下的值。

202. 如何进行调峰平衡？

通常大区域输电网规划时，为校验全网电源结构的合理性，需开展调峰平衡计算。当大区域输电网对区域配电网调峰能力支撑受限，或是进行局部自平衡微电网规划时，可根据调峰平衡确定能量型储能装接容量需求。调峰平衡计算需要根据当地实际负荷和电源特性，分析得出统调负荷日峰谷差最大的场景，以典型日为基础确定区域调峰盈亏。调峰平衡可参照表 5-4 计算。

表 5-4   调峰平衡表   MW

项目	规划区域	××年	××年	××年	××年	××年
典型日出力方式	1　典型日统调最高负荷					
	1.1　统调峰谷差					
	1.2　统调最低负荷					
	2　区域外输入电力					
	2.1　电源一					
	2.2　电源二					
	……					
	3　区域内机组出力					
	3.1　库容水电					
	3.2　径流水电					
	3.3　小型抽水蓄能					
	3.4　火电（包含生物质等）					
	3.5　风电					
	3.6　光伏					
调峰平衡	4　区域外电力调峰能力					
	4.1　电源一					
	4.2　电源二					
	……					
	5　区域内机组调峰能力					
	5.1　库容水电					
	5.2　小型抽水蓄能					
	5.3　火电（包含生物质等）					
	5.4　风电					
	5.5　光伏					
	6　系统调峰能力合计					
	7　调峰盈亏					

注　1. 系统调峰能力合计（6）＝区域外电力调峰能力（4）＋区域内机组调峰能力（5）。

　　2. 调峰盈亏（7）＝统调峰谷差（1.1）－系统调峰能力合计（6）。

　　3. 典型日统调最高负荷（1）≤区域外输入电力（2）＋区域内机组出力（3）。

　　4. 调峰平衡中需对典型日机组平衡出力和调峰出力方式进行说明，参与平衡和调峰的比例应在实际运行分析的基础上进行预测。

203. 各类电源在调峰平衡的参与比例如何确定?

（1）根据历史年实际运行情况，先确定最大峰谷差场景下各类电源的正常出力方式，用以校验电源出力能否满足典型日最高负荷需求。具体出力比例可参考电力平衡的确定方法。

（2）根据历史运行规律，确定最大峰谷差场景下各类电源调峰能力。通常情况下，核电不参与调峰；抽水蓄能等储能装置，调峰能力可超过 100%，最大达到 200%；火电也具备一定调峰能力，应根据机组类型、一次能源供给情况、经济运行水平等因素确定其参与调峰的比例，一般而言，气电调峰能力最大为 100%，煤电的调峰能力最大为 50%~60%；风电、光伏等不可控电源，出力特性若与负荷特性呈现明显的错峰效应，则可能起到逆调峰作用。

第三节　储能需求分析

204. 储能的作用是什么?

储能是能源互联网的重要组成部分和关键支撑技术，具有快速响应、双向调节、环境适应性强、建设周期短等技术优势，规模化应用将对能源转型、电网格局、电源结构产生重大影响。其中新能源发电侧配置储能，能提高新能源发电并网调节能力和电网设备利用效率；常规火电配置储能，能提升调节性能和运行灵活性，促进电网安全高效运行；客户侧配置储能，能降低电网峰谷差、缓解局部电网供需紧张；电网侧配置储能，能够优化电网结构、解决电网阻塞、增强电网调节能力、辅助调频调峰，提升电网整体安全水平和利用效率。

205. 电力系统中应用的储能有哪些类型?

按照不同的分类标准，电力系统中的储能可分为不同的类型。

（1）按照能量转换方式，在电力系统应用的储能可分为物理（机械）、电化学、电磁、热能和化学储能五种类型。

1）物理储能方面，主要包括抽水蓄能、压缩空气储能、飞轮储能等技术。

2）电化学储能方面，主要包括铅炭电池、锂离子电池、液流电池、钠硫电池等技术。

3）电磁储能方面，主要包括超导磁储能、超级电容器等技术。

4）热能储能方面，主要包括显热储能、潜热储能、化学储热等技术。

5）化学储能方面，主要包括电制氢、电制合成天然气等技术。

（2）按照功能进行划分，可分为能量型和功率型两种。

1）能量型储能能量密度高，放电时间相对较慢，主要用于高能量存储、转移场景。

2）功率型储能功率密度高，以高放电率快速放电，主要用于瞬间高功率充放场景。

206. 配电网配置储能有什么意义？

（1）延缓配电网改造升级。对于负荷密度较大且增长缓慢的区域，老旧设备和线路改造困难，在季节性负荷高峰时期，可能出现阶段性重过载现象。若进行常规配电网改造，将导致设备平均利用率下降。此时在台区配置一定的储能，可以有效满足负荷的阶段性快速增长需求，延缓电网投资。

（2）保证重要负荷供电要求。重要负荷一旦中断供电将会造成重大的政治影响或经济损失，对供电质量要求较高；而柴油发电车使用、维护成本高，环境污染和噪声污染严重，电能质量不佳，无法实现与电网的无缝切换。移动储能电源车具有"绿色、经济、优质"的特点，可以有效匹配重要负荷保供电的场景。

（3）提高分布式新能源消纳能力。在配电网合理配置储能，可以优化分布式电源运行方式，调节其出力特性。在分布式电源功率过剩时，储能可以吸收多余功率，在分布式电源出力不足时释放以维持电压和频率稳定，在维持电网稳定运行的同时保障分布式新能源的消纳。

207. 电化学储能规划的原则是什么？

电化学储能规划应以需求为导向，遵循技术可行、安全可靠、经济合理、绿色环保的原则，从全寿命周期角度深化储能建设成本效益分析。

208. 电化学储能规划的主要内容是什么？

电化学储能规划应合理确定发展规模、设施布局、建设时序，引导电化学储能合理布局、有序发展。电化学储能规划的主要内容包括：储能发展基本原则，电源侧、电网侧、用户侧储能需求分析，储能设施布局及原则，储能建设规模、目标、时序及重点任务，投资估算及效益分析，保障措施等。

209. 电化学储能规划年限该如何确定？

电化学储能规划宜作为电源规划、电网规划的组成部分，规划年限应与电源规划、电网规划年限相适应，宜以 5 年为一周期，可根据实际情况进行滚动调整。

210. 电化学储能需求分析如何开展？

电化学储能需求分析宜分为电源侧、用户侧、电网侧三种场景。电化学储能规划时，需对电源、电网、负荷、储能进行充分的现状调研与应用分析。考虑到目前电化学储能的经济性优势不明显、安全风险高等问题，需求分析应从全寿命周期角度进行详细论证。

电网侧电化学储能需求分析应充分考虑现有以及规划期内抽水蓄能、调峰机组、需求响应资源等各种调节资源情况。

电源侧电化学储能需求分析应充分考虑规划期内新增电源类型及装接容量，"新能源＋储能"配套机制、共享储能等政策因素。

用户侧电化学储能需求分析应充分考虑电价差、重要负荷保供电等因素。

211. 电源侧电化学储能容量需求如何确定？

电源侧电化学储能通常配置在新能源或火电厂。

配置于新能源发电侧的电化学储能，可实现新能源的平滑出力，提高风、光等资源的利用率。容量需求确定可参考以下原则：

（1）当风电场有功功率变化限值超出 GB/T 19963—2011《风电场接入电力系统技术规定》规定的范围时，可根据风电场有功功率变化范围和持续时间，计算需配置的储能功率和容量。

（2）当光伏电站的有功出力波动超出 GB/T 19964—2012《光伏发电站接入电力系统技术规定》规定的有功功率变化速率范围时，可根据光伏电站有功功率变化范围和持续时间，计算需配置的储能功率和容量。

（3）当风电场或光伏电站有弃电情况时，可根据弃电量计算需配置储能的容量。

（4）可根据风电、光伏出力预测曲线考核要求，配置相应的储能容量。

配置于火电发电侧的电化学储能，可和火电机组联合运行，构成新的电力调频电源，使两者优势互补，提高调频性能的同时为机组带来经济效益。容量需求主要根据 AGC 指令功率范围、电量及火电机组调频性能等因素确定。

212. 配置于常规电源侧的电化学储能容量需求如何确定？

配置于常规电源侧的电化学储能，有利于提升常规电源机组的调节性能和运行灵活性，其容量配置宜从满足机组最小技术出力和机组调节速度的角度考虑。

213. 参与电力辅助服务市场的电源侧电化学储能容量需求如何确定？

参与电力辅助服务市场的电源侧电化学储能，其配置功率和容量可根据电源侧电化学储能的历史数据和实际需要，结合国家和所在地区的电力辅助服务市场政策和运营规则进行预测。

214. 用户侧电化学储能需求分析应考虑哪些因素？

用户侧电化学储能需求分析应考虑电价机制、用户意愿和储能运营模式，以需求预测为主。

215. 以经济收益为主的用户侧电化学储能如何开展需求分析？

以经济收益为主的用户侧电化学储能，可参考以下方式开展需求分析：

（1）应充分考虑铅炭电池、锂离子电池等不同类型电池的技术经济特点，根据储能投资建设成本、运维成本、电池寿命周期等因素，计算电化学储能的度电成本。

（2）结合用户所在地区电价政策，对比电化学储能度电成本与峰谷电价差、补贴收益、容量电费，分析用户侧电化学储能发展趋势。

（3）根据用户侧储能的历史数据和实际需要，并结合政策环境、用户意愿、产业配套等，对用户侧电化学储能规模进行预测，必要时可给出高、中、低等不同容量水平方案下的预测结果。

216. 作为事故备用的用户侧电化学储能功率和容量需求如何确定？

作为事故备用的用户侧电化学储能的功率需求可按照用户内重要负荷的最大功率确定，容量需求可根据故障期间供电保障时间和计划检修时间确定。

217. 电网侧电化学储能容量配置原则是什么？

电网侧电化学储能可用于电网日调峰和日顶峰调控，容量确定可参考以下原则：

（1）日调峰需求应根据全年负荷特性，选取峰谷差率较大的典型日。对于新能源接入规模较大或区外来电占比较高的地区，应结合新能源出力和区外来电特性，针对净负荷分析选取典型日。在进行调峰需求计算时，应结合实际合理选择火电、新能源、区外来电调峰系数，并统筹规划期内抽水蓄能、调峰机组、需求响应资源等情况，确定电网侧电化学储能容量需求。

（2）日顶峰调控需求应在典型日电力平衡缺口的基础上，统筹需求响应等手段进行分析，并考虑日内"多充多放"等运行模式确定电网侧电化学储能容量需求。

218. 用于电网频率支撑的电网侧电化学储能容量配置原则是什么？

电网侧电化学储能可用于电力系统严重事故下的电网频率支撑。容量确定可参考以下原则：

（1）故障后电网侧电化学储能频率支撑需求应充分考虑可能的运行工况，结合不触发第三道防线设防、事故后电网最低允许频率等电网安全稳定要求，通过频率仿真计算确定。

（2）故障后电网侧电化学储能频率支撑需求规模计算应扣减已有的频率响应资源，如电源调频、直流调制、抽水蓄能切泵、可中断负荷等。

219. 同时具备调峰、调频能力的电网侧电化学储能容量如何确定?

考虑到电网侧电化学储能可同时具备调峰、调频能力，其规划容量确定宜采用调峰需求和调频需求的较大值。

220. 离网型电网中储能容量应如何配置?

蓄电池的容量大小与用户用电量有很大关系，在蓄电池容量设计时，要考虑负载的用电量情况，还要考虑蓄电池充放电效率、逆变器效率、交流配电线路损失等因素，另外还应考虑蓄电池的使用环境温度。

蓄电池组容量 C 由式（5-9）确定:

$$C = \frac{D \times P_0 \times F}{K_a \times U} \tag{5-9}$$

式中　C——储能电池容量，kWh;

D——最长无日照、无风期间用电时数，h;

P_0——平均负荷容量，kW;

F——储能电池放电效率的修正系数;

K_a——包括逆变器等回路的损耗率，%;

U——蓄电池的放电深度。

最长无日照、无风期间用电时数与当地气象条件、负荷时间分布特性、允许负荷失电率等因素有关。

221. 电化学储能规划的经济效益分析该如何进行?

电源侧和用户侧电化学储能经济效益分析应重点分析储能接入对电网运行和经营的影响。电网侧电化学储能经济效益分析应综合考虑投资运维成本、直接效益和间接效益，从资产全寿命周期角度进行分析。当存在多个规划方案时，应进行比选分析，在技术可行基础上，选择综合效益最优的方案。

222. 哪些情况下可以建设电网侧替代型储能?

在电网延伸困难、站址和走廊资源紧张、电网供电能力不足、应急保障要求较高等地区，可通过技术经济分析后合理开展电网侧替代性储能建设。

223. 电网侧替代型储能主要应用在哪些场景？

电网侧替代性储能为电网建设的一种技术选择，不具有独立市场主体地位，主要用于解决基本供电问题、延缓电网升级改造、提升电压支撑能力与电网供电能力、提供应急供电保障和提高供电可靠性等，应用场景主要包括：

（1）在偏远、海岛等电网延伸困难地区，通过配置储能，解决基本供电问题；

（2）在变电站站址资源和输电线路走廊紧张地区，以及临时性负荷明显等地区，通过配置储能，缓解主变压器和线路重过载问题；

（3）在电网末端、配电网薄弱、新能源高渗透率接入等地区，通过配置储能，提升电压支撑能力和电网供电能力；

（4）针对紧急供电或重要电力用户保供等需求，通过配置储能，提供应急供电保障，提高供电可靠性。

第六章 配电网规划目标和主要技术原则

第一节 规划目标和总体原则

224. 配电网规划近远期目标制定要求有哪些?

根据本地区及各类供电区域电力需求预测结果,结合配电网现状分析结论,提出配电网在规划期内应实现的总体目标,并根据总体目标提出规划期末应达到的具体指标,阐述规划期内要解决的重点问题。为便于实现远近结合,通过远期目标指导近期规划建设,可在先提出远景目标的基础上,给出规划期内应达到的目标。

225. 配电网的近、中、远期规划应如何开展?

配电网规划应在对规划区域进行电力负荷预测和区域电网供电能力评估的基础上开展。各阶段规划需符合下列规定:

（1）近期规划应解决配电网当前存在的主要问题,通过网络建设、改造和调整,提高配电网供电能力、质量和可靠性。近期规划应提出逐年新建、改造和调整的项目及投资规模,为配电网年度建设计划提供依据和技术支持。

（2）中期规划应与地区输电网规划相统一,并与近期规划相衔接。重点选择适宜的网络接线,使现有网络逐步向目标网络过渡,为配电网安排前期工作计划提供依据和技术支持。

（3）远期规划应与城市国民经济和社会发展规划以及地区输电网规划相结合,重点研究城市电源结构和目标网架,规划落实变电站站址和线路走廊、通道,为城市发展预留电力设施用地和线路走廊提供技术支持。

226. 配电网规划目标主要包括哪些指标?

配电网规划目标主要包括供电质量、供电能力、网架结构、智能发展、装备水平、新能源和分布式电源消纳等方面，典型指标具体见表 6-1。

表 6-1　　　　　　　　　　配电网规划目标典型指标

指标	细化指标
供电质量	户均停电时间（h）
	供电可靠率（%）
	综合电压合格率（%）
	110kV 及以下综合线损率（%）
供电能力	110（66）kV 容载比
	35kV 容载比
	110（66）kV 主变压器 $N-1$ 通过率（%）
	35kV 主变压器 $N-1$ 通过率（%）
网架结构	110（66）kV 线路 $N-1$ 通过率（%）
	35kV 线路 $N-1$ 通过率（%）
	10kV 线路 $N-1$ 通过率（%）
	10kV 线路联络率（%）
	10kV 标准化接线率（%）
智能化水平	配电自动化覆盖率（%）
	配电通信网覆盖率（%）
装备水平	高损配变比例（%）
	10kV 线路绝缘化率（%）
	智能电能表覆盖率（%）
新能源和分布式电源消纳	分布式电源渗透率（%）

227. 配电网规划的原则是什么？

配电网规划需充分考虑 A+、A、B、C、D、E 等不同供电区域的负荷特点和供电可靠性要求，选择适合本区域特点的目标电网结构，使现状电网结构通过建设和改造逐步向目标电网过渡，提高配电网的负荷转移能力和对上级电网故障时的支撑能力，实现近远期电网有效衔接，避免电网重复建设，达到结构规范、运行灵活、适应性强。

228. 配电网建设的原则是什么？

配电网建设遵循可靠性与效率效益相协调的原则。改造充分考虑资产全寿命周期理念，做到改造与新、扩建相协调，网架改造与目标网架相衔接。设备评价为异常及严重状态，影响人身、电网、设备安全，以及设备运行年限达到全寿命周期，经评估不能继续服役，可优先安排改造。

229. 园区电力规划应遵循的基本原则是什么？

园区电力规划需统筹考虑、科学论证，做到安全可靠、技术先进、经济合理，并遵循以下原则：

（1）园区电力规划需适度超前于国民经济社会和产业发展。

（2）统筹考虑输配协调、源网荷协调，切实提高园区电网发展质量及效率效益。

（3）提高园区电力供电安全保障水平，兼顾园区电网运行的灵活性和经济性。

（4）园区电力规划需具备必备的容量裕度、适当的负荷转移能力、一定的自愈能力和应急处理能力，提高电网的适应性和抵御事故及自然灾害的能力。

（5）充分考虑各类分布式电源、多元化负荷的灵活高效接入，促进源网荷协调发展。

（6）节约土地资源，重视环境保护。

230. 园区电力专项规划如何与其他各类规划进行衔接？

园区电力专项规划以国民经济和社会发展规划、园区总体规划、土地利用总体规划、控制性详细规划及园区各类专项规划等为依据，与地区电网发展规划相衔接，合理规划各电压等级电力设施布局，并将园区电力专项规划纳入园区总体规划，满足园区经济社会发展要求。

第二节　主要技术原则

231. 配电网规划需要遵循的主要技术原则包括哪些方面？

配电网规划需要遵循的主要技术原则包括电压序列选择、供电安全准则、供电能力和供电质量要求、短路电流水平要求、中性点接地方式选择、无功补偿配置、继电保护及自动装置选择、防灾抗灾技术要求等。

232. 配电网电压序列选择的基本原则是什么？

配电网主要电压等级序列有 110/10/0.38kV、66/10/0.38kV、35/10/0.38kV、110/35/10/0.38kV、35/0.38kV。电压序列选择的基本原则是：

（1）配电网应优化配置电压序列，简化变压层次，避免重复降压。

（2）配电网电压序列选择应与输电网电压等级相匹配，市（县）以上规划区域的城市电网、负荷密度较高的县城电网可选择 110/10/0.38kV 或 66/10/0.38kV

或 35/10/0.38kV 电压等级序列，乡村地区可增加 110/35/10/0.38kV 电压等级序列，偏远地区经技术经济比较也可采用 35/0.38kV 电压等级序列。

（3）中压配电网中 10kV 与 20kV、6kV 电压等级的供电范围不得交叉重叠。

233. 什么是供电安全水平？

供电安全水平是指配电网在运行中承受故障扰动（如失去元件或发生短路故障）的能力，其评价指标是某种停运条件下（通常指 $N-1$ 或 $N-1-1$ 停运后）的供电恢复容量和供电恢复时间。

234. 配电网供电安全标准的一般要求是什么？

配电网供电安全标准的一般要求为：接入的负荷规模越大、停电损失越大，其供电可靠性要求越高、恢复供电时间要求越短。A＋、A、B、C 类供电区域高压配电网及中压主干线应满足 $N-1$ 原则，A＋类供电区域按照供电可靠性的需求，可选择性满足 $N-1-1$ 原则。

235. 配电网供电安全水平分为几级？ 每一级对应的停电负荷和范围如何划分？

根据组负荷规模的大小，配电网的供电安全水平可分为三级，各级对应的停电负荷及范围见表 6-2。

表 6-2   供电安全等级划分

供电安全等级	组负荷范围	对应范围
第一级	≤2MW	低压线路、配电变压器、采用特殊安保设计（如分段及联络开关均采用断路器，且全线采用纵差保护等）的中压线段故障
第二级	2～12MW	中压线路
第三级	12～180MW	变电站的高压进线或主变压器

236. 配电网第一级供电安全水平的要求是什么？

（1）对于停电范围不大于 2MW 的组负荷，允许故障修复后恢复供电，恢复供电的时间与故障修复时间相同。

（2）该级停电故障主要涉及低压线路故障、配电变压器故障，或采用特殊安保设计（如分段及联络开关均采用断路器，且全线采用纵差保护等）的中压线段故障。停电范围仅限于低压线路、配电变压器故障所影响的负荷或特殊安保设计的中压线段，中压线路的其他线段不允许停电。

（3）该级标准要求单台配电变压器所带的负荷不宜超过 2MW，或采用特殊安保设计的中压分段上的负荷不宜超过 2MW。

237. 配电网第二级供电安全水平的要求是什么？

（1）对于停电范围在 2～12MW 的组负荷，其中不小于组负荷减 2MW 的负荷应在 3h 内恢复供电；余下的负荷允许故障修复后恢复供电，恢复供电时间与故障修复时间相同。

（2）该级停电故障主要涉及中压线路故障，停电范围仅限于故障线路所供负荷，A＋类供电区域的故障线路的非故障段应在 5min 内恢复供电，A 类供电区域的故障线路的非故障段应在 15min 内恢复供电，B、C 类供电区域的故障线路的非故障段应在 3h 内恢复供电，故障段所供负荷应小于 2MW，可在故障修复后恢复供电。

（3）该级标准要求中压线路应合理分段，每段上的负荷不宜超过 2MW，且线路之间应建立适当的联络。

238. 配电网第三级供电安全水平的要求是什么？

（1）对于停电范围在 12～180MW 的组负荷，其中不小于组负荷减 12MW 的负荷或者不小于 2/3 的组负荷（两者取小值）应在 15min 内恢复供电，余下的负荷应在 3h 内恢复供电。

（2）该级停电故障主要涉及变电站的高压进线或主变压器，停电范围仅限于故障变电站所供负荷，其中大部分负荷应在 15min 内恢复供电，其他负荷应在 3h 内恢复供电。

（3）A＋、A 类供电区域故障变电站所供负荷应在 15min 内恢复供电；B、C 类供电区域故障变电站所供负荷，其大部分负荷（不小于 2/3）应在 15min 内恢复供电，其余负荷应在 3h 内恢复供电。

（4）该级标准要求变电站的中压线路之间宜建立站间联络，变电站主变压器及高压线路可按 $N-1$ 原则配置。

239. 配电网容载比建议值上限、下限分别适用于什么情况？

对处于负荷发展初期或负荷快速发展阶段的规划区域、需满足 $N-1-1$ 安全准则的规划区域以及负荷分散程度较高的规划区域，可取容载比建议值上限；对于变电站内主变压器台数配置较多、中压配电网转移能力较强的区域，可取容载比建议值下限，反之可取容载比建议值上限。

240. 配电网近中期规划的供电质量目标是多少？

城市电网平均供电可靠率应达到 99.9％，居民客户端平均电压合格率应达到

98.5%；农村电网平均供电可靠率应达到 99.8%，居民客户端平均电压合格率应达到 97.5%；特殊边远地区电网平均供电可靠率和居民客户端平均电压合格率应符合国家有关监管要求。

241. 提高配电网供电可靠性的措施有哪些？

（1）充分利用变电站的供电能力，当变电站主变压器数量在 3 台及以上时，10kV 母线宜采用环形接线。

（2）优化中压电网网络结构，增强转供能力。

（3）选用可靠性高、成熟适用、免（少）维护设备，逐步淘汰技术落后设备。

（4）合理提高配电网架空线路绝缘化率，开展运行环境整治，减少外力破坏。

（5）推广不停电作业，扩大带电检测和在线监测覆盖面。

（6）积极稳妥推进配电自动化，装设具有故障自动隔离功能的用户分界开关。

242. 配电网电压调节的方式有哪几种？

（1）通过配置无功补偿装置进行电压调节。

（2）选用有载或无载调压变压器，通过改变分接头进行电压调节。

（3）通过线路调压器进行电压调节。

243. 低电压是什么？ 低电压治理的措施有哪些？

低电压指用户计量装置处电压值低于国家标准所规定的电压下限值，即 20kV 及以下三相供电用户的计量装置处电压值"比标称电压低 7%以上"，220V 单相供电用户的计量装置处电压值"比标称电压低 10%以上"，其中持续时间超过 1 小时的低电压用户应纳入重点治理范围。低电压主要包括长期低电压和季节性低电压。长期低电压指用户全天候低电压持续三个月或日负荷高峰"低电压"持续六个月以上的低电压现象；季节性低电压是指度夏度冬、春灌秋收、逢年过节、烤茶制烟等时段出现具有周期规律的低电压现象。治理措施如下：

（1）低电压治理应根据变电站母线电压、中低压线路供电半径及负载水平、配电变压器台区出口电压、配电变压器容量及负载水平、配电变压器低压三相负荷不平衡度、低电压用户数、低压用户最低电压值、电压越下限累计小时数等综合分析问题产生原因，按照变电站、线路、配电变压器台区逐一制定整改措施。

（2）对于电压无功控制系统及装置（AVC、VQC）控制策略设置不完善、配电变压器分接头运行挡位不合理、配电变压器低压三相负荷不平衡、低压无功补偿装置运行异常等情况，优先采取运维管控措施治理。

（3）对于变电站中压母线低电压及无功电压调节能力不足等问题，应加强输变电设备技术改造，提高变电站中压母线电压质量。

（4）对于中压配电线路末端低电压问题，应考虑采取增加变电站布点、缩短配电线路供电半径、布局 35kV 配电化变电站、实施配电设备技术改造等措施治理。

（5）除变电站母线和中压配电线路原因以外的配电变压器台区低电压问题，应根据实际情况采取新增配电变压器布点、改造低压线路及无功补偿装置、更换有载调压（调容）配电变压器等技术手段治理。

244. 配电网规划应从哪几个方面控制短路容量？

配电网规划应从网架结构、电压等级、阻抗选择、运行方式和变压器容量等方面合理控制各电压等级的短路容量，使各电压等级断路器的开断电流与相关设备的动、热稳定电流相配合。

245. 各类供电区域对 110、 66、 35、 10kV 的短路电流限值要求分别是多少？

变电站内母线正常运行方式下的短路电流水平一般不应超过表 6 - 3 中的对应数值。

表 6 - 3　　　　　　　　　　　短路电流限制要求

电压等级（kV）	短路电流限定值（kA）		
	A＋、A、B类供电区域	C类供电区域	D、E类供电区域
110	31.5、40	31.5、40	31.5
66	31.5	31.5	31.5
35	31.5	25、31.5	25、31.5
10	20	16、20	16、20

注　1. 对于主变压器容量较大的110kV变电站（40MVA及以上）、35kV变电站（20MVA及以上），其低压侧可选取表中较高的数值，对于主变压器容量较小的110～35kV变电站的低压侧可选取表中较低的数值。

2. 220kV变电站10kV侧无馈线出线时，10kV母线短路电流限定值可适当放大，但不宜超过25kA。

246. 控制配电网短路容量的技术措施有哪些？

（1）配电网络分片、开环，母线分段，主变压器分列。

（2）控制单台主变压器容量。

（3）合理选择接线方式（如二次绕组为分裂式）或采用高阻抗变压器。

（4）主变压器低压侧加装电抗器等限流装置。

247. 对处于系统末端的供电区域， 如何保证电压合格率？

对处于系统末端、短路容量较小的供电区域，可通过适当增大主变压器容量、采用主变压器并列运行等方式，增加系统短路容量，保障电压合格率。

248. 配电网中性点接地方式选择有何注意事项？

中性点接地方式对供电可靠性、人身安全、设备绝缘水平及继电保护方式等有直接影响。配电网应综合考虑可靠性与经济性，选择合理的中性点接地方式。中压线路有联络的变电站宜采用相同的中性点接地方式，以利于负荷转供；中性点接地方式不同的配电网应避免互带负荷。

249. 配电网中性点接地方式分为哪几类？

中性点接地方式一般可分为有效接地方式和非有效接地方式两大类，非有效接地方式又分不接地、消弧线圈接地和阻性接地。

250. 不同电压等级配电网的中性点接地方式如何选择？

110kV 系统应采用有效接地方式，中性点应经隔离开关接地；66kV 架空网系统宜采用经消弧线圈接地方式，电缆网系统宜采用低电阻接地方式；35、10kV 系统可采用不接地、消弧线圈接地或低电阻接地方式。

251. 35kV 配电网的中性点接地方式选择遵循什么原则？

35kV 架空网络宜采用中性点经消弧线圈接地方式；35kV 电缆网络宜采用中性点经低电阻接地方式，宜将接地电流控制在 1000A 以下。

252. 10kV 配电网的中性点接地方式选择遵循什么原则？

（1）单相接地故障电容电流在 10A 及以下，宜采用中性点不接地方式。

（2）单相接地故障电容电流超过 10A 且小于 100～150A，宜采用中性点经消弧线圈接地方式。

（3）单相接地故障电容电流超过 100～150A，或以电缆网为主时，宜采用中性点经低电阻接地方式。

（4）有较高供电可靠性要求的地区，如采用（1）、（2）中所规定的接地方式，可在中性点增设并联低电阻，正常方式下采用不接地或经消弧线圈接地，故障时投入并联低电阻用于故障选线和故障隔离。

253. 10kV 电缆和架空混合型配电网，如采用中性点经低电阻接地方式，应采取哪些措施？

（1）提高架空线路绝缘化程度，降低单相接地跳闸次数。

（2）完善线路分段和联络，提高负荷转供能力。

（3）降低配电网设备、设施的接地电阻，将单相接地时的跨步电压和接触电压控制在规定范围内。

254. 采取消弧线圈接地方式应遵循什么原则？

（1）消弧线圈的容量选择宜一次到位，不宜频繁改造。

（2）采用具有自动补偿功能的消弧装置，补偿方式可根据接地故障诊断需要，选择过补偿或欠补偿。

（3）正常运行情况下，中性点长时间电压位移不应超过系统标称相电压的 15%。

（4）补偿后接地故障残余电流一般宜控制在 10A 以内。

（5）采用适用的单相接地选线技术，满足在故障点电阻为 1000Ω 以下时可靠选线的要求。

（6）一般 C、D 类供电区域采用中性点不接地方式时，宜预留变电站主变压器中性点安装消弧线圈的位置。

255. 10kV 中性点采用低电阻接地方式时，应遵循什么原则？

（1）采用中性点经低电阻接地方式时，应将单相接地故障电流控制在 1000A 以下。

（2）中性点经低电阻接地系统阻值不宜超过 10Ω，使零序保护具有足够的灵敏度。

（3）如采用中性点经低电阻接地方式，架空线路应实现全绝缘化，降低单相接地故障次数。

（4）低电阻接地系统应只有一个中性点低电阻接地运行，正常运行时不应失去接地变压器或中性点电阻；当接地变压器或中性点电阻失去时，主变压器的同级断路器应同时断开。

（5）选用穿缆式零序电流互感器，从零序电流互感器上端引出的电缆接地线要穿回零序电流互感器接地。

256. 消弧线圈改低电阻接地方式应符合哪些要求？

（1）馈线设零序保护，保护方式及定值选择应与低电阻阻值相配合。

（2）低电阻接地方式改造，应同步实施用户侧和系统侧改造，用户侧零序保护和接地宜同步改造。

（3）10kV 配电变压器保护接地应与工作接地分开，间距经计算确定，防止变压器内部单相接地后低压中性线出现过高电压。

（4）根据电容电流数值并结合区域规划成片改造。

257. 配电网中性点低电阻接地改造时应对哪些因素进行计算分析？

配电网中性点低电阻接地改造时，应对接地电阻大小、接地变压器容量、接地点电容电流大小、接触电位差、跨步电压等关键因素进行相关计算分析。

258. 220/380V 配电网主要采用哪些接地方式？

220/380V 配电网主要采用 TN、TT、IT 接地方式，其中 TN 接地方式主要采用 TN - C - S、TN - S。

259. 直流近区 110 （66） kV 主变压器中性点接地方式应进行哪些调整？

特高压直流近区需根据直流电流分布仿真计算结果，对于存在直流偏磁风险的 110 （66） kV 主变压器采取必要措施，如在中性点加装电容型隔直装置、电阻型限流装置或采用不接地运行方式等，其中电阻型目前使用较多的阻值为 3Ω，两种隔直装置的对比见表 6 - 4。

表 6 - 4　　　　　　　　　　　隔直装置对比

对比类别	对比内容	电容型直流抑制装置	电阻型直流抑制装置	备注
对一次设备的影响	直流抑制情况	完全阻塞直流	存在残余直流，疏导为主	均满足变压器运行要求
	过电压水平	较高	较低	均满足中性点绝缘要求
对二次系统的影响	保护定值	不需重新整定	需重新整定校核	
抑制装置	复杂程度	复杂	简单	电容型装置可靠性低于电阻型
	造价	高	低	电阻型装置适用电流不大情况下
对未来电网发展的影响	受电网拓扑改变的影响	不受影响，隔直效果稳定	易受影响，效果不稳定	电阻型装置可能在电网拓扑改变后失效

260. 配电网无功补偿装置配置原则有哪些？

变电站、线路和配电台区的无功设备应协调配合，按以下原则进行无功补偿配置：

（1）无功补偿装置应根据分层分区、就地平衡和便于调整电压的原则进行配置，可采用变电站集中补偿和分散就地补偿相结合，电网补偿与用户补偿相结合，高压补偿与低压补偿相结合等方式。接近用电端的分散补偿装置主要用于提高功率因数，降低线路损耗；集中安装在变电站内的无功补偿装置主要用于控制电压水平。

（2）应从系统角度考虑无功补偿装置的优化配置，以利于全网无功补偿装置的优化投切。

（3）变电站无功补偿配置应与变压器分接头的选择相配合，以保证电压质量和系统无功平衡。

（4）对于电缆化率较高的地区，应配置适当容量的感性无功补偿装置。

（5）接入中压及以上配电网的用户，应按照电力系统有关电力用户功率因数的要求配置无功补偿装置，并不得向系统倒送无功。

（6）在配置无功补偿装置时，应考虑谐波治理措施。

（7）分布式电源接入电网后，原则上不应从电网吸收无功功率，否则需配置合理的无功补偿装置。

261. 35～110kV 电网根据哪些条件确定无功配置方案?

35～110kV 电网应根据网络结构、电缆所占比例、主变压器负载率、负荷侧功率因数等条件，经计算确定无功配置方案。有条件的地区，可开展无功优化计算，寻求满足一定目标条件（无功补偿设备费用最小、网损最小等）的最优配置方案。

262. 35～110kV 变电站配置无功补偿装置后的功率因数应满足哪些要求?

35～110kV 变电站一般宜在变压器低压侧配置自动投切或动态连续调节无功补偿装置，使变压器高压侧的功率因数在高峰负荷时不应低于 0.95，在低谷负荷时不应高于 0.95，无功补偿装置总容量应经计算确定。对于有感性无功补偿需求的，可采用静止无功发生器（SVG）。

263. 10kV 配电变压器安装无功自动补偿装置时，应符合哪些规定?

（1）在低压侧母线上装设，容量可按变压器容量 20%～40% 考虑。

（2）以电压为约束条件，根据无功需量进行分组自动投切，对居民单相负荷为主的供电区域宜采取三相共补与分相补偿相结合的方式。

（3）宜采用交流接触器－晶闸管复合投切方式，或其他无涌流投切方式。

（4）合理选择配电变压器分接头，避免因电压过高造成电容器无法投入运行。

（5）户外无功补偿装置宜采用免（少）维护设计，投切动触头等应密封，箱外引线应耐气候老化。

264. 配电网设备一般应装设哪些保护装置？

配电网设备应装设短路故障和异常运行保护装置。设备短路故障的保护应有主保护和后备保护，必要时可再增设辅助保护。

265. 什么是主保护和后备保护？

主保护是满足系统稳定和设备安全要求，能以最快速度有选择性地切除被保护设备和线路故障的保护。后备保护是主保护或断路器拒动时，用以切除故障的保护。

266. 什么是安全自动装置？

电力系统安全自动装置是指在电力网中发生故障或出现异常运行时，为确保电网安全与稳定运行，起控制作用的自动装置。

267. 配电网继电保护和安全自动装置应满足哪些要求？

继电保护和安全自动装置应满足可靠性、选择性、灵敏性和速动性的要求。

268. 35～110kV 变电站应配置哪些自动装置？

35～110kV 变电站应配置低频低压减载装置，主变压器高、中、低压三侧均应配置备自投装置。单链、单环网串供站应配置远方备投装置。

269. 10kV 配电网主要配置哪些保护装置？

10kV 配电网主要采用阶段式电流保护，架空及架空电缆混合线路应配置重合闸；低电阻接地系统中的线路应增设零序电流保护；合环运行的配电线路应增设光纤电流差动保护，确保能够快速切除故障。全光纤纵差保护应在深入论证的基础上，限定使用范围。

270. 220/380V 供电系统中配置剩余电流动作保护装置的要求是什么？

220/380V 供电系统中应根据用电负荷和线路具体情况合理配置二级或三级剩余电流动作保护装置。各级剩余电流动作保护装置的动作电流与动作时间应协调配合，实现具有动作选择性的分级保护。

271. 35～110kV 变电站保护信息和配电自动化控制信息的传输可采用哪些通信方式？

35～110kV 变电站保护信息和配电自动化控制信息的传输宜采用光纤通信方

式；仅采集遥测、遥信信息时，可采用无线、电力载波等通信方式。对于线路电流差动保护的传输通道，往返均应采用同一信号通道传输。

272. 什么是坚强局部电网？

针对超过设防标准的严重自然灾害等导致的电力系统极端故障，以保障城市基本运转、尽量降低社会影响为出发点，以目标重要用户为保障对象，通过构建完整"生命线"通道，保障目标重要用户保安负荷不停电、非保安负荷快速复电的最小规模网架，并具备孤岛运行能力。

273. 什么是 "生命线" 用户和 "生命线" 通道？

"生命线"用户指坚强局部电网保障的目标重要用户，当发生超过设防标准的严重自然灾害导致的电力系统极端故障时，保障城市基本运转、维持或恢复社会稳定、发挥抢险救灾功能的电力用户。

"生命线"通道是从目标重要用户出发，自 10kV 线路逐电压层级向上溯源至本地保障电源，构成在电力系统极端故障下能够安全可靠运行的供电通道。

274. 提高配电网综合防灾抗灾能力的原则是什么？

按照划定的灾害多发区域供电保障范围，科学评估规划区域灾害分布及类型特点，遵循"因地制宜、重点突出、差异建设、防范有效、经济合理"的原则，通过适应性调整规划设计标准、加强运维保障及新技术应用、完善灾害监测预警手段等措施，提高配电网综合防灾抗灾能力。

275. 针对坚强局部电网，"生命线"通道的主要规划原则是什么？

在国家重点城市布局建设坚强局部电网，针对超过设防标准的严重自然灾害导致电力系统极端故障的情况，对保障城市基本运转、维持或恢复社会稳定、发挥抢险救灾作用的电力用户，应根据地区灾害防御需求及用户重要等级差异化建设"生命线"通道，提高局部电网抵御灾害及快速复电能力。"生命线"通道主要规划原则包括：

（1）优先将汇聚联络通道较多、直接连接本地保障电源的变电站和作为网架枢纽点的变电站等电力设施纳入"生命线"通道。特级重要用户形成不少于两条"生命线"通道，其余"生命线"用户形成一条"生命线"通道。

（2）应根据各地区多发易发自然灾害类型及等级，兼顾不同灾害防御需求，差异化选择"生命线"通道上变电站和线路建设型式，针对性提高规划设计标准。

（3）接入电压等级最高的本地保障电源应具备孤岛运行的能力，重点城市具备黑启动功能的本地保障电源数量应不少于 1 座。

（4）"生命线"用户应配置自备应急电源，电源容量、投切方式、持续供电时间等技术要求应满足其全部保安负荷正常启动和带载运行时长要求。

276. 为减少自然灾害影响，变（配）电站选址有哪些注意事项？

变（配）电站选址应充分考虑历年灾害影响、气象、水文、地质等情况进行选择，应避开易发生泥石流、滑坡、崩塌、洪水、内涝、台风等灾害地带；避开相对高耸、突出地貌或山区风道、垭口、抬升气流的迎风坡等微地形区域。

（1）10kV 配电室、开关站宜独立建设，宜设置在地面一层及以上，并采取屏蔽、减振、降噪、防潮措施，满足防火、防水和防小动物等要求。受条件限制时可与其他建筑合建，可设置在地下一层，但不应设置在最底层。10kV 变压器宜选用干式变压器（非独立式应选用干式变压器）。如地方相关标准明确要求配电室等配电设施应布置在地面一层及以上，按照"就高不就低"的原则执行。

（2）城市（含县级市）规划区新建住宅小区配电室、开关站、环网室、箱变等 10kV 配电设施（不含线路）应高于当地防洪防涝用地高程，应设置应急用电接口及必要的挡水排水设备，根据需要可使用全密封、全绝缘、防洪型等高防水标准配电设备。

277. 为减少自然灾害影响，线路路径选择有哪些注意事项？

线路路径选择应避开气象、水文、地质等灾害地带。架空线路不应在河道内平行河道走线，杆塔宜避免在河道旁、沟渠旁和河漫滩等易受积水浸泡的位置。电缆管廊应考虑防洪涝排水措施，必要时加装水位监测预警装置。

（1）中、重冰区 110kV 线路设计应优先采用避冰及抗冰措施。具备条件地区经技术经济比较后可采用融冰及防冰等措施，对设计采用融冰及防冰等措施的线路应合理选择设计冰厚。

（2）强风区 10kV 及以上架空线路，应采用提高抗风设防水平的差异化规划设计标准，可根据重要负荷分布、气象地质等情况，采用减小档距及耐张段长度、配置防风拉线、增加分段数量等措施；35kV 及以上架空线路及 10kV 架空主干线宜采用单回架设，保证线路之间的安全距离，防止临近线路倒塔影响安全运行。

（3）强雷区 10kV 及以上架空线路，可通过降低接地电阻、减小地线保护角、优化绝缘配置、安装避雷器和加装耦合地线等措施降低雷暴影响。

（4）在树线矛盾隐患突出、人身触电风险较大的路段，10kV 架空线路杆塔不应采用拉线杆，导线应采用绝缘线或加装绝缘护套等。

（5）对于森林草原防火有特殊要求的区域，配电线路宜采取防火隔离带、防火通道与电力线路走廊相结合的模式。

第七章 配电网网架规划

第一节 基 本 要 求

278. 配电网网架规划按行政级别可划分为哪些层级？ 各层级的规划重点和基本统计单元分别是什么？

配电网网架规划按行政级别可划分为省、地市、县（区）三个层级。各层级的规划重点和基本统计单位分别为：

（1）县（区）级规划提出辖区内 10kV 及以下电网规划方案和项目，以供电分区作为基本统计单元，供电分区可参照配电网规划设计相关技术标准进行划分。

（2）地市级规划提出辖区内 35～110kV 电网规划方案和项目，并在县级规划基础上对 10kV 及以下电网规划进行规模汇总；地市级规划以县（区）作为基本统计单元。

（3）省级规划在地市级规划基础上对 110kV 及以下电网规划进行规模汇总，以地市作为基本统计单元。

279. 配电网网架规划按电压等级可划分为哪些层级？

配电网网架规划按电压等级可划分为高压配电网规划和中低压配电网规划两个层级。各层级的规划内容分别为：

（1）高压配电网规划指 35～110kV 电网规划，包括边界条件、变电站规划（变电容量需求分析、变电建设规模、规模合理性分析、变电站布点方案）、网架规划（网架结构规划、线路建设规模）、电气计算（潮流计算、$N-1$ 校核、短路电流计算）、工程分类、远景展望等。

（2）中低压配电网规划指 10kV 及以下电网规划，包括网架规划（网络结构、网络新建规划、开关设备、建设规模分析、网络改造规划）、配电变压器规划（10kV 配电变压器容量需求分析、配电变压器新建规划、配电变压器改造规划、建设规模分析）、无功补偿、计算分析（潮流计算、短路电流计算、可靠性计算、技术经济分析）、380/220V 线路规划、工程分类等。

280. 如何实现配电网各电压等级 "相互匹配、强简有序、相互支援"？

合理的电网结构能够保证电网安全可靠、灵活稳定运行、降低网络损耗，是实现各电压等级"相互匹配、强简有序、相互支援"的重要基础。

"相互匹配"要求高压、中压和低压三个层级的配电网之间，以及与上级输电网间在容量配置、导线截面、电网结构等方面相互匹配。

"强简有序"要求将输、配电网作为一个整体系统，各层级应协调配合，形成"强—简—强"的合理电网结构，要求做强 220kV 及以上骨干网架，适当简化 35～110kV 高压配电网结构，适度加强 10kV 中压配电网主干网架。

"相互支援"要求各电压等级变电站间和中压线路间应具备一定的转供能力，并且应满足供电安全准则要求。

281. 不同类型供电区域对配电网结构的基本要求分别是什么？

A＋、A、B、C 类供电区域的配电网结构应满足以下基本要求：

（1）正常运行时，各变电站（包括直接配出 10kV 线路的 220kV 变电站）应有相对独立的供电范围，供电范围不交叉、不重叠，故障或检修时，变电站之间应有一定比例的负荷转供能力。

（2）变电站（包括直接配出 10kV 线路的 220kV 变电站）的 10kV 出线所供负荷宜均衡，应有合理的分段和联络；故障或检修时，应具有转供非停运段负荷的能力。

（3）接入一定容量的分布式电源时，应合理选择接入点，控制短路电流及电压水平。

（4）高可靠的配电网结构应具备网络重构的条件，便于实现故障自动隔离。

（5）D、E 类供电区域的配电网以满足基本用电需求为主，可采用辐射结构。

282. 配电网的拓扑结构组成和主要特点是什么？

配电网的拓扑结构包括常开点、常闭点、负荷点、电源接入点等，在规划时需合理配置，以保证运行的灵活性。各电压等级配电网网架结构的特点为：

（1）高压配电网结构应适当简化，主要有链式、环网和辐射结构；变电站接入方式主要有 T 接和 π 接等。

（2）中压配电网结构应适度加强、范围清晰，中压线路之间联络应尽量在同一供电网格（单元）之内，避免过多接线组混杂交织，主要有双环式、单环式、多分段适度联络、多分段单联络、多分段单辐射结构。

（3）低压配电网实行分区供电，结构应尽量简单，一般采用辐射结构。

第二节 高 压 配 电 网 规 划

283. 高压配电网布点规划的规划内容与重点分别是什么?

高压配电网布点规划的规划内容是以地方经济和社会发展规划为基础,以高压配电网经济安全运行为目标,综合考虑电网现存问题和负荷增长,确定今后若干时间段内的变电站建设方案、建设时序和投资规模,给出相应的项目清册与图集。

高压配电网布点规划的规划重点是确定规划期逐年的变电站建设方案、建设时序和投资规模。

284. 高压配电网布点规划包含哪些步骤? 布点方案应满足哪些要求?

高压配电网开展布点规划的步骤是:

(1) 根据规划区域年负荷平均增长率确定容载比取值范围。

(2) 由全社会最大负荷计算网供负荷。

(3) 由网供负荷与容载比范围,计算地区变电容量需求,并基于变电容量现状规模得出新增变电容量建设需求。

(4) 综合考虑地区的电源布局、负荷发展、现存问题、预留站址与投资能力等,给出规划期内变电站的建设规模与建设时序。

高压配电网布点方案应满足以下要求:

(1) 布点方案应保证高压配电网充足的供电能力,满足地区未来的电力负荷需求。

(2) 布点方案应因地制宜,与地区的行政级别、经济发达程度、城市功能定位、用电水平、地理条件等相适应。

(3) 布点规划应与上级电网规划相配合、与下级电网发展相衔接,支撑输电网电能的向下输送和中压配电网网架的优化调整,以利于相互匹配、强简有序、相互支援的电网结构构建。

285. 高压配电网布点规划中如何确定规划期内的变电容量需求?

(1) 根据负荷历史数据、电力市场收资,选用适当预测方法进行电力负荷预测。

(2) 依据用电负荷预测结果,充分考虑各电压等级接入的电源和直供用户负荷等因素分析预测各电压等级的公用电网供电负荷。

(3) 根据行政区县或供电分区经济增长和社会发展的不同阶段,对应的配电网负荷增长速度可分为饱和、较慢、中等、较快 4 种情况,总体宜控制在 1.5~2.0 范围之间。不同发展阶段的 35~110kV 电网容载比选择范围如表 7-1 所示,并符合下列规定:

1）对处于负荷发展初期或负荷快速发展阶段的规划区域、需满足"$N-1-1$"安全准则的规划区域以及负荷分散程度较高的规划区域，可取容载比建议值上限。

2）对于变电站内主变压器台数配置较多、中压配电网转移能力较强的区域，可取容载比建议值下限；反之可取容载比建议值上限。

表 7-1　　　行政区县或供电分区 35～110kV 电网容载比选择范围

负荷增长情况	饱和期	较慢增长	中等增长	较快增长
年负荷平均增长率 K_P	$K_P \leq 2\%$	$2\% < K_P \leq 4\%$	$4\% < K_P \leq 7\%$	$K_P > 7\%$
35～110kV 电网容载比（建议值）	1.5～1.7	1.6～1.8	1.7～1.9	1.8～2.0

（4）根据规划期网供负荷预测、规划水平年容载比及分年度容载比，计算变电容量需求。

286. 高压配电网布点规划中建设规模合理性分析包含哪些内容？

（1）根据规划期内各年度容载比，分析建设规模的合理性。

（2）根据规划期内各类供电区域的容载比分布，分析容载比分布的合理性。

（3）计算变电站单台主变压器平均容量指标的变化，结合区域负荷密度、主变压器负载水平等指标分析变电容量配置的合理性。

287. 高压配电网布点规划中如何合理安排变电容量建设模式？

变电容量建设模式主要根据规划区域内负荷的空间分布及其发展阶段进行合理安排，具体如下：

（1）在规划区域负荷发展初期，应优先变电站布点，可采取小容量、少台数方式。

（2）在规划区域负荷快速发展期，应新建、扩建、改造、升压多措并举。

（3）在规划区域负荷发展饱和期，应优先启用预留规模、扩建或升压改造，必要时启用预留站址。

288. 高压配电网变电站布点位置选择应考虑哪些因素？

（1）符合区域电网规划，靠近负荷中心。

（2）节约用地、不占或少占耕地及经济效益高的土地。

（3）与城乡规划相协调，便于架空线路、电缆线路的引入。

（4）交通运输方便。

（5）宜设置在受污染影响最小处。

（6）具有适宜的地址、地形和地貌条件，站址应避免选在重要文物地点或开采后对变电站有影响的矿藏地点。

（7）站址标高宜高于频率为 2% 高水位，否则，站区应有可靠的防洪措施或与地区（工业企业）防洪标准相一致。

（8）应考虑水源及排水条件。

（9）应考虑与周围环境、邻近设施的相互影响。

289. 高压配电网应如何开展变电站站址的选择？

高压配电网变电站站址的选择可分为规划选址和工程选址两个阶段：

（1）规划选址一般在编制电网发展规划时进行，工作中对规划电网内可能布置变电站的点进行预先选择，以便在编制电网发展规划的过程中有充分的技术资料进行综合经济比选，从而规划出新建变电站的地点或范围。但由于规划工作具有超前性、不确定性，随着电网负荷的变化会相应发生变化。

（2）工程选址应在电力系统规划设计所确定的地点或范围的基础上进行，尽可能一次完成，具体步骤为：

1）内业准备。以经审定的电网规划为依据，在地理接线图上圈定站址的范围，拟定新建变电站与系统的连接方案。以符合负荷分布为依据，兼顾电网结构调整要求和城乡总体规划，在五千分之一或万分之一的地形图上进行粗选，圈出几个拟选的站址落点。

2）外业踏勘。根据内业工作结果，对拟选方案现场踏勘，同时收集好各种材料，包括图纸资料、照片、录像、调查记录等。根据现场情况对变电站站址进行细选。

3）根据系统规划和负荷预测，提出项目最终建设规模，确定站址的用地面积、走廊宽度和工程投资等，并落实站址征地的可能性。

4）选址选线应同时进行，选择出线方便的站址。应结合城乡规划拟定终期出线走廊，并取得相关部门的确认函，将站址和出线走廊纳入规划控制范围。

290. 高压配电网地下（半地下）变电站适用于哪些场景？站址选择应考虑哪些因素？

地下（半地下）变电站是在常规地上变电站无法建设时所采用的特殊建设形式，可独立建设，也可以与其他建（构）筑物结合建设。原则上不采用地下或半地下变电站型式，在站址选择确有困难的中心城市核心区域或国家有特殊要求的特定区域，在充分论证评估安全性基础上，可新建地下（半地下）变电站。

地下（半地下）变电站站址选择应考虑的因素包括：

（1）应与城市市政规划部门紧密协调，并应符合下列规定：

1）应统一规划地面道路、地下管线、电缆通道等，以便于变电站设备运输、吊装和电缆线路的引接。

2）应对站区外部设备运输道路的转弯半径、运输高度等限制条件进行校验，并应注意校核邻近地区运输道路地下设施的承载能力。

（2）站址应具有建设地下建筑适宜的水文、地质条件。应避开地震断裂带、塌陷区等不良地质构造。站址应避免选择在地上或地下有重要文物的地点。

（3）站址选择时应考虑变电站与周围环境、邻近设施的相互影响，必要时应取得有关协议。

（4）与工业或公共建筑联合建设的地下变电站，应将建设方案报消防主管部门审核。

（5）不同电压等级的地下变电站可集中选择站址和布置，注重集约用地。

（6）站址应满足防洪及防涝的要求，否则应采取防洪和防涝措施，防洪及防涝宜利用市政设施。

（7）站址的抗震烈度应符合现行国家标准 GB 18306－2015《中国地震动参数区划图》的规定。

291. 高压配电网布点规划中主变压器应如何选取？

变电站主变压器的容量和数量应综合考虑负荷密度、空间资源条件，以及上下级电网的协调和整体经济性等因素来选取。变电站主变压器的容量和数量选取应与供电区域类型相匹配，最终规模不宜超过 4 台，各类供电区域变电站最终容量的推荐配置如表 7-2 所示。

表 7-2 　　　　　　　 各类供电区域变电站最终容量配置推荐表

电压等级	供电区域类型	台数（台）	单台容量（MVA）
110kV	A＋、A 类	3～4	63、50
	B 类	2～3	63、50、40
	C 类	2～3	50、40、31.5
	D 类	2～3	40、31.5、20
	E 类	1～2	20、12.5、6.3
66kV	A＋、A 类	3～4	50、40
	B 类	2～3	50、40、31.5
	C 类	2～3	40、31.5、20
	D 类	2～3	20、10、6.3
	E 类	1～2	6.3、3.15
35kV	A＋、A 类	2～3	31.5、20
	B 类	2～3	31.5、20、10
	C 类	2～3	20、10、6.3
	D 类	1～3	10、6.3、3.15
	E 类	1～2	3.15、2

注　1. 上表中的主变压器低压侧为 10kV。

2. A＋、A、B 类区域中 31.5MVA 变压器（35kV）适用于电源来自 220kV 变电站的情况。

292. 高压配电网变电站主变压器 $N-1$ 供电准则的校核包含哪些步骤?

（1）考虑故障发生情况下，同一变电站站内其他主变压器容量裕度能否满足负荷转供要求，若能，则通过 $N-1$ 校核。

（2）若无法满足负荷转供需求或该变电站为单台主变压器，则考虑通过该变电站中、低压侧出线与其他变电站间所形成的联络线路进行负荷转供。通过测算对侧联络线路容量裕度及其所接变电站主变压器容量裕度，若能满足负荷转供要求，则通过 $N-1$ 校核；若不能满足要求，则无法通过 $N-1$ 校核。

293. 高压配电网与输电网的网架结构有什么区别?

高压配电网与输电网的网架结构的区别是：

（1）高压配电网的网架结构主要有链式（三链、双链、单链）、环网（双环网、单环网）和辐射（多辐射、双辐射、单辐射）结构，一般开环运行。

（2）输电网的网架结构一般为架空线双环网，由于地理原因不能形成环网时，也可采用 C 形电气环网。当负荷增长需要新变电站接入时，如果使环网的短路容量超过规定值，则可在现有环网外围建设高一级电压的环网，并将原有的环网分片或开环，以降低短路容量，避免电磁环网运行。

294. 高压配电网网架规划应如何与上级输电网衔接?

高压配电网网架规划与上级输电网规划之间应相互匹配、强简有序、相互支援，以实现配电网技术经济的整体最优。高压配电网网架规划与上级输电网衔接体现在：

（1）当上级输电网网架较为坚强时，下级高压配电网网架可适当简化，可采用双辐射、单环网等接线形式。

（2）当上级变电站为单台主变压器时，或上级输电网网架较为薄弱时，下级配电网应适当加强，可通过构建站间联络通道等方式支撑上级输电网 $N-1$ 情况下的转供电要求。

295. 高压配电网网架规划的规划内容与重点分别是什么?

高压配电网网架规划内容是以高压配电网现状为基础，结合电源规划方案与分区分压负荷预测结果，明确区域内高压配电网目标网架，并提出高压配电网由现状网架向目标网架的过渡方案，确定若干时间段内的网架建设方案、建设时序和投资规模等，并给出相应的项目清册和图集。

高压配电网网架规划重点是根据电网现状及电网发展需求，结合投资能力等因素，明确目标网架，确定规划期逐年的网架过渡方案。

296. 不同供电区域推荐的高压配电网目标网架结构是什么？ 其过渡网架与目标网架应如何衔接？

不同供电区域的高压配电网目标电网结构推荐如表 7 - 3 所示。

表 7 - 3   高压配电网目标网架推荐表

供电区域类型	目标电网结构
A＋、A	双辐射、多辐射、双链、三链
B	双辐射、多辐射、双环网、单链、双链、三链
C	双辐射、双环网、单链、双链、单环网
D	双辐射、单链、单环网
E	单辐射、单链、单环网

各类供电区域内的电网可根据发展阶段、供电安全水平要求和实际情况，初期及过渡期可采用过渡电网结构，通过建设与改造，逐步实现推荐的目标电网结构。35～110kV 电网的网架结构过渡方式分别如图 7 - 1、图 7 - 2 所示。

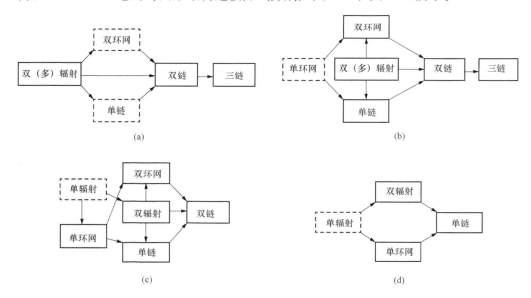

(a)   (b)

(c)   (d)

图 7 - 1 110（66）kV 电网结构推荐过渡方式

（a）A＋、A 类供电区域；（b）B 类供电区域；（c）C 类供电区域；（d）D 类供电区域

注 虚线框内接线方式仅适用于配电网的发展初期及过渡期，不宜作为目标电网结构。

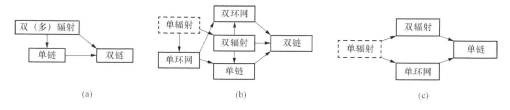

图 7-2　35kV 电网结构推荐过渡方式

（a）A＋、A 类供电区域；（b）B、C 类供电区域；（c）D 类供电区域

注　虚线框内接线方式仅适用于配电网的发展初期及过渡期，不宜作为目标电网结构。

297. 高压配电网变电站电源进线 $N-1$ 供电准则的校核包含哪些步骤?

（1）首先考虑故障发生情况下，同一变电站同站内其他电源进线容量裕度能否满足负荷转供要求，若能则通过 $N-1$ 校核。

（2）若无法满足负荷转供需求或该站为单线供电站，则考虑通过该站中、低压侧出线与其他变电站间所形成的站间联络线路进行负荷转供，测算对侧联络线路容量裕度及其所接变电站主变压器容量裕度，若能满足负荷转供要求则通过 $N-1$ 校核，若不能满足则无法通过 $N-1$ 校核。

298. 高压配电网网架规划合理性评估包含哪些内容?

高压配电网网架规划合理性应从以下方面开展评估：

（1）C 类以上供电区域的高压配电网在正常运行时，各变电站应有相对独立的供电范围，供电范围不交叉、不重叠，故障或检修时，变电站之间应有一定比例的负荷转供能力。

（2）高可靠的配电网应具备网络重构的条件，便于实现故障自动隔离。

（3）A＋、A、B、C 类供电区域高压配电网应满足 $N-1$ 原则，A＋类供电区域按照供电可靠性的需求，可选择性满足 $N-1-1$ 原则。$N-1$ 停运后的配电网供电安全水平应符合 DL/T 256—2012《城市电网供电安全标准》的要求，$N-1-1$ 停运后的配电网供电安全水平可因地制宜制定。

299. 县域电网与主网联系薄弱包含哪些情况?

县域电网与主网联络薄弱主要包括以下四种情况：

（1）县域电网与主电网只有一条 110kV 线路联络，或联络线电压等级均为 35kV 及以下。

（2）县域电网虽然与主网联络的 110kV 高压线路超过一条，但均来自同一变电站。

（3）县域电网虽然与主网联络的 110kV 高压线路超过一条，但存在长距离共用一条线路走廊的情况。

（4）虽然有来自不同变电站的两条及以上线路，但各条线路的供电区域不能互相转供，当其中一条线路停电时，县域电网供电容量低于县域电网最大负荷的50%，或不能保证县域内重要用户的供电。

300. 高压配电网变电站高压侧电气主接线型式有哪些？ 应如何进行选取？

高压配电网变电站高压侧的电气主接线型式主要包括桥式、线路变压器组、环入环出、单母线（分段）接线等。

高压配电网变电站电气主接线型式的选择应根据变电站在电力系统中的地位、电压等级、出线回路数、设备特点、负荷性质等条件，以及满足运行可靠、简单灵活、操作灵活和节约投资来决定。高压侧电气主接线应尽量简化，宜采用桥式、线路变压器组接线型式。考虑规划发展需求并经过经济技术比较，也可采用其他型式，例如电源和用户接入较多时，可采用单母线分段接线。

301. 高压配电网网架规划中线路导线截面应如何进行选取？

高压配电网线路导线截面的选取应满足下述要求：

（1）线路导线截面宜综合饱和负荷状况、目标网架、线路全寿命周期一次选定。

（2）线路导线截面应与电网结构、变压器容量和台数相匹配。

（3）线路导线截面应按照安全电流裕度选取，并以经济载荷范围校核。

具体计算方法如下：

（1）根据饱和期变电站布点、主变压器台数及负载率，考虑故障运行方式，计算饱和期线路导线的极限输送容量 S_e。

（2）根据表 7-5 选取温度系数 α，计算得到导线的极限输送电流 I。

$$I = \frac{S_e}{\sqrt{3}U \times \alpha} \tag{7-1}$$

式中　I——导线极限输送电流，kA；

　　　S_e——导线极限输送容量，MVA；

　　　U——线路工作电压值，kV；

　　　α——温度系数。

（3）根据导线长期允许载流量表，初步得到导线型号的界面。

（4）根据饱和期变电站布点、主变压器台数及负载率，考虑正常运行方式，计算饱和期线路导线的正常输送容量 S_n。

（5）根据最大负荷利用小时数选取导线的经济电流密度 β，计算得到对应的导线经济截面 A。

$$A = \frac{S_n}{\sqrt{3}U \times \beta}$$　　　　　　　（7 - 2）

式中　A——导线经济截面，mm^2；

　　　S_n——导线正常输送容量，MVA；

　　　U——线路工作电压值，kV；

　　　β——导线经济电流密度 kA/mm^2。

　　相关计算参数如表 7 - 4、表 7 - 5 和表 7 - 6 所示。由此，综合考虑安全性和经济性要求，得到导线截面的推荐值。

表 7 - 4　　　　　　　　　**JL/G1A 型钢芯铝绞线长期允许载流量**

标称截面铝/钢（mm^2）	长期允许载流量（A）		
	+70℃	+80℃	+90℃
50/8	161	191	218
70/10	194	232	266
70/40	196	230	257
95/15	252	306	351
95/20	233	277	319
95/55	230	270	301
120/20	285	348	399
150/20	326	400	461
150/25	331	407	469
150/35	331	407	469
185/25	379	468	540
185/30	373	460	531
240/30	445	552	639
240/40	440	546	633

表 7 - 5　　　　　　　　　**温度修正系数**

周围空气温度（℃）	10	15	20	25	30	35	40
修正系数	1.15	1.11	1.05	1	0.94	0.88	0.81

表 7 - 6　　　　　　　　　**经济电流密度**　　　　　　　　A/mm^2

导线材料	最大负荷利用小时数		
	<3000h	3000～5000h	≥5000h
铝	1.65	1.15	0.9

第三节　中低压配电网规划

302. 中压配电网配电变压器规划内容与重点是什么?

中压配电网配电变压器的规划内容包括配电变压器容量需求分析、配电变压器新建规划、配电变压器改造规划、建设规模分析、无功补偿、计算分析等。

中压配电网配电变压器的规划重点是根据配电变压器容量需求分析结果、网架规划方案、配电变压器运行年限和健康水平,综合考虑负荷发展需求和供电可靠需求,确定规划期内配电变压器的新建、改造方案,并分析规划期内新增配电变压器容量及分年度建设规模的合理性。

303. 中压配电网配电变压器容量规划应如何开展?

中压配电网配电变压器规划方案应保证中压配电网充足的供电能力,满足地区未来的电力负荷发展需求。规划方案应体现差异性,与地区的行政级别、经济发达程度、城市功能定位、用电水平、地理条件等相适应。具体步骤为:

(1) 开展配电变压器容量需求分析,确定各年度、各分区 10kV 配电变压器的容量和数量规模。

(2) 对配电变压器新建规划,县级规划根据配电变压器容量需求分析结果和网架规划方案,依据规划技术原则,充分考虑地区发展实际情况,分供电区开展规划,估算 10kV 电网的配电室、箱式变电站、柱上变压器等配电变压器工程建设规模;地级规划在县级规划、省级规划在地级规划基础上进行工程规模汇总。

(3) 对配电变压器改造规划,县级规划根据 10kV 配电变压器的运行年限和健康水平,结合负荷发展需要和供电可靠性要求,明确 3 年内配电变压器改造方案,估算 5 年改造工程规模,列表说明主要工程量。地级规划在县级规划、省级规划在地级规划基础上进行工程规模汇总。

304. 中压配电网配电变压器规划中从哪些方面校核规划容量合理性?

应从以下两个方面校核规划容量合理性:

(1) 结合规划期内 10kV 公用电网网供负荷数据及其增长情况,分析新增配电变压器容量总量及分年度建设规模的合理性。

(2) 计算分析本地区配电变压器负载率和户均配电变压器容量,对比分析市辖供电区(城网)和县级供电区(农网),以及规划基准年和规划水平年的差异,依据相关规划技术原则分析指标合理性。

305. 中压配电变压器不同建设型式分别适应于哪些场景？选址有哪些要求？

配电室一般适用于高层建筑区，以及使用密集绝缘插接母线槽或预分支电缆的高层住宅小区或普通的小高层、多层、别墅、公寓等住宅小区。配电室一般独立建设，受条件所限必须进楼时，可设置在地下一层，但不应设置在最底层；易涝区域配电室不应设置在地下。

箱式变电站一般适用于普通的多层建筑区、别墅或联排建筑区以及新农村建筑区。箱式变仅限用于配电室建设改造困难的情况，如架空线路入地改造地区、配电室无法扩容改造的场所。

柱上变压器一般适用于农村散居区以及建筑布局较为分散的农村建筑区。柱上变压器建设应按"密布点、短半径"的原则配置，其布点位置宜靠近负荷中心。

306. 中压配电网配电变压器规划中单相柱上变压器适用于哪些场景？

单相柱上变压器容量在负荷密度低、负荷分散等条件下具有一定优势，其适用的场景包括：

（1）用户分散或者呈团簇式分布区域，地形狭窄或狭长的区域。

（2）纯单相负荷的农村居住区。

（3）城镇低压供电系统需改造的老旧居住区。

（4）单相供电的公共设施负荷，如路灯。

（5）其他一些具有特别条件的区域。

307. 中压配电网配电变压器规划中不同供电区域配电变压器容量选取原则是什么？如何选取容量？

中压配电变压器的容量选取应遵循以下原则：

（1）对于柱上变压器，不同供电区域配变容量选择可参照表 7 - 7 确定，在低电压问题突出的 E 类供电区域，可采用 35kV 配电化建设模式，35/0.38kV 配电变压器单台容量不宜超过 630kVA。

表 7 - 7　　　　　　10kV 柱上变压器容量推荐表　　　　　　kVA

供电区域类型	三相柱上变压器容量	单相柱上变压器容量
A+、A、B、C 类	≤400	≤100
D 类	≤315	≤50
E 类	≤100	≤30

（2）对于配电室，单台容量不宜超过 800kVA，宜三相均衡接入负荷。

（3）对于箱式变电站，单台容量不宜超过 630kVA。

配电变压器容量应综合供电安全性、规划计算负荷、最大负荷利用小时数等因素选定，一般可采用综合能效费用法（total owning cost method），通过计算在使用同类变压器（油浸或干式、单相或三相、有载调压或无励磁调压）条件下，分析计算各可行技术方案的变压器经济使用期的综合能效费用，选择费用最小的方案作为最佳方案。

供电企业管辖的公用配电变压器经济适用期综合能效费用包括配电变压器的初始费用、空载损耗的等效初始费用和由配电变压器损耗增加的上级电网综合投资。其综合能效费用按照式（7-3）计算：

$$TOC = CI + A(P_0 + K_Q I_0 S_e) + B(P_k + K_Q U_k S_e) + C_N \qquad (7-3)$$

式中　CI——设备初始费用，元；

　　　A——变压器空载损耗等效初始费用系数，元/kW；

　　　B——变压器负载损耗等效初始费用系数，元/kW；

　　　P_0——变压器额定空载损耗，kW；

　　　P_k——变压器额定负载损耗，kW；

　　　K_Q——无功经济当量，按变压器在电网中的位置取值，一般 35kV 配电变压器的取值范围为 $0.02 \leqslant K_Q \leqslant 0.05$，10kV 配电变压器的取值范围为 $0.05 \leqslant K_Q \leqslant 0.1$；

　　　I_0——变压器额定空载电流，A；

　　　U_k——变压器额定短路阻抗，%；

　　　S_e——变压器额定容量，kVA；

　　　C_N——因配电网变压器损耗增加的上级电网建设综合投资，元。

308. 中压配电网配电变压器规划中无功补偿装置的容量配置原则是什么？

无功补偿装置的容量配置应保证高峰负荷时配电变压器低压侧功率因数达到 0.95 以上，并应考虑供电电压偏差范围，可按变压器最大负载率为 75%～85%、负荷功率因数为 0.75～0.85 考虑，补偿到变压器高压侧功率因数不低于 0.95。在供电距离远、功率因数低的 10kV 架空线路上可适当安装补偿电容器，其容量一般按线路上配电变压器总容量的 7%～10% 配置，但不应在低谷负荷时向系统倒送无功。

309. 配电变压器轻空载、 重过载问题的解决措施有哪些？

（1）对于重过载配电变压器，应落实"小容量、密布点、短半径"要求，优选采取新建配电变压器切割负荷的方式解决重过载问题，在不具备新增配电变压器布点的情况下，可适当采取配电变压器增容改造方式。

（2）对于轻空载配电变压器，在规划阶段应优先考虑发挥存量配电变压器的供电能力，减少不必要的配电变压器新增或改造，通过适当延伸轻空载配电变压器的供电范围、合理转带附近的重过载配电变压器的负荷、必要时适当减容等方式，使得配电变压器在满足供电可靠性前提下，负载率水平尽量靠近经济运行区间，提高设备运行效率。

（3）对于长期轻空载且供电负荷发展空间小的配电变压器，经设备运行工况、再利用可行性与经济性充分评估后，可采取与其他小容量重过载配电变压器轮换的方式，解决设备轻重载问题，提升设备利用效率。

310. 配电变压器因季节性负荷导致的低效问题有哪些改进提升措施？

（1）优化配电变压器的容量配置及位置选取，在保证容量满足要求的同时，同步考虑配电变压器容量配置的经济性。

（2）采用配电变压器间协调互备的方式，将具有相反负荷特性的负荷接入同一配电变压器。

（3）采用有载调容变压器等。

311. 配电变压器选取时应如何计算居民住宅小区的用电负荷？

居民住宅小区用电负荷主要包括住宅用电负荷、公建设施用电负荷、配套商业用房用电负荷、电动汽车充电装置用电负荷，计算方法如下：

（1）住宅小区用电总负荷计算宜采用需要系数法，用电容量按以下原则确定，需要系数推荐表见表 7-8。

1）建筑面积 60m² 及以下的住宅，基本配置容量每户 6kW。

2）建筑面积 60m² 以上、90m² 及以下的住宅，基本配置容量每户 8kW。

3）建筑面积 90m² 以上、140m² 及以下的住宅，基本配置容量每户 10kW。

4）建筑面积 140m² 以上的住宅，每增加 40m²，增配 2kW。

5）别墅、低密度联排高档住宅可按实际需要确定用电容量，但不应低于上述标准。

表 7-8　　　　　　按单/三相计算时基本户数对应需要系数推荐表

按单相配电计算时所连接的基本户数	按三相配电计算时所连接的基本户数	需要系数
1～3	3～9	0.9～1
4～8	12～24	0.65～0.9
9～12	27～36	0.5～0.65
13～24	39～72	0.45～0.5

按单相配电计算时所连接的基本户数	按三相配电计算时所连接的基本户数	需要系数
25～124	75～372	0.4～0.45
125～259	375～777	0.3～0.4
250～300	780～900	0.26～0.3

注　1. 各地区可结合本地区经济社会发展水平适当调整需要系数。

　　2. 住宅内用电设备的功率因数一般可按 0.9 计算。

　　3. 变压器容量根据负荷测算结果配置，并考虑一定的配电变压器负载率，负载率宜取 0.8。

（2）住宅小区公建设施和配套商业用房应按实际设备容量计算用电负荷，实际设备容量不明确时，可采用负荷密度法计算，按 90～150m² 计算，具体可参照表 7-9 选取。

表 7-9　　　住宅小区公建设施和配套商业用房负荷密度及需要系数推荐表

场所类型	负荷密度（W/m²）	需要系数
住宅区内公建设施	40	—
住宅区内配套办公场所	100	0.7～0.8
住宅区内店面、会所等商业用房	120	0.85～0.9

（3）居民住宅小区内电动汽车快充装置按实际设备容量计算用电负荷，一般除电动汽车快速充电专用区域外，其他车位宜按慢充方式计算用电负荷，每个充电设施充电功率可按 8kW 计算，需要系数根据历史运行经验选取。

312. 配电变压器规划中如何选择综合配电箱？

100kVA 及以上的配电变压器应加装综合配电箱，对配电变压器进行监控、补偿、保护。

综合配电箱型号宜根据配电变压器终期容量和低压系统接地方式选择，并采用适度以大代小原则配置，200～400kVA 变压器按 400kVA 容量配置，无功补偿按 120kvar 配置，配置方式为共补（3×10＋3×20）kvar，分补（10＋20）kvar；200kVA 以下变压器按 200kVA 容量配置，无功补偿不配置或按 60kvar 配置，配置方式为共补（5＋2×10＋20）kvar，分补（5＋10）kvar。

313. 中压配电网网架规划内容与重点是什么？

中压配电网网架规划内容包括目标网架结构、网络新建规划、开关设备、建设规模分析、网络改造规划等。

中压配电网网架规划重点是根据各类供电区域的供电可靠性要求和负荷密度等发展情况，给出规划期内 10kV 电网网架结构的发展目标，说明现有网架结构的主要过渡方式，并结合投资能力等因素，确定规划期内逐年建设方案。

314. 中压配电网网架规划过程包含哪些步骤？

根据电网建设与发展需求，中压配电网应遵循统一标准、完善存量、规范增量、经济适用的原则开展网架规划，具体步骤为：

（1）根据不同供电区域供电可靠性要求和负荷密度等发展情况，给出规划期内目标网架结构，以及现有网架向其过渡的主要方式。确定目标网架与过渡方案后，分别开展新建与改造规划。

（2）开展网络新建规划。县级规划根据 10kV 公用网网供负荷预测结果、10kV 出线间隔情况以及变电站供电范围划分情况，考虑区内分布式电源接入，分年度安排 10kV 电网新增出线的条数和主干线走向，确定线路建设型式，分供电区域估算 10kV 配电线路工程新建规模。地级规划在县级规划、省级规划在地级规划基础上进行工程规模汇总。

（3）开展网络改造规划。县级规划根据 10kV 电网主要设备的运行年限及健康水平，分析线路改造需求。明确 3 年内线路改造方案，估算 5 年改造工程规模。

315. 中压配电网网架规划中推荐目标网架有哪些？ 目标网架及过渡方案制定有哪些要求？

中压配电网主要有双环式、单环式、多分段适度联络、多分段单联络、多分段单辐射结构，各类供电区域目标网架可参考表 7 - 10 确定。目标网架及其过渡方案的制定应遵循以下原则：

（1）中压配电网结构应适度加强、范围清晰，中压线路之间联络应尽量在同一供电网格（单元）之内，避免过多接线组混杂交织。

（2）在电网建设的初期及过渡期，可根据供电安全准则要求和实际情况，适当简化目标网架作为过渡电网结构。

（3）网格化规划区域的中压配电网应根据变电站位置、负荷分布情况，以供电网格为单位，开展目标网架规划，并制定逐年过渡方案。

表 7 - 10　　　　　　　　中压配电网目标电网结构推荐表

线路型式	供电区域类型	目标电网结构
电缆网	A+、A、B	双环式、单环式
	C	单环式
架空网	A+、A、B、C	多分段适度联络、多分段单联络
	D	多分段单联络、多分段单辐射
	E	多分段单辐射

316. 中压配电网网架规划中对规划方案合理性校核包含哪些内容？

中压配电网网架规划中对规划方案的合理性校核主要从网架结构、装备水平方面开展，对比分析规划实施前后 10kV 电网有关技术经济指标的改善情况，评价规划方案合理性，主要分析指标包括线路联络率、线路 $N-1$ 通过率、标准接线比例、电缆化率以及绝缘化率等指标。

317. 中压配电网网架规划中中压架空线路联络与分段应如何确定？

（1）中压架空线路的联络点数量应根据周边电源情况和线路负载大小确定，一般不超过 3 个联络点，架空网具备条件时，宜在主干线路末端进行联络。

（2）中压架空线路的分段应以线路长度和负荷分布为依据。为满足供电安全准则的要求，一般线路分段负荷不宜大于 2MW。对于供电半径过长的线路，为缩小供电范围、便于故障恢复，应根据线路长度、负荷分布合理分段。分段数一般为 3 段，且不宜超过 5 段。

318. 中压配电网网架规划中对变电站和中压线路的转供能力的要求分别是什么？

变电站间和中压线路间的转供能力，主要取决于正常运行时的变压器容量裕度、线路容量裕度、中压主干线的合理分段数和联络情况等，应满足供电安全准则及以下要求：

（1）变电站间通过中压配电网转移负荷的比例，A+、A 类供电区域宜控制在 50%～70%，B、C 类供电区域宜控制在 30%～50%。除非有特殊保障要求，规划中不考虑变电站全停方式下的负荷全部转供需求。为提高设备利用效率，原则上不设置变电站间中压专用联络线或专用备供线路。

（2）A+、A、B、C 类供电区域中压线路的非停运段负荷应能够全部转移至邻近线路（同一变电站出线）或对端联络线路（不同变电站出线）。

319. 中压配电网网架规划中中压专用联络线或备用线路的设置原则是什么？

为提高设备利用效率，原则上不设置变电站间中压专用联络线或备用线路。为解决单线单变变电站 $N-1$ 负荷缺口，允许单线单变变电站在过渡期通过设置变电站间中压专用联络线或备用线路，提高故障情况下负荷转供能力，同时后续规划应逐步考虑将周边新增负荷接入，提高线路利用率；在变电站单线单变压器问题解决后，变电站间中压专用联络线或备用线路应结合周边网架梳理进行利用改造。

320. 中压配电网网架规划中不同类型配电设施宜采用的电气主接线型式分别是什么？

（1）中压开关站、环网室、配电室具有进出线路较多，可靠性要求较高，主要位于主干线的特点，宜采用单母线分段或独立单母线接线，与电缆线路环入环出方式相适应。由于较少采用三回线路环网，独立母线不宜超过两个。

（2）环网箱具有接入用户数量不多，可靠性要求不高，占地较小设置灵活的特点，主要应用于单环网接线，宜采用单母线接线。

（3）终端型箱式变电站、柱上变压器无需环网，对供电可靠性要求较低，宜采用线路变压器组接线。

321. 中压配电网网架规划中供电线路正常运行方式下的最大允许供电负荷应如何确定？

中压配电线路规划应按正常运行方式下能满足中压配电网安全准则确定线路载流量及正常运行方式下的最大允许负荷，其计算方法为：

$$P_{max} = (S_{max} - S_{bak})\cos\varphi \qquad (7-4)$$

式中 P_{max}——线路最大允许供电负荷，kW；

       S_{max}——线路安全电流限值的线路容量，kVA；

       S_{bak}——线路的预留备用容量，kVA；

       $\cos\varphi$——功率因数。

架空线路根据联络方式，在满足 $N-1$ 情况下，单联络线路每条主干线路最大允许负载率为 50%，两联络线路每条主干线路最大允许负载率为 66%，三联络线路每条主干线路最大允许负载率为 75%，保证在线路故障时可由分段开关切除故障段负荷，由对侧线路带起非故障段负荷。

电缆线路的单、双环网每条主干线路最大允许负载率分别为 50%、75%，保证在线路故障时可由分段环网柜切除故障段负荷，由对侧线路带起非故障段负荷。

322. 中压配电网中单条配电线路 $N-1$ 供电准则的校核包含哪些内容？

（1）线路负载情况。根据联络方式，为满足 $N-1$ 情况下的负荷转供需求，单联络线路负载率应不超过 50%，两联络线路负载率应不超过 66%，三联络线路负载率应不超过 75%。

（2）保护配置情况。应合理配置线路保护装置，保证在线路故障时可由分段开关切除故障段负荷，由对侧线路带起非故障段负荷。

323. 中压配电网规划中如何计算某一区域 $N-1$ 供电水平？

中压配电网中某一区域 $N-1$ 供电水平的计算方法为：

$$A = \frac{n_{N-1}}{n_{all}} \times 100\%$$ (7-5)

式中 A——区域 10kV 电网 $N-1$ 通过率，%；

n_{N-1}——区域内满足 $N-1$ 的 10kV 线路条数，条；

n_{all}——区域内 10kV 线路总条数，条。

324. 中压配电网中大支路的成因和影响是什么？ 应如何解决？

中压配电网中中压馈线支路装接配电变压器累计容量过大或串接环网单元过多会形成大支路。大支路将导致中压配电网网架结构不清晰、不利标准目标网架构建，影响电网供电可靠性。

中压配电网规划中对大支路的改造应优先选择将大支路串入馈线主干，或进行大支路切改。当受路径走廊、负荷分布、间隔资源等因素限制而无法改造时，可将大支路末端串回本馈线主干，形成次干内环作为过渡方案，通过内环环网建设、开环运行，在大支路检修或故障时提供负荷转供通道。

325. 中压配电网网架规划中如何确定 10kV 线路的合理供电距离？

10kV 线路供电距离应满足末端电压质量的要求，规划时各类供电区域 10kV 线路的供电距离可依据负荷密度、10kV 线路导线截面和线路压降要求等，通过计算确定。对于负荷集中于末端的线路，可采用下式计算线路的供电距离：

$$\sum_i L = \frac{\Delta U_i\% \times U_N}{\alpha \times I_i \times (r_0\cos\varphi + x_0\sin\varphi)}$$ (7-6)

式中 L——线路长度，km；

$\Delta U_i\%$——第 i 段线路电压允许偏差，%；

U_N——线路额定电压，V；

I_i——第 i 段线路额定电流，A；

r_0——导线单位长度电阻，Ω/km；

x_0——导线单位长度电抗，Ω/km；

$\cos\varphi$——功率因数，$\sin\varphi = \sqrt{1-\cos^2\varphi}$。

α——三相供电时取为 $\sqrt{3}$，单相供电时取为 2。

实际工程中，负荷多是沿线分布的，可以根据负荷分布情况，将线路分成几个分段，每段近似认为负荷集中在该段末端，逐段按式（7-6）计算压降，再求和得到线路的总压降。通过逐段计算每个分段的压降，求和得到线路的总压降。通过设置每个分段点处的允许电压偏差 $\Delta U_i\%$，逐段计算各分段合理供电距离，再求和得到整条线路的合理供电距离。

326. 低压配电网网架结构一般包括哪些类型？

低压配电网实行分区供电，结构应尽量简单，如图 7-3 所示。其中，低压架空线路宜采用树枝状放射式结构，低压电缆线路可采用单环网或放射式结构。根据需要相邻低压电源之间可装设联络开关，以提高运行灵活性。低压支线接入方式可分为放射型和树干型。

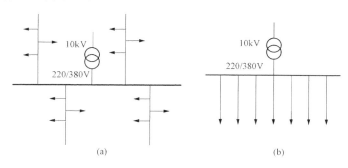

图 7-3　低压配电网结构示意图
（a）放射型；（b）树干型

327. 低压配电网规划需要考虑哪些因素？

低压配电网络规划应考虑的因素包括：
（1）低压配电网以配电变压器或配电室的供电范围实行分区供电，一般采用辐射结构。
（2）低压配电线路可与中压配电线路同杆（塔）共架。
（3）低压线路的供电距离应满足末端电压质量的要求。
（4）低压用户接入时应考虑三相不平衡影响。

328. 低压配电网规划中供电距离和供电半径如何确定？

（1）低压线路的供电距离为配电变压器出线到其供电的最远负荷点之间的线路长度。
（2）配电变压器台区的供电半径为配电变压器的低压出线供电距离的平均值。

第四节　网 格 化 规 划

329. 配电网网格化规划包含哪些内容？

配电网网格化规划应按供电分区、供电网格、供电单元逐级开展，以供电网格（单元）为单位开展 10kV 及以下电网规划，以供电分区为单位开展 35～110kV 电网规划，并在供电网格（单元）基础上对 10kV 及以下电网规划进行汇总。

配电网网格化规划以供电单元为最小颗粒度，深入研究各功能区块的发展定位和用电需求，分析配电网存在问题，制定配电网目标网架和过渡方案，实现现状电网到目标网架的顺利过渡。

330. 配电网网格化规划的规划流程主要包括哪些内容？

配电网网格化规划的规划流程主要包括：

（1）资料收集。收集规划所需的各项资料。

（2）供电网格（单元）初步划分。依据划分标准将供电区域逐级划分为供电网格、供电单元。

（3）现状电网分析。分析区域配电网布局以及负荷分布现状，提出现状电网存在的主要问题。

（4）负荷预测。采用空间负荷预测为主的方法，自下而上逐级测算供电单元、供电网格饱和负荷以及各规划水平年负荷，并根据饱和负荷预测结果对供电网格（单元）划分进行校核。

（5）目标网架规划。依据负荷预测结果，制定各供电网格饱和年中压配电网目标网架。结合目标网架规划结果，优化供电网格（单元）划分，提出上级电源点的站点布局建议。

（6）过渡网架确定。依据目标网架，结合现状网架及规划水平年负荷预测结果，确定各供电单元规划水平年过渡网架规划方案。

（7）技术经济分析。在供电网格（单元）的基础上，对规划项目各备选方案进行技术比较、经济分析和效果评价，评估规划项目在技术、经济上的可行性及合理性，为投资决策提供依据。

（8）明确项目方案及建设时序。细化各规划水平年过渡方案，明确年度建设方案和建设时序。

配电网网格化规划流程如图 7-4 所示。

331. 配电网网格化规划应坚持哪些原则？

配电网网格化规划应坚持各级电网协调发展原则，注重上下级电网之间协调，注重一次与二次系统协调，注重电网规模、装备水平和管理组织的协调，注重配电网安全质量与效率效益的协调。

配电网网格化规划应贯彻标准化、差异化、精益化要求，通过网格化构建目标网架，分解和优选项目，实现配电网精准投资和项目精益管理。

配电网网格化规划应根据边界条件的变化和规划的实施情况适时滚动修正。

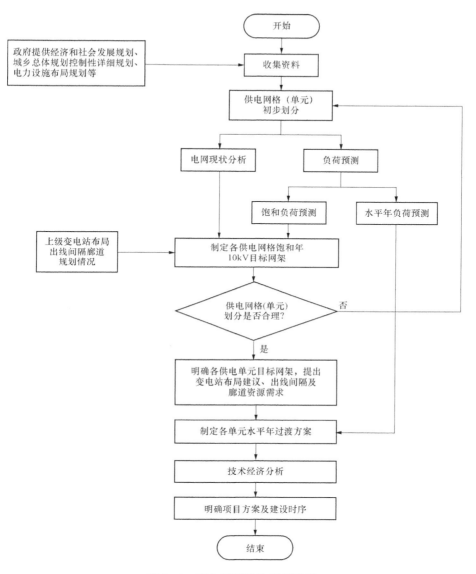

图 7-4　配电网网格化规划流程

当国土空间规划、上级电网规划有重大调整时，应对网格化规划进行重新修编。

332. 规划建成区过渡方案的供电单元规划原则是什么？

（1）对于已形成标准接线的规划建成区供电单元，宜按供电区域规划目标进一步优化，合理调整分段，控制分段接入容量，提升联络的有效性，加强变电站之间负荷转移，逐步向目标网架过渡。

（2）对于网架结构复杂、尚未形成标准接线的规划建成区供电单元，宜按远期目标网架结构，适度简化线路接线方式，取消冗余联络及分段，逐步向目标网架过渡。

333. 规划建设区过渡方案的供电单元规划原则是什么？

规划建设区内的供电单元宜综合考虑变电站资源、用户用电时序、市政配套电缆通道建设情况、中压线路利用率等因素，按照资产全寿命周期成本最小的原则，逐步构建目标网架。规划建设区具备条件时，可按目标网架一次性建设到位。

334. 自然发展区过渡方案的供电单元规划原则是什么？

自然发展区内的供电单元宜依据供电单元电网现状评估结论，重点解决电网突出问题和补齐短板，按照标准接线要求，结合区域发展规划及负荷发展情况，逐步向目标网架过渡。

335. 配电网网格化规划中 10kV 及以下电网规划主要包括哪些环节？

配电网网格化规划中 10kV 及以下电网规划主要包括资料收集、供电网格（单元）初步划分、现状电网分析、负荷预测、目标网架规划、过渡网架、技术经济分析、明确项目方案及建设时序等环节。

336. 如何开展供电网格目标网架规划？

供电网格目标网架规划应结合本供电网格内上级变电站规划情况以及路网建设规划，统筹考虑相邻供电网格规划情况，在负荷预测的基础上，开展本供电网格 10kV 主干线路目标网架规划，并提供本供电网格各年度 10kV 主干网架结构示意图。针对目标网架规划方案，从上下级电网协调、供电能力、转供电能力、重要用户供电等方面进行校验。

337. 供电单元规划方案应包含哪些内容？

供电单元规划方案应根据各供电单元内用户报装、远景变电站、开关站布点及目标网架线路走向，提出过渡年网架方案，规划线路通道。具体内容要求如下：

（1）目标网架。结合供电单元划分及饱和年目标网架规划方案，细化各供电单元饱和年目标网架。描述本供电单元目标网架情况，并提供相应的 10kV 主干网架结构示意图。

（2）过渡网架。分年度描述本供电单元过渡网架方案，包括但不限于解决问题描述、方案描述、实施效果等，并提供相应的 10kV 主干网架结构示意图。

（3）设备配置。分年度描述本供电单元过渡网架的环网箱（室）、开关站、配电变压器等配置方式及规模等情况。

（4）建设规模。列出本供电单元内 10kV 及以下电网规划期内各年度规划建设工程量。

第八章 配电网智能化规划

第一节 概述

338. 配电网智能化规划的基本要求是什么？

配电网智能化应采用先进的信息、通信、控制技术，支撑配电网状态感知、自动控制、智能应用，满足电网运行、企业运营、客户服务、新兴业务的需求。

339. 配电网智能化的建设策略是什么？

配电网智能化应采用差异化建设策略，以不同供电区域供电可靠性、多元主体接入等实际需求为导向，结合一次网架有序投资。

340. 配电网智能化实现数据融合、开发共享的基本思路是什么？

配电网智能化应适应能源互联网发展方向，以实际需求为导向，差异化部署智能终端感知电网多元信息，灵活采用多种通信方式满足信息传输可靠性和实时性，依托企业中台和物联管理平台实现数据融合、开发共享。

341. 配电网智能化规划与配电网规划之间的主要关系是什么？

配电网智能化规划应遵循统筹协调规划原则。智能终端、通信网应与配电一次网架统筹规划、同步建设。对于新建电网，一次设备选型应考虑智能终端部署需求，配电线路建设应考虑光缆建设需求；对于不满足智能化要求的已建成电网，一次网架规划中应统筹考虑改造。

第二节 配电网终端规划

342. 配电网信息采集规划原则是什么？

信息采集以提升能源互联网全景感知能力为目标，统筹考虑坚强智能电网、能源互联网发展需求，按照"统筹协调、需求导向、先进适用、安全规范"的基本原则，合理规划智能终端建设，深化状态监测技术应用，支持数据共享和智能分析，建成与电力生产、管理、服务应用系统相适应的终端基础设施，实现信息全面感知、数据规范统一、设备安全可靠、应用便捷灵活。

343. 配电网智能终端的发展方向是什么？

配电网智能终端应以状态感知、即插即用、资源共享、安全可靠、智能高效为发展方向，统一终端标准，支持数据源端唯一、边缘处理。

344. 110kV 变电站合并单元配置原则是什么？

（1）主变压器各侧合并单元宜冗余配置。

（2）110kV 间隔合并单元宜单套配置。

345. 110kV 及以下变电站智能终端配置原则是什么？

（1）110（66）kV 智能终端宜单套配置。

（2）35kV 及以下（主变间隔除外）若采用户内开关柜保护测控下放布置时，可不配置智能终端，母线不宜配置智能终端；若采用户外敞开式配电装置保护测控集中布置时，宜配置单套智能终端。

（3）主变压器高中低压侧智能终端宜冗余配置、主变压器本体智能终端宜单套配置。

（4）智能终端宜分散布置于配电装置场地。

（5）110（66）kV 电压等级及主变压器中、低压侧宜采用合并单元智能终端集成装置。

346. 35～110kV 架空线路运行环境监测智能终端的部署原则是什么？

35～110kV 架空线路在重要跨越、自然灾害频发、运维困难的区段，可配置运行环境监测智能终端。

347. 110（66）kV 电力电缆本体监测的部署原则是什么？

一级、二级电缆隧道内敷设的 110（66）kV 电缆本体应配置分布式光纤测温、护层接地电流监测；三级电缆隧道内敷设的 110（66）kV 电缆本体可配置分布式光纤测温、护层接地电流监测。

348. 电缆隧道在线监测监控的配置原则是什么？

一级电缆隧道应配置温度监测或火灾报警及自动灭火、井盖监控、视频监控；

可配置防外破监测、沉降监测、水位监测及自动排水、门禁监控等。二级电缆隧道应配置温度监测或火灾报警及自动灭火；宜配置井盖监控；可配置视频监控、水位监测及自动排水、门禁监控等。三级电缆隧道宜配置温度监测、井盖监控；可配置水位监测及自动排水（易积水区域应安装）、门禁监控等。

349. 配电自动化终端是什么？ "二遥" "三遥" 终端具备的功能是什么？

配电自动化终端是安装在配电网的各种远方监测、控制单元的总称，完成数据采集、控制和通信等功能，主要包括馈线终端、站所终端、配电变压器终端等，简称配电终端。

配电自动化终端分为"二遥"终端和"三遥"终端。其中，"二遥"终端具备遥信和遥测功能；"三遥"终端具备遥信、遥测和遥控功能。

350. 配电自动化终端如何分类？

配电自动化终端宜按照监控对象分为站所终端（DTU）、馈线终端（FTU）、故障指示器等，实现"三遥""二遥"等功能。

351. 配电自动化终端的配置原则是什么？

配电自动化终端宜按照供电安全准则及故障处理模式合理配置，各类供电区域配电自动化终端的配置方式见表 8-1。

表 8-1 　　　　　　　　配电自动化终端配置方式

供电区域类型	终端配置方式	
	常规地区	分布式电源较多地区
A+	"三遥"为主	
A	"三遥"或"二遥"	
B	"二遥"为主，联络开关和特别重要的分段开关也可配置"三遥"	
C	"二遥"为主，如确有必要经论证后可采用少量"三遥"	
D	基本型"二遥"为主	"二遥"为主
E	基本型"二遥"为主	"二遥"为主

352. 根据供电区域， 配电自动化终端的配置方式是什么？

中压配电网的关键性节点，如主干线联络开关、必要的分段开关，宜按照供电安全准则对非故障区域恢复供电的时间要求采用"三遥"配置；网架中的一般性节点，宜采用"二遥"配置；对于线路较长、支线较多的线路，宜在适当位置安装故障指示器，以缩小故障查找区间。配置方法参考表8-2。

表8-2　　　　　　　　　　配电自动化终端推荐配置方法

供电区域	推荐配置方法
A+、A 类	联络开关宜采用"三遥"配置；分段开关宜按照每隔1段第一级组负荷采用"三遥"配置；其余开关宜采用"二遥"配置
B、C 类	联络开关视非故障段恢复供电时间3h的需要采用"三遥"配置；能够实现级差或时序配合、可自动切除故障的分段开关，可仅采用"二遥"配置；不能实现级差或时序配合、自动切除故障的分段开关，视非故障段恢复供电时间3h的需要采用"三遥"配置；其余开关宜采用"二遥"配置
D、E 类	开关宜采用"二遥"配置

353. 智能电能表的主要功能是什么？

智能电能表作为用户电能计量的智能终端，具有电能数据采集、计量和传输等功能。宜具备停电信息主动上送功能，可具备电能质量监测功能。

第三节　配电通信网规划

354. 信息传输网络的规划目标是什么？

信息传输网络规划涉及骨干通信网和终端通信接入网建设，聚焦先进通信技术应用，提高通信网络网架结构水平，提高网络高效承载能力，提高终端灵活接入能力，形成国际领先、覆盖全面、资源充足、坚强可靠的一体化电力通信特色专网。

355. 配电通信网的建设范围是什么？

通信网规划包括骨干通信网、终端通信接入网；骨干通信网主要对应35kV及以上电网，包括省际、省级、地市3个层级；终端通信接入网包括远程接入网和本地通信网两级架构；配电通信网规划主要涉及地市骨干、终端通信接入网的远程接入网。配电通信网建设范围主要包括35～110kV高压配电网配套骨干通信网、10（20、6）kV中压配电网配套终端通信接入网远程接入网。

356. 配电通信网建设的总体原则是什么？

根据"有线与无线结合、专网与公网结合，专业统筹、通道共享，因地制宜、安全可靠"的总体原则。配电自动化"三遥"等控制/动作类业务应主要采用光纤专网承载,在安全性得到验证前提下逐步推广应用 5G 公网承载,视频/图像/语音类业务主要采用无线公网,在没有移动性需求下可复用已建设的光纤专网。

357. 配电通信网中 "三遥" 等典型节点建设原则是什么?

配电自动化"三遥"等控制/动作类业务应主要采用光纤专网承载,在安全性得到验证前提下逐步推广应用 4G、5G 公网承载,视频/图像/语音类业务主要采用无线公网,在没有移动性需求下可复用已建设的光纤专网。10kV 电压等级并网的分布式电源可采用无线、光纤等通信方式;如公共连接点已具备光纤专网通信通道,或所在区域已覆盖无线专网时,优先采用光纤专网或无线专网方式。220/380V 接入的分布式电源,可采用无线、光纤、电力线载波等通信方式。分布式电源的电压、电流、功率等数据采集实时性应满足可观可测要求,并具备相应网络安全防护措施。

358. 配电通信网规划的指标体系主要从哪些维度考虑?

配电通信网规划的指标体系包含覆盖率、带宽和可靠性三个主要维度。

359. 配电通信网规划的指标体系主要包括哪些内容?

配电通信网规划的指标体系主要包含内容见表 8 - 3。

表 8 - 3　　　　　　　　　　通信网规划指标体系

指标类型	指标名称	计算公式
网络规模	通信站点数量	统计电力通信网覆盖的电力系统站点、设施的总数量,主要包括电网公司各单位、调控中心、数据中心、变电站、供电所、营业厅、开关站、环网柜、配电变压器、集中并网电源点、分布式电源点、负荷点等
	光缆长度 (km)	电网公司自有的骨干通信网和终端通信接入网光缆的总长度,具体类型包括 OPGW、ADSS 和沟(管)道光缆等
	通信设备数量	统计某类设备总台数,包括 SDH、路由器、业务交换机、OLT、ONU、工业以太网交换机等
	传输设备自主可控率	传输设备自主可控率=四大国产品牌的传输设备台套数量/传输设备总量

续表

指标类型		指标名称	计算公式
覆盖率	高压配电网骨干通信网	光缆覆盖率	某类厂站光缆覆盖率＝该类厂站电力光缆覆盖站点数量/该类厂站总数量
		传输网覆盖率	某类厂站传输网覆盖率＝该类厂站传输网覆盖站点数量（含租用方式）/该类厂站总数量
		综合数据网覆盖率	某类厂站综合数据网覆盖率＝该类厂站综合数据网覆盖站点数量（含租用方式）/该类厂站总数量
		调度电话覆盖率	某类厂站调度电话覆盖率＝该类厂站调度电话覆盖站点数量/该类厂站总数量
	中压配电网终端接入网	10kV 线路通信覆盖率	10kV 线路通信覆盖率＝通信覆盖的 10kV 线路条数/10kV 线路总条数
		10kV 站点通信覆盖率	某类 10kV 站点通信覆盖率＝该类通信覆盖的 10kV 站点数量（含租用方式）/该类 10kV 站点总数量
		10kV 站点通信光纤化率	某类 10kV 站点通信光纤化率＝该类光纤通信方式覆盖的 10kV 站点数量/该类通信覆盖的 10kV 站点数量
		无线专网覆盖率	某类供电区域无线专网覆盖率＝该类供电区域无线专网覆盖面积/该类供电区域总面积
带宽/流量		骨干传输网带宽	某传输网带宽＝该传输网主干环（链）线路侧光接口速率
		综合数据网峰值流量	数据通信网地市接入玩网全年最大峰值流量
		综合数据网县公司 1000M 带宽接入率	县公司 1000M 带宽接入率＝具备 1000M 接入带宽县公司数量/县公司总数
		综合数据网变电站 100M 带宽接入率	变电站 100M 带宽接入率＝具备 100M 接入带宽变电站数量/变电站总数
		综合数据网供电所（营业厅）100M 带宽接入率	供电所（营业厅）100M 带宽接入率＝具备 100M 接入带宽供电所（营业厅）数量/供电所（营业厅）总数
可靠性		双光缆率	双光缆率＝某类厂站双光缆覆盖数量/某类厂站总数量
		电网公司本部、调度机构出口光缆路由 N－2 配置率	电网公司本部、调度机构出口光缆路由 N－2 配置率＝某级公司本部、调度机构光缆三路由的数量/某级公司本部、调度机构总数量

360. 配电通信网规划带宽需求采用哪些方法?

带宽需求是确定配电通信网规划方案的重要依据,带宽需求预测可采用直观预测和弹性系数相结合的方法。

361. 配电通信网需求预测需要收集哪些资料?

通信网需求预测需要收集的资料一般应包括以下内容:

(1) 主网架、配电网、电网智能化规划与相关专项规划以及通信网网架结构的相关资料。

(2) 各通信站点需要传送的典型业务及各类业务所占带宽。

(3) 各类业务的数据峰值流量实测记录等。

(4) 电网规划中新增业务及所需带宽等。

362. 配电通信网规划的技术经济分析可以从哪些方面入手?

技术经济分析可以从技术、经济和效果三个方面入手,对评估期内规划项目各备选方案进行比较、分析和评价,旨在评估规划项目的可行性和合理性,为投资决策提供依据。

技术经济分析需确定覆盖规模、可靠性、带宽容量与全寿命周期内投资费用的最佳组合,一般有两种评估方法,一是给定投资额度条件下选择配置最优方案,二是在给定网络条件下选择投资最小方案。

技术经济分析的过程主要包括对规划项目各备选方案的技术经济指标进行评估,根据指标对备选方案进行比较、排序,寻求技术与经济的最佳结合点,确定最佳技术方案。

363. 配电通信网承载的业务分哪两类?

配电通信网承载的业务分为两类:生产控制类业务、管理信息类业务。

364. 10(20、6)kV 中压通信网接入网主要承载哪些业务?

中压通信接入网主要承载配电自动化、精准负控、分布式电源、电动汽车充换电、用电信息采集等多种配用电业务。

365. 配电通信网的光缆规划应遵从哪些基本技术原则?

(1) 光缆以光纤复合架空地线(OPGW)、非金属自承式光缆(ADSS)和非金属阻燃光缆为主,光缆纤芯宜采用 ITU - TG.652 型。

(2) 110kV 及以上同塔多回线路光缆区段,同塔架设 2 根 OPGW 光缆;多级通信网共用光缆区段，以及入城光缆、过江大跨越光缆等，应适度增加光缆纤芯裕量。

（3）110/66kV 及以上变电站和 B 类及以上供电区域的 35kV 变电站应具备至少 2 个光缆路由；110kV 及以上电压等级变电站应具备 2 条及以上独立的光缆敷设通道。对于一次线路是单路由的重要电厂和终端变电站应同塔建设 2 根光缆，敷设形式可根据实际情况选用 OPGW、OPPC 或 ADSS。

（4）地市及以上调度机构（含备调）所在地的入城光缆应具备至少 3 个独立路由，且不能同一沟道同一竖井敷设，光缆芯数不应少于 72 芯。

（5）10kV（20kV/6kV）线路应与配电网一次网架、配电自动化系统同步规划，若有光缆建设需求，应与一次网架同步建设。

（6）城区范围内沟（管）道光缆敷设时，优先选用电力管廊，不具备电力管廊的，可充分利用市政廊道、地铁等其他廊道资源敷设。

366. 配电通信网的传输网规划应遵从哪些基本技术原则？

（1）骨干传输网分为 A、B 两个平面：A 平面采用 SDH 技术体制，主要满足电网生产实时控制业务的可靠传送需求；B 平面采用 OTN 技术体制，主要满足电网生产 IP 化数据业务及管理业务大带宽传送需求。

（2）地市骨干传输网：A 平面（DW‐A）覆盖地调、地市通信第二汇聚点、所属县公司、地调直调发电厂和 35kV 及以上变电站等，核心汇聚站点设备双重化配置；B 平面（DW‐B）覆盖地调、地市通信第二汇聚点、所属县公司、作为数据业务汇聚节点的变电站等。

（3）光传输平台带宽容量等级，SDH 主要包括 155Mbit/s、622Mbit/s、2.5Gbit/s、10Gbit/s，OTN 主要包括 8×10Gbit/s、16×10Gbit/s、40×10Gbit/s、40×100Gbit/s、80×100Gbit/s 等。

（4）骨干传输网应形成环网，核心层宜向网状结构演进，合理选择网络保护方式，提升网络生存能力及业务调度能力。

（5）SDH 传输系统单个环网节点数量不宜过多，采用复用段保护时不应超过16 个。

（6）各级骨干传输网电路应共享使用，原则上 110kV 及以下变电站配置的SDH 光传输设备不宜超过 2 套。

（7）电力线载波通信是电网特有的通信技术，是电力系统继电保护信号有效的传输方式之一，应因地制宜，合理利用。

（8）在电力通信传输网覆盖和延伸能力不足的地区，可租用电信运营商资源或采用资源置换的方式，利用公网光纤或传输链路作为电力通信专网的补充，并应符合电网企业关于信息通信安全的要求。

367. 10（20、6）kV 中压通信网接入网规划应遵从哪些基本技术原则？

（1）10（20、6）kV 通信接入网可分为无线和有线两种组网模式，组网要求扁平化。无线组网可采用无线公网和无线专网方式。有线组网可采用光纤（工业以太网、EPON）、中压载波等通信技术。

（2）10（20、6）kV 通信接入网采用无线与光纤相结合、无线公网与无线专网相结合、因地制宜的原则建设。

（3）采用无线公网通信方式时，应选用专线 APN 接入、VPN 访问控制、认证加密等安全措施；采用无线专网通信方式时，应采用国家无线电管理部门授权的无线频率进行组网，并采取双向鉴权认证、安全性激活等安全措施。

（4）采用 EPON 设备时，OLT 设备宜部署在变电站，10（20、6）kV 站点部署 ONU 设备，采用星形或链形拓扑结构，线路条件允许时，采用"手拉手"拓扑结构形成通道自愈保护；采用工业以太网设备时，宜用环形拓扑结构形成通道自愈保护。

（5）10（20、6）kV 配电自动化站点通信终端设备宜选用一体化、小型化、低功耗设备，电源应与配电终端电源一体化配置。

368. 配电通信网建设可选用哪些通信方式？

配电通信网建设可选用光纤专网、无线公网、无线专网、电力线载波等多种通信方式。

369. 配电通信网组网方式有哪些？ 各自特点是什么？

配电通信网的组网方式分为有线组网和无线组网两种方式：
（1）有线组网宜采用光纤通信介质，以有源光网络或无源光网络方式组成网络。
（2）无线组网可采用无线公网和无线专网方式。

有线组网可靠性高、安全性强，但建设成本较高，需与一次线路同期建设。无线网络灵活性高、无需占用廊道资源，但一方面无线公网面向公众开放，存在网络安全隐患；另一方面无线专网建设成本高，且对频段资源有较高要求。

370. 35～110kV 配电通信网应采用什么通信方式？

35～110kV 配电通信网属于骨干通信网，应采用光纤通信方式。

371. 中压配电网应采用什么通信方式？

应根据中压配电网的业务性能需求、技术经济效益、环境和实施难度等因素，选择适宜的通信方式（光纤、无线、载波通信等）构建终端远程通信通道。

372. 配电主站与配电终端的通信规约应优先遵循什么标准?

配电主站与配电终端应采用标准化通信规约,优先选用符合 DL/T 634.5104—2009《远动设备及系统 第 5 - 104 部分:传输规约 采用标准传输协议集的 IEC 60870 - 5 - 101 网络访问》标准规范的通信规约。

373. 不同类型的配电自动化终端如何选择合适的通信方式?

配电自动化"三遥"终端宜采用光纤通信方式,"二遥"终端宜采用无线通信方式。在具有"三遥"终端且选用光纤通信方式的中压线路中,光缆经过的"二遥"终端宜选用光纤通信方式;在光缆无法敷设的区段,可采用电力线载波、无线通信方式进行补充。电力线载波不宜独立进行组网。

374. 不同区域的配电自动化终端如何选择合适的通信方式?

根据实施配电自动化区域的具体情况选择合适的通信方式。A+类供电区域以光纤通信方式为主,A、B、C 类供电区域应根据配电终端的配置方式确定采用光纤或无线通信方式,D、E 类供电区域采用无线或载波通信方式。

375. 地市及以上调度机构 (含备调) 所在地入城光缆的路由和芯数要求是什么?

地市及以上调度机构(含备调)所在地的入城光缆应具备至少 3 个独立路由,且不能同一沟道同一竖井敷设,光缆芯数不应少于 72 芯。

376. 分布式电源应采用什么通信方式?

10kV 电压等级并网的分布式电源可采用无线、光纤等通信方式;如公共连接点已具备光纤专网通信通道,或所在区域已覆盖无线专网时,优先采用光纤专网或无线专网方式。

220/380V 接入的分布式电源,可采用无线、光纤、电力线载波等通信方式。分布式电源的电压、电流、功率等数据采集实时性应满足可观可测要求,并具备相应网络安全防护措施。

第四节 调度自动化规划

377. 调度一体化是什么?

调度一体化是指通过优化各级调度功能定位,实施地调与县调一体化运作,推进国调与分调一体化运行，分调与省调标准化建设、同质化管理，从而提高驾驭大电网的调控能力和大范围优化配置资源能力的方式。

378. 地区电网调度控制系统是什么？

地区电网调度控制系统是利用计算机、远动、网络、通信等技术实现对地区电网的监视、控制、分析和管理的计算机系统，能够实现地区电网日常的调度生产指挥和管理功能。

379. 地区电网调度控制系统的建设模式是什么？

地区电网调度控制系统应采用地县一体化建设模式，确有需要的可建设独立的县级电网调度控制系统。采用地县一体化建设模式时应在地调设置主系统，在县调设置子系统，子系统采用广域分布式采集模式或远程终端模式接入地调主系统。

380. 地区电网调度控制系统的功能配置原则是什么？

地区电网调度控制系统应实现实时监控与分析、调度计划、调度管理三大类核心应用，可根据实际需求选择配置配电网调度控制类应用功能。其中，实时监控与分析类，应包括实时监控与智能告警、网络分析、智能分析与辅助决策、辅助监测、调度员培训模拟等应用，具备水电/新能源并网的地区，还应配置水电及新能源监测分析应用；调度计划类，应包括检修计划、负荷预测等应用，可根据实际需求配置发电计划、电能量计量、安全校核等应用；调度管理类，应包括生产运行、专业管理、综合分析评估、信息展示与发布等应用，并满足标准作业流程（standard operating procedure，SOP）管理，此类应用宜省级调控云建设实现；配电网调度控制类，应包括模型/图形管理、调度监控、拓扑分析、主动故障研判、馈线自动化、网络分析等调度控制应用，及调度运行管理、方式计划等调度管理应用。

381. 地区电网调度控制系统的设备配置原则是什么？

地区电网调度控制系统的硬件设备应满足 8 年及以上时间的全寿命周期管理要求，服务器及网络设备冗余化配置，采用安全的操作系统及数据库；生产控制大区和管理信息大区应配置相互独立的磁盘阵列存储设备，容量满足运行周期内电网数据、模型存储需求；具有配电网调度控制应用功能的，宜配置相对独立的前置采集服务器、应用服务器。

382. 备用调度控制系统是什么？

备用调度控制系统是在应急条件下满足电力调度生产指挥和管理核心功能要

求的电网调度控制系统。

383. 备用调度控制系统的建设原则是什么？

地区级及以上调度宜与电网调度控制系统同期建设电网备用调度控制系统，备调系统的功能和运行管理应与主调系统协调，满足电网运行控制和调度生产指挥连续性的要求。

384. 地区备用调度控制系统的建设模式是什么？

地区备调系统宜采用"数据分布采集、业务集中备用"方式进行建设，原则上不设置独立的县级备调系统。地区备用调度控制系统应采用分布式数据采集和处理方式。在各地通信网络第二汇聚节点建设简易采集监控系统，实现对调控范围厂站的信息采集和电网监控功能；地（县）调度业务备用方面，宜采用省调为地调集中备用方式。省调端通过远程监控终端采用远程浏览功能直接浏览地调主调和简易采集监控系统的画面，实现对各地调实时调度业务的集中备用。

385. 地区备用调度控制系统的功能配置原则是什么？

地区备用调度控制系统应具备独立的数据采集与监控的上下行通信通道，实现与地区电网控制运行相关的 SCADA、AVC 等基础功能，并满足实时监控与分析类应用功能的扩展；应实现与主调系统之间的业务数据同步、责任分区与信息分流、主备切换等，与主调系统具备可靠的互联互通条件，实现同步运行和免维护管理；应支持主调系统进行系统画面远程调阅和控制的要求，实现画面文件传输及相应的实时数据和历史数据展示，接收主调发送的控制命令并解析执行。

386. 地区电网调度控制系统的信息采集范围是什么？

地区电网调度控制系统应能接入 10kV 及以上电网、分布式电源及可调节负荷的运行信息。

387. 地区电网调度控制系统的信息采集方式是什么？

地区电网主、备调系统应分别通过双路数据网通道实现对直调厂（场）站信息的独立采集，可通过其他调度控制系统转发接入非直调厂（场）站信息；地区电网调度控制系统可通过光纤专网、无线公网或电力无线专网等方式采集配电网10kV 电网信息。

388. 地区电网调度控制系统与其他系统的信息交互方式是什么？

地区电网调度控制系统应具备与调控云交互功能，与电网 GIS、PMS、营销系统等外部业务系统之间宜通过调控云进行信息交互。

389. 电力调度数据网是什么?

电力调度数据网是为电力调度生产服务的专用广域网络,是电力调度生产部门之间及电力调度生产部门与发电厂、变电站之间计算机监控系统等实时和非实时数据通信的基础设施。

390. 调度数据网的基本构成原则是什么?

调度数据网由两级自治域组成,国调、分调、省调及其备调节点和地调节点构成骨干自治域(简称骨干网),接入各级调度端业务;各级调度直调厂站构成相应接入自治域(简称接入网),接入厂站端业务,其中县调纳入地调接入网络。

391. 地调接入网的构成是什么?

地调接入网包括接入网 1 和接入网 2。其中,地调接入网 1 由地调区域内的省调直调厂站和地(县)直调厂站节点组成,地调接入网 2 由地(县)调直调厂站节点组成。

392. 110/35kV 厂站的调度数据网的设备配置原则是什么?

110/35kV 厂站应配置 2 套调度数据网设备,分别接入所属地调接入网 1、网 2。

393. 配电网业务系统对电网调度控制系统的功能要求是什么?

35~110kV 电网的信息采集及监视控制业务由地区级电网调度控制系统实现,并应遵循 DL/T 5002 相关要求。在具备条件时,可适时开展分布式电源、储能设施、需求响应参与地区电网调控的功能建设。

第五节 配电自动化规划

394. 配电自动化规划包含哪些内容?

配电自动化规划主要应包括规划目的和依据、配电自动化现状、配电自动化建设需求分析、配电自动化规划目标与技术原则、配电自动化规划方案、投资估算与成效分析、结论与建议这几部分内容。

395. 配电网业务系统对配电自动化系统的功能要求是什么?

配电网业务系统以配电自动化系统为基础,配电自动化系统是提升配电网运行管理水平的有效手段，应具备配电 SCADA、馈线自动化及配电网分析应用等功能。

396. 配电自动化信息交互的对象是什么？

配电自动化系统信息交互对象一般包括配电自动化、调度自动化、生产管理、地理信息、营销管理、客户服务、计量自动化等系统。

397. 配电自动化信息交互的模式是什么？

配电网各业务系统之间宜通过信息交互总线、企业中台、数据交互接口等方式，实现数据共享、流程贯通、服务交互和业务融合，满足配电网业务应用的灵活构建、快速迭代要求，并具备对其他业务系统的数据支撑和业务服务能力。

398. 配电网业务系统对用电信息采集系统的功能要求是什么？

电力用户用电信息采集系统应遵循 DL/T 698.31—2010《电能信息采集与管理系统　第 3-1 部分：电能信息采集终端技术规范通用要求》，对电力用户的用电信息进行采集、处理和实时监控。

399. 用电采集系统应具备哪些主要功能？

用电采集系统应具备用电信息自动采集、计量异常监测、电能质量监测、用电分析和管理、相关信息发布、分布式能源监控、负荷控制管理、智能用电设备信息交互等功能。

400. 配电自动化规划年限必须与配电网规划保持一致吗？

在配电网规划中，一般将规划定为近期（5 年）、中期（10 年）、远期（20 年）三个阶段，每个阶段的规划内容和侧重点均有所不同。而在配电自动化规划中，与其相关的计算机技术、通信技术以及信息技术等目前都是在高速发展中，计算机等产品更新换代的周期在 4 年左右，这远远少于配电网一次设备更新换代的时间。因此配电自动化规划年限可以不与配电网规划完全一致，可以分为近期（5 年以内）和远期（5～15 年）规划两个规划阶段。

401. 配电自动化规划中分析配电网运行现状情况的必要性体现在哪些方面？

分析配电网运行情况的必要性主要体现在：

（1）不同的接地方式对配电终端监测故障的准确性会有明显的影响，因此需要掌握配电网接地方式的现状情况。

（2）配电网运行负载率与 $N-1$ 通过率是反映电网转供能力的重要因素，因此将会影响到配电自动化实施的效果。

（3）配电自动化的主要建设成效是提高供电可靠性，因此针对可靠性的分析应该尽可能详细，从而有助于掌握配电自动化建设需求。

402. 配电自动化系统主要构成和作用是什么？

配电自动化系统主要由主站（子站）、配电终端和通信网络组成，通过采集中低压配电网设备运行实时、准实时数据，贯通高压配电网和低压配电网的电气连接拓扑，融合配电网相关系统业务信息，支撑配电网的调度运行、故障抢修、生产指挥、设备检修、规划设计等业务的精益化管理。

403. 配电自动化系统应具备哪些主要功能？

配电自动化系统主站功能分为基础功能和扩展功能。基础功能宜包括但不限于：数据采集处理与记录、操作与控制、模型图形管理、设备异动管理、综合告警分析、馈线自动化、拓扑分析应用、事故反演、配电接地故障分析、配电网运行趋势分析、配电终端管理、信息共享与发布。扩展功能宜包括但不限于：分布式电源接入与控制、状态估计、潮流计算、解合环分析、负荷预测、网络重构、操作票、自愈控制、配电网经济运行、配网仿真与培训。

404. 配电自动化主站规划的整体思路是什么？

配电自动化主站应与一次、二次系统同步规划与设计，考虑未来 5～15 年的发展需求，确定主站建设规模和功能。

405. 配电自动化主站规划中如何确定主站建设规模？

配电主站应根据配电网规模和应用需求进行差异化配置，配电网实时信息量主要由配电终端信息采集量、EMS 系统交互信息量和营销业务系统交互信息量等组成。

（1）配电网实时信息量在 10 万点以下，宜建设小型主站。

（2）配电网实时信息量在 10 万～50 万点，宜建设中型主站。

（3）配电网实时信息量在 50 万点以上，宜建设大型主站。

406. 配电网故障处理规划原则是什么？

配电网故障处理规划原则总结为以下 6 条：

（1）规划人员应根据供电可靠性要求，合理选择故障处理模式，并合理配置主站与终端。

（2）A+、A 类供电区域宜在无需或仅需少量人为干预的情况下，实现对线路故障段快速隔离和非故障段恢复供电。

（3）适应各种电网结构，能够对永久故障、瞬时故障等各种故障类型进行处理。

（4）故障处理策略应能适应配电网运行方式和负荷分布的变化。

（5）配电自动化系统应与继电保护、备自投、自动重合闸等设备装置协调配合。

（6）当自动化设备异常或故障时，应尽量减少事故扩大的影响。

407. 配电网故障处理模式选择原则是什么？

故障处理模式可采用馈线自动化方式或故障监测方式，其中馈线自动化可采用集中式、智能分布式、就地型重合器式三类方式。集中式馈线自动化方式可采用全自动方式和半自动方式。故障监测方式可采用故障指示器实现。

故障处理模式选择应根据配电自动化实施区域的供电可靠性需求、一次网架、配电设备等情况合理选择故障处理模式。A＋类供电区域宜采用集中式（全自动方式）或智能分布式；A、B类供电区域可采用集中式、智能分布式或就地型重合器式；C、D类供电区域可根据实际需求采用就地型重合器式或故障监测方式；E类供电区域可采用故障监测方式。

408. 馈线自动化的主要功能是什么？

馈线自动化的主要功能是利用自动化装置或系统，监视配电网的运行状况，及时发现配电网故障，进行故障定位，自动或半自动隔离故障区域，恢复对非故障区域的供电。

409. 配电自动化规划成效分析思路是什么？

结合配电自动化规划目标，给出规划方案的预期成效，包括配电自动化覆盖率、供电可靠率、综合电压合格率、综合线损率等指标对比，以及电网运行管理水平、配电设备利用率和客户满意度提升等综合成效，并进行量化分析。

410. 配电自动化成效评估指标是什么？

配电自动化成效评估指标主要包括配电自动化覆盖率和配电自动化有效覆盖率。其计算方法如下：

$$配电自动化覆盖率 = \frac{区域内配置终端的中压线路条数}{区域内中压线路总条数} \times 100\% \quad (8-1)$$

$$配电自动化有效覆盖率 = \frac{区域内符合终端配置要求的中压线路条数}{区域内中压线路总条数} \times 100\%$$

$$(8-2)$$

$$标准自动化馈线建成率 = \frac{10kV\,标准自动化馈线数}{10kV\,公用馈线总数} \times 100\% \qquad (8 - 3)$$

第六节　网络安全防护规划

411. 电力监控系统安全防护基本原则是什么?

结合电力监控系统特性和面临的网络安全威胁,网络安全防护应遵循以下基本原则:

(1) 建立体系不断发展。逐步建立电力监控系统网络安全防护体系,主要包括基础设施安全、体系结构安全、系统本体安全、可信安全免疫、安全应急措施、全面安全管理等,形成多维栅格状架构,并随着技术进步而不断动态发展完善。

(2) 分区分级保护重点。根据电力监控系统的业务特性和业务模块的重要程度,遵循国家信息安全等级保护的要求,准确划分安全等级,合理划分安全区域,重点保护生产控制系统核心业务的安全。

(3) 网络专用多道防线。电力监控系统应采用专用的局域网(LAN)和广域网络(WAN),与外部因特网和企业管理信息网络之间进行物理层面的安全隔离;在与本级其他业务系统相连的横向边界,以及上下级电力监控系统相连的纵向边界,应部署高强度的网络安全防护设施,并对数据通信的七层协议采用相应安全措施,形成立体多道安全防线。

(4) 全面融入安全生产。应将安全防护技术融入电力监控系统的采集、传输、控制等各个环节各业务模块,融入电力监控系统的设计研发和运行维护;应将网络安全管理融入电力安全生产管理体系,对全体人员、全部设备、全生命周期进行全方位的安全管理。

412. 电力监控系统网络安全防护的总体原则及对象是什么?

电力监控系统安全防护的总体原则为"安全分区、网络专用、横向隔离、纵向认证"。安全防护主要针对电力监控系统,即用于监视和控制电力生产及供应过程的、基于计算机及网络技术的业务系统及智能设备,以及作为基础支撑的通信及数据网络等。重点强化边界防护,同时加强内部的物理、网络、主机、应用和数据安全,加强安全管理制度、机构、人员、系统建设、系统运维的管理,提高系统整体安全防护能力,保证电力监控系统及重要数据的安全。

413. 全场景网络安全防护的工作思路是什么?

遵循"依法合规、开放可信、实战对抗、联动防御"的安全策略,以"一"

个全场景网络安全态势感知平台为核心，充分应用密码、仿真"二"大基础设施，驱动资产本体、网架边界、数据应用"三"重防护，打造并依托红、蓝、产、研"四"支安全队伍，建立情报态势分析、实时监测响应、防御联动处置、攻击渗透检查、实战对抗演练"五"类安全核心业务应用，构建全场景网络安全防护体系，企业网络安全防护水平国内领先，与国家部委、军队、企业间形成网络安全"智慧联动响应圈"，初步实现网络安全联防共治，为国家和行业提供可靠的网络安全防护解决方案。

414. 全场景网络安全防护的工作目标是什么？

坚持以习近平网络强国战略为指导，遵循国家网络安全法律法规要求，结合能源互联网、工业互联网发展趋势，分析面临的机遇与挑战，秉承"安全支撑发展"的理念，加强"四个转变"，以"三个着力""六个坚持"为指导思想，构建责任清晰、制度健全、技术先进、资产全覆盖的全场景网络安全防护体系，覆盖电网企业数字化转型的规划、建设、运行等全生命周期，形成事前防范、事中监测、事后应急能力，全面提升能源互联网创新发展安全保障能力和服务水平。到"十四五"末，全场景网络安全防护体系全面建成，终端、边界、应用等备层各类安全防护措施实现开放互联互动，安全可视化水平显著提升，各单位主要网络出口流量、内部拓扑和重要资产状态可视化覆盖率100％，安全事件处置率100％，确保实现三个"不发生"。

415. 安全保护等级是如何划分的？

根据等级保护相关管理文件，等级保护对象的安全保护等级分为以下五级：

（1）第一级：等级保护对象受到破坏后，会对公民、法人和其他组织的合法权益造成损害，但不损害国家安全、社会秩序和公共利益。

（2）第二级：等级保护对象受到破坏后，会对公民、法人和其他组织的合法权益产生严重损害，或者对社会秩序和公共利益造成损害，但不损害国家安全。

（3）第三级：等级保护对象受到破坏后，会对公民、法人和其他组织的合法权益产生特别严重损害，或者对社会秩序和公共利益造成损害，或者对国家安全造成损害。

（4）第四级：等级保护对象受到破坏后，会对社会秩序和公共利益造成特别严重损害，或者对国家安全造成严重损害。

（5）第五级：等级保护对象受到破坏后，会对国家安全造成特别严重损害。

416. 电力监控系统安全分区是指什么？

安全分区是电力监控系统安全防护体系的结构基础。发电企业、电网企业内部基于计算机和网络技术的业务系统，原则上划分为生产控制大区和管理信息大区。生产控制大区可以分为控制区（又称安全区Ⅰ）和非控制区（又称安全区Ⅱ）；在满足安全防护总体原则的前提下，可以根据业务系统实际情况，简化安全区的设置，但是应当避免形成不同安全区的纵向交叉连接。

417. 生产控制大区的安全区划分与业务划分是如何实施的？

生产控制大区分为控制区（安全区Ⅰ）和非控制区（安全区Ⅱ）。

（1）控制区（安全区Ⅰ）。控制区中的业务系统或其功能模块（或子系统）的典型特征为：是电力生产的重要环节，直接实现对电力一次系统的实时监控，纵向使用电力调度数据网络或专用通道，是安全防护的重点与核心。控制区的传统典型业务系统包括电力数据采集和监控系统、能量管理系统、广域相量测量系统、配网自动化系统、变电站自动化系统、发电厂自动监控系统等。

（2）非控制区（安全区Ⅱ）。非控制区中的业务系统或其功能模块的典型特征为：是电力生产的必要环节，在线运行但不具备控制功能，使用电力调度数据网络，与控制区中的业务系统或其功能模块联系紧密。非控制区的传统典型业务系统包括调度员培训模拟系统、水库调度自动化系统、故障录波信息管理系统、电能量计量系统等。

418. 电力监控系统网络专用指什么？ 有什么防护措施？

电力监控系统的生产控制大区应在专用通道上使用独立的网络设备组网，采用基于 SDH 不同通道、不同光波长、不同纤芯等方式，在物理层面上实现与其他通信网及外部公共网络的安全隔离；生产控制大区通信网络可进一步划分为逻辑隔离的实时子网和非实时子网，采用 MPLS - VPN 技术、安全隧道技术、PVC 技术、静态路由等构造子网。

安全防护措施主要有网络路由防护、网络边界防护、网络设备的安全配置、数据网络安全的分层分区设置等。

419. 电力监控系统横向隔离指什么？ 有什么防护措施？

横向隔离是电力监控系统安全防护体系的横向防线。采用不同强度的安全设备隔离各安全区，在生产控制大区与管理信息大区之间必须设置经国家指定部门检测认证的电力专用横向单向安全隔离装置，隔离强度应当接近或达到物理隔离。电力专用横向单向安全隔离装置作为生产控制大区与管理信息大区之间的必备边界防护措施，是横向防护的关键设备。生产控制大区内部的安全区之间应当采用具有访问控制功能的网络设备、防火墙或者相当功能的设施，实现逻辑隔离。安全接入区与生产控制大区相连时，应当采用电力专用横向单向安全隔离装置进行集中互联。

安全防护措施主要有防火墙、正/反向隔离、入侵检测、入侵防御等。

420. 电力监控系统纵向认证指什么？ 有什么防护措施？

纵向加密认证是电力监控系统安全防护体系的纵向防线。采用认证、加密、访问控制等技术措施实现数据的远方安全传输以及纵向边界的安全防护。对于重点防护的调度中心、发电厂、变电站在生产控制大区与广域网的纵向连接处应当设置经过国家指定部门检测认证的电力专用纵向加密认证装置或者加密认证网关及相应设施，实现双向身份认证、数据加密和访问控制。安全接入区内纵向通信应当采用基于非对称密钥技术的单向认证等安全措施，重要业务可以采用双向认证。

安全防护措施主要有纵向认证、纵向加密、加密认证网关等。

421. 电力调度数字证书系统指什么？

电力调度数字证书系统是基于公钥技术的分布式的数字证书系统，主要用于生产控制大区，为电力监控系统及电力调度数据网上的关键应用、关键用户和关键设备提供数字证书服务，实现高强度的身份认证、安全的数据传输以及可靠的行为审计。

422. 通用的安全防护措施主要有哪些？

通用的安全防护措施主要包含环境物理安全、备用与容灾、恶意代码防范、入侵检测、主机加固、安全 Web 服务、计算机系统访问控制、远程拨号访问、线路加密措施、安全审计、内网安全监视、商用密码管理等。

第九章 配电网电力设施空间布局规划

第一节 基 本 情 况

423. 什么是电力设施？ 什么是电网设施？

（1）电力设施是指承担电力生产、电力传输、电力分配、电力存储的各类电力设备及其附属设施，主要包括发电设施、变电设施和电力线路设施及其各类储能等有关辅助设施。

（2）电网设施是指承担各级电网输（配）电任务的电力设备及其附属设施，包括变（配）电站、电力线路及其生产附属设施。

424. 什么是电力设施空间布局规划？ 与传统电力规划有何不同？

电力设施空间布局规划由各级城乡规划部门会同电力部门联合组织编制，是国土空间规划和电力专业规划的有机结合体。相比传统城市总体规划中的电力专项规划及供电企业编制的电网专业规划，经审批发布的电力设施空间布局规划兼具技术性、法律性和实用性，是电力建设用地控制、管廊保护、项目审批的法定依据，有利于保障电力建设项目落地实施，降低政策处理难度。

425. 国土空间规划是什么？

国土空间规划是对一定区域国土空间开发保护在空间和时间上作出的安排，包括总体规划、详细规划和相关专项规划。

426. 国土空间规划的意义有哪些？

（1）国土空间规划是国家空间发展的指南、可持续发展的空间蓝图，是各类开发保护建设活动的基本依据。建立国土空间规划体系并监督实施，将主体功能区规划、土地利用规划、城乡规划等空间规划融合为统一的国土空间规划，实现

"多规合一"，强化国土空间规划对各专项规划的指导约束作用，是党中央、国务院作出的重大部署。

（2）各级各类空间规划在支撑城镇化快速发展、促进国土空间合理利用和有效保护方面发挥了积极作用，但也存在规划类型过多、内容重叠冲突、审批流程复杂、周期过长，地方规划朝令夕改等问题。建立全国统一、责权清晰、科学高效的国土空间规划体系，整体谋划新时代国土空间开发保护格局，综合考虑人口分布、经济布局、国土利用、生态环境保护等因素，科学布局生产空间、生活空间、生态空间，是加快形成绿色生产方式和生活方式、推进生态文明建设、建设美丽中国的关键举措，是坚持以人民为中心、实现高质量发展和高品质生活、建设美好家园的重要手段，是保障国家战略有效实施、促进国家治理体系和治理能力现代化、实现"两个一百年"奋斗目标和中华民族伟大复兴中国梦的必然要求。

427. 国土空间规划的"五级三类四体系"是什么？

国土空间规划体系总体框架为"五级三类四体系"。"五级"为国家级、省级、市级、县级、乡镇级国土空间规划；"三类"包括总体规划、详细规划和相关专项规划；"四体系"是指编制审批体系、实施监督体系、法规政策体系和技术标准体系。

428. 国土空间规划具体包含哪几类规划？ 分别有什么作用？

国土空间规划包括总体规划、详细规划和相关专项规划。

（1）总体规划是行政辖区内国土空间保护开发利用修复的总体部署和统筹安排，是各类开发保护建设活动的基本依据。是详细规划的依据、相关专项规划的基础。国家、省、市县编制国土空间总体规划，各地结合实际编制乡镇国土空间规划。

（2）详细规划是对具体地块用途和开发建设强度等作出的实施性安排，是开展国土空间开发保护活动、实施国土空间用途管制、核发城乡建设项目规划许可、进行各项建设等的法定依据。在市县及以下编制详细规划，在城镇开发边界内是控制性详细规划，开发边界外将村庄规划作为详细规划。

（3）相关专项规划是指在特定区域（流域）、特定领域，为体现特定功能，对空间开发保护利用作出的专门安排，是涉及空间利用的专项规划。

429. 什么是国土空间规划的"三区三线"？

"三区三线"是根据城镇空间、农业空间、生态空间三种类型的空间，分别对应划定的城镇开发边界、永久基本农田保护红线、生态保护红线三条控制线。

（1）"三区"（三类空间）。

1）城镇空间。以城镇居民生产、生活为主体功能的国土空间，包括城镇建设空间、工矿建设空间以及部分乡级政府驻地的开发建设空间。

2）农业空间。以农业生产和农村居民生活为主体功能，承担农产品生产和农村生活功能的国土空间，主要包括永久基本农田、一般农田等农业生产用地以及村庄等农村生活用地。

3）生态空间。具有自然属性的，以提供生态服务或生态产品为主体功能的国土空间，包括森林、草原、湿地、河流、湖泊、滩涂、荒地、荒漠等。

（2）"三线"（三条控制线）。

1）生态保护红线。是在生态空间范围内具有特殊重要的生态功能、必须强制性严格保护的区域，是保障和维护国家生态安全的底线和生命线。

2）永久基本农田保护红线。是按照一定时期人口和社会经济发展对农产品的需求，依法确定的不得占用、不得开发、需要永久性保护的耕地空间边界。

3）城镇开发边界。在一定时期内，可以进行城镇开发和集中建设的地域空间边界，包括城镇现状建成区、优化发展区，以及因城镇建设发展需要必须实行规划控制的区域。

430. 生态保护红线划定后，有哪些管控要求？

生态保护红线一旦划定，应满足以下管控要求：

（1）性质不转换。生态保护红线区内的自然生态用地不可转换为非生态用地，生态保护的主体对象保持相对稳定。

（2）功能不降低。生态保护红线区内的自然生态系统功能能够持续稳定发挥，退化生态系统功能得到不断完善。

（3）面积不减少。生态保护红线区边界保持相对固定，区域面积规模不可随意减少。

（4）责任不改变。生态保护红线区的林地、草地、湿地、荒漠等自然生态系统按照现行行政管理体制实行分类管理，各级地方政府和相关主管部门对红线区共同履行监管职责。

431. 电力设施空间布局规划与国土空间规划的协调性原则是什么？

应明确电力设施空间布局与规划区内"国土空间规划用途分区与控制线"的协调关系，引导和支撑城镇空间的高效开发和集约合理利用，扶持农业空间和生态空间，避让永久基本农田、生态保护红线，最终推进电力设施的区域协同发展和不同层级精度之间的衔接。

电力设施空间布局规划成果应经过法定审核和批准程序后，作为国土空间规划的专项规划纳入国土空间规划体系。

432. 在工作深度方面应如何做好电网规划与国土空间规划的衔接？

（1）开展电力设施空间布局规划专题研究。在现有规划体系基础上，增加电力设施空间布局规划专题。重点编制跨省跨区、220kV及以上输电网、110kV及以下配电网三类项目空间布局规划，对接全国、省级国土空间总体规划、市县级以下详细规划。

（2）重要电网项目提前开展预可研工作。对于特高压交直流工程、涉及主网架的重要电网工程，将预可研工作提前到规划阶段开展，合理确定站址、路径方案。通过项目预可研，保障准确纳入国土空间规划，通过纳入国土空间规划，保障已确定的项目站址、路径方案不发生随意变更。

（3）重点区域开展饱和负荷规划研究。对于经济较为发达区域，做好与地方经济社会发展规划的衔接，超前研究远期变电站站点和线路走廊方案，做好与近期规划的衔接。

（4）持续深化配电网网格化规划工作。充分衔接国土空间详细规划，强化规划引领，全面细化配电网规划颗粒度，按照标准化、差异化的配电网建设改造标准，提高配电网规划的准确性和经济性。

（5）同步做好抽水蓄能站址及送出规划。研究明确抽水蓄能规划，尽早研究确定送出工程规划，确保将规划开发的抽水蓄能电站及送出工程纳入国土空间规划体系，保护好站址和走廊资源。

433. 在加强管理方面应如何做好电网规划与国土空间规划的衔接？

（1）加强电网发展规划平台建设。在电网发展规划平台中叠加空间地理信息系统，建立国土空间规划信息化系统接口，力争实现电网设施、自然资源等数据在电网公司与政府部门之间双向传输，同时为政府科学编制国土空间规划提供技术支撑。

（2）全面推进可研和设计一体化。实施国土空间规划，国家治理方式发生变革，大量工作前移，电网建设将由"过程协调"转变为"前期协调"，更需要简化内部管理。相关部门应齐心协力，全面推进可研和设计一体化，在前期阶段做深、做准、做透可研设计，一次能解决的问题不分两次解决，避免项目核准后发生重大变更。

（3）合力推动跨省跨区工程前期工作。对于跨省、跨区电网规划，按照"受端主导、政府推动、网源协同、协议先行、纳入规划"的原则，促请能源主管部门明确项目规划，协调自然资源部和相关地方政府，将项目变电站站址和线路走廊纳入各级地方政府国土空间规划，保障项目落地实施。

434. 在沟通衔接方面电网规划应如何配合做好国土空间规划？

（1）规划管理部门"一口对外、逐级对接"。省、地市、县及供电公司规划管理部门一口对接各级自然资源部门，积极促请省、地市、县级政府成立规划编制领导小组和工作小组，电网公司作为成员单位参与工作，逐级建立沟通协调机制，确保将电网规划纳入国土空间规划"一张图"上。

（2）加强国土空间规划编制过程衔接。充分考虑地方政府规划、土地用途、交通运输、环境保护、压覆矿产等因素，合理选择变电站站址和线路走廊。对于生态红线等环境敏感区域，确实无法避让的，应结合国土空间规划编制，促请政府调整生态红线等。跟踪国土空间规划滚动调整机制建立情况，相应制定入规电网规划项目调整机制。

（3）做好与能源主管部门的沟通汇报。加强国民经济和城市规划、电力需求增长、电源总量及结构等边界条件的研究，将研究成果主动向能源主管部门沟通汇报，促请能源主管部门明确电力专项规划，为电网规划提供依据。在边界条件发生重大变化时，促请能源主管部门协调自然资源等相关部门，为电网规划的调整提供窗口和便利。

（4）与国土空间规划编制单位密切合作。借助国土空间规划编制单位的资源和经验优势，通过加强交流与合作，确保电网规划方案融入国土空间规划方案。

435. 电力设施空间布局规划和详细规划是什么关系？

控制性详细规划是指城市、镇人民政府的城乡规划主管部门以城市、镇总体规划或分区规划为依据，确定建设地区的土地使用性质和使用强度的控制指标、道路和工程管线控制性位置以及空间环境控制的规划。

修建性详细规划是指以总体规划、分区规划或控制性详细规划为依据，制订用以指导各项建筑和工程设施的设计和施工的规划设计。

电力设施空间布局规划应以控制性、修建性详细规划制定的边界条件为依据，编制完成后，相关规划结论包括站址建设用地控制、走廊及通道控制等应纳入控制性、修建性详细规划。

436. 电力设施空间布局规划的一般规定有哪些？

（1）配电网规划应纳入国土空间总体规划和详细规划，并同步编制电力设施空间布局专项规划，合理预留变电站、配电站站点及线路走廊用地，配电设施应与城乡其他基础设施同步规划，并纳入城市综合管廊规划。

（2）原则上 A＋、A、B 类地区应开展电力设施空间布局规划，用地紧张的 C 类地区宜开展电力设施空间布局规划，具备条件的 D、E 类地区可开展电力设施空间布局规划，应在规划区、开发建设变动时同步编制。

（3）变电站（开关站）用地和线路走廊的预留应能满足远景目标网架对电力建设用地的需求。

（4）进行电力设施布局规划编制时应综合考虑安全性、可靠性、经济性、协调性。

（5）在现有电力走廊地区，根据需要可有条件地依托和改造原有电力设施；对于新开辟电力走廊地区，应与国土空间规划相互协调。电力设施迁改要结合远景规划。

437. 电网设施空间布局规划应包括哪些方面的内容？

电网设施空间布局规划包括规划的原则和依据、电网发展规划的主要成果、35kV 及以上变电站和线路布局规划、10（20、6）kV 配电网布局规划，以及站址与线路走廊的保护与管理、节能减排与环境保护措施等内容，及必要的图册。

438. 电网设施空间布局规划对成果深度有什么要求？

在规划成果的深度上，应根据各地国土空间规划工作的开展情况和规划内容进行把握，体现电力设施空间布局规划的核心成果，把握弹性深度原则。在规划成果的形式上，宜提炼体现电网需求的核心内容，以及电网规划与国土空间规划的协调性，以"一图一表"为辅助，用于对接政府规划部门，体现成果的精简实用原则。

439. 电网设施空间布局规划一般分几级进行编制？ 编制重点是什么？

（1）电网设施空间布局规划一般按省域、市域、县域三级进行编制，直辖市可按两级进行编制；市辖区规划可参照县域规划进行编制，也可纳入市域规划。

（2）省域规划的重点为 500（330）kV 及以上电压等级电网设施，市域规划的重点为 110（66）～220kV 电压等级电网设施，县域规划的重点为 35kV 及以下电压等级电网设施。原则上，下级规划成果要全面承接上级规划成果，衔接好跨县跨区线路的规划线位。

440. 涉及 10 （20、 6） kV 电压等级的是哪级电网设施空间布局规划？

10（20、6）kV 电压等级配电设施空间布局是县域级电网设施空间布局规划的重要内容，省域、市域级一般不涉及。在县域电网设施空间布局规划中，对已编制控制性详细规划或修建性详细规划，或计划开展详细规划的区域，可开展（或同步开展）10（20、6）kV 电压等级配电设施的布局规划工作。

441. 电网设施空间布局规划在工作机制上与电力专业规划有什么差异？

电网设施空间布局规划编制过程中应引入规划的联合编制、滚动协调机制。

电网设施空间布局规划要改变原来电力企业独自编制规划的做法，应联合政府规划部门共同编制、相互配合，并与国土空间规划同步编制，滚动修编，以促成多部门协同推进、多专业融合统一。

442. 电网公司、地方政府在电网设施空间布局规划编制中分别承担什么职责？

电网设施空间布局规划宜由政府城乡规划主管部门与电网公司联合组织开展，一般由城乡规划设计单位、电网规划设计单位共同参与编制，并由政府城乡规划主管部门与电网公司联合组织进行审查，并由地方政府或城乡规划主管部门批准、发布。

443. 电网设施空间布局规划的年限一般为多少年？

电网设施空间布局规划的年限应与国土空间规划年限相一致，一般可在明确远景年电网设施空间布局的基础上，按远期（20 年）进行编制，并落实近期（5年）规划项目。

444. 电网设施空间布局规划中远期规划和近期规划的重点分别是什么？

远期规划应根据负荷预测结果，制定发展目标网架，积极落实规划站址和廊道资源，并留有合理的裕度。近期规划应重点解决近期将建设输变（配变）电项目的站址、走廊问题，并与远期规划相衔接。

445. 电网设施空间布局规划编制的规划依据有哪些？

（1）规划编制的主要依据文件包括相关法律、法规、技术标准、管理办法等。

（2）规划编制的相关基础资料包括国民经济和社会发展规划，国土空间规划总体规划、详细规划与相关专项规划，统计年鉴和电网规划成果等。编制 35kV 及以上电压等级电网设施的布局规划时，优先采用控制性详细规划或修建性详细规划作为基础资料，无控制性详细规划和修建性详细规划时，则以城乡总体规划为基础；10（20、6）kV 电压等级配电设施的布局规划应采用控制性详细规划或修建性详细规划作为基础资料。

446. 城市开发边界线有哪些？与电网设施空间布局规划有什么关系？

城市开发边界线有城市红线、蓝线、绿线、紫线、黄线 5 类。

（1）城市红线是指道路、建筑等设施的边界线，具体包括道路红线、建筑红线和用地红线。道路红线是指规划的城市道路路幅的边界线；建筑红线又称建筑控制线，是指城市道路两侧控制沿街建筑物或构筑物（如外墙、台阶等）靠临街面的界线；用地红线是指各类建筑工程项目用地的使用权属范围的边界线。

（2）城市蓝线是指城市规划确定的江、河、湖、库、渠和湿地等城市地表水体保护和控制的地域界线。

（3）城市绿线是指城市各类绿地范围的控制线。

（4）城市紫线是指国家历史文化名城内的历史文化街区和省、自治区、直辖市人民政府公布的历史文化街区的保护范围界线，以及历史文化街区外经县级以上人民政府公布保护的历史建筑的保护范围界线。

（5）城市黄线是指对城市发展全局有影响的、城市规划中确定的、应控制的城市基础设施用地的控制界线。

与电网设施空间布局规划直接相关的边界线是电力黄线。电力黄线是城市黄线的其中一种，指经规划行政管理部门批准建设的发电厂、变电站的站址，以及电力线路走廊等的用地控制线。

447. 电力设施布局规划中需特别关注的环境敏感区主要有哪些？

环境敏感区主要包括自然保护区、风景名胜区、世界文化和自然遗产地、饮用水水源保护区、环境敏感主要功能区（以居住、医疗卫生、文化教育、科研、行政办公等为主要功能）、文物保护单位及具有特殊意义（具有特殊历史、文化、科学、民族意义）保护地。

448. 电网设施空间布局规划区的基本概况包含哪些内容？

（1）行政区划及自然条件。介绍规划区域的地理位置、行政区划、区域面积、区位关系、交通条件、气候条件、地形地质、资源优势等内容。

（2）国民经济和社会发展概况。依据规划区域统计年鉴等参考资料，介绍并分析规划区域范围的国民经济和社会发展状况，包括建成区面积、GDP 规模、产业结构和布局、人口规模、城镇化率等主要统计指标及其变化趋势。

（3）地方规划主要内容。介绍与编制电网设施空间布局规划相关的地方规划主要内容及其编制、发布情况，地方规划主要包括国民经济和社会发展规划、国土空间总体规划、详细规划、专项规划等。

449. 电网设施空间布局规划中现状用地基础数据格式要求是什么？

编制电网设施空间布局规划时，以地形图、遥感影像作为现状用地基础数据，统一采用 2000 国家大地坐标系和 1985 国家高程基准作为空间定位基础。

450. 电网设施空间布局规划中需重点说明哪些电网现状情况？

（1）相关电压等级电网变电站、电力线路的现状规模。

（2）地区的最高负荷、用电量及其增长情况。

（3）规划范围内现有电源装机容量及其分类统计情况、发电量及其分类统计情况。

（4）与周边电网之间的送、受电情况。

（5）规划范围内相关电压等级电网的主要特点。

（6）电网发展过程中存在的主要问题、电力设施建设遇到的困难等内容。

（7）现状电网变电站位置和线路路径，作为规划布局的基准图。

451. 电网设施空间布局规划中应重点说明哪些国土空间总体规划内容？

（1）介绍规划区"规划定位、人口规模、总体格局、规划用途分区及管制要求、空间控制线（三线及其他控制线）及管控要求、用地（分类）结构布局、支撑体系"等内容，以这些内容为依据进行规划区的供电区域划分、电量负荷预测、电力设施布局。

（2）展示和说明总体规划中的国土空间用地规划图、重大市政基础设施规划图等图纸内容。在无详细规划区域，采用国土空间总体规划的用地规划图作为配电网设施空间布局规划的基础底图。

（3）说明总体规划中对用电负荷需求的预测、对配电网建设所需资源的总量控制，以及对重要电力设施空间布局、重要基础设施及廊道控制线（含高压走廊）的安排内容。

（4）说明在农业空间和生态空间总体规划对电力设施项目准入条件、建设原则、环境保护和景观控制等要求。

452. 电网设施空间布局规划中应重点说明和衔接哪些详细规划内容？

（1）说明国土空间总体规划相关要求在详细规划中的具体落实情况。

（2）介绍并衔接详细规划中"目标、功能定位和空间结构，路网绿地结构、土地使用性质，用地指标，基础设施公共安全设施的配套要求、五线控制"等内容，以这些内容为依据对详细规划区域的供电区域划分、电量负荷预测、电力设施布局进行进一步深化研究。

（3）展示和说明详细规划中的用地布局规划图（各片区详细规划拼合图）、电力工程规划图等主要图纸内容。以详细规划的用地布局规划图作为配电网设施空间布局规划的基础底图，以详细规划的详规分幅图为作为配电网设施分地块详细布局的基础底图。

453. 电网设施空间布局规划中应重点说明哪些基础设施专项规划内容？

（1）说明规划区内道路网结构、道路平面定位，道路断面形式，重点区块的竖向控制及节点形式，其他市政设施用地布局，其他市政管线的平面和竖向布局等主要内容，以及整合电力线路与路网、管网的整体方向和思路。

（2）介绍规划区内其他基础设施对电力设施空间的约束条件和协调方法。

（3）提出对桥梁、隧道等重要基础设施项目的电力设施预留需求。

（4）在城市道路下的电力管线应衔接其他市政管线基础设施规划，并按照 GB 50289—2016《城市工程管线综合规划规范》的要求协调与其他工程管线布局的矛盾。

454. 电网设施空间布局规划如何与区域电网发展规划衔接？

（1）根据电网现状主要特点、电网发展建设存在的问题和电网建设需求，阐述电网发展规划的思路、建设重点，明确电网规划的总体目标。

（2）说明与高压配电网发展规划衔接的主要内容，包括电源点规划方案、基于远景负荷预测结果的电力平衡（含变电容量需求、变电站分区布点需求、区域容载比校验、变电新扩建及改造规模）、各规划阶段网架规划（网架拓扑结构、地理接线图）、线路建设规模以及对上级输电网的需求和建议等。

（3）说明与中压配电网发展规划衔接的主要内容，包括供电区域的划分、变电站容量分配方案、基于远景负荷预测结果的分区电力平衡（含配电设施容量需求、配电设施分区布点需求、区域供电可靠性校验）、远景网架规划（网架结构和典型接线）、线路建设规模以及对高压配电网的需求和建议等。

（4）提炼各规划阶段电网设施建设项目情况及对空间资源的需求。

455. 电网设施空间布局规划中应说明哪些空间布局技术原则？

（1）依据空间规划技术标准、相关法律法规和地方管理办法，简要说明电力设施布局在节约空间资源、减少环境影响、景观协调等方面的原则。

（2）说明电力黄线规划与规划道路红线、规划河道蓝线等相关专业的衔接协调原则。

（3）说明变电站、配电设施的选址要求，以及电力线路的选线要求。重点应说明规划变电站尺寸、走廊宽度及保护范围等。

第二节　空间布局规划深度要求

456. 变（配）电站布局规划的一般要求有哪些？应说明哪些边界条件？

（1）说明各级电网规划成果在变电站布局规划中应用的原则。

（2）变电站的布局规划应说明与国土空间总体规划和详细规划的协调原则，

说明电力黄线与城市绿线、紫线、黄线、蓝线、红线的协调原则，说明与交通、水利、供排水、输油输气管线等基础设施专项规划成果的协调原则。

（3）简要说明 35kV 及以上电压等级变电站的规划选址要求，包括站址在电力系统中的位置、工程建设条件基本要求、按规定避让相关区域的原则，以及为保证相关设施安全的协调原则。

（4）10（20、6）kV 配电站的布局规划，还应说明与区域控制性详细规划或修建性详细规划的协调原则，并结合地块开发强度、地块性质、容积率、负荷情况、周边环境、市政建设要求等，说明规划布局基本原则。

（5）明确易燃易爆等危害变电站安全的避让原则。

（6）变电站、高压廊道应着眼目标网架构建，在网架适应性上保持灵活性，并在数量上适度留有冗余。

457. 变（配）电站典型黄线规划方案包含哪些内容？

（1）描述各电压等级变电站所采用的典型黄线规划方案，并配以平面图进行表达。

（2）描述典型方案的占地面积及相关尺寸、布置型式、电压等级、建设规模等，必要时说明电气主接线、设备选型等。

（3）描述典型方案的进出线方向、进出线形式及其廊道控制要求。35kV 及以上电压等级变电站需对进站道路引接方案、控制道路宽度等规划要求进行说明。

（4）35kV 及以上变电站典型方案应描述所适用的规划区域、站址条件、噪声及防火等周围环境要求，并明确黄线具体控制范围、建筑退让控制要求。

（5）10（20、6）kV 配电站典型方案应描述所适用的场合、站址环境要求、站址控制指标等。

458. 变（配）电站空间需求典型方案应包含哪些内容？

（1）描述各类规划区域、站址条件、环境要求下变电站、配电设施对应的典型空间方案。

（2）变电站空间典型方案内容主要包括占地面积及相关尺寸、布置型式、电压等级、建设规模等，必要时说明电气主接线、设备选型等；并绘制变电站站址图，明确变电站用地具体控制范围、建筑退让控制要求。

（3）变电站空间典型方案应一并考虑进出线形式及其廊道控制要求，并对进站道路引接方案、控制道路宽度等规划要求进行说明。

（4）配电站空间需求典型方案主要包括占地面积、相关尺寸、建设型式，还应结合控规要求，描述所适用的场合、站址环境要求、站址控制指标等。

（5）提出电力设施与其他设施共建共享的要求及方案。

459. 变（配）电站布局规划成果包含哪些内容？ 有哪些要求？

（1）简要描述开展规划选址情况。

（2）各变电站的布局规划成果以文字及图表的形式进行说明。

（3）各变电站的布局规划成果文字部分应包含规划名称、站址详细位置、占地面积及相关尺寸、土地性质，以及电压等级、建设规模（含主变压器规模及进出线规模）、配电装置型式、布置要求等。

（4）35kV及以上电压等级变电站用地黄线规划图（分幅）宜采用1∶2000及以上大比例尺地形图，其地形范围为用地界线（电力黄线）外不小于1km，并在合适位置标出地块位置示意。

（5）10（20、6）kV配电站用地黄线规划图（分幅）可采用1∶1000及以上大比例尺地形图。地形图宜包括地形要素、河流水体要素、图例、形象比例尺等一般要素，以及规划用地要素、道路交通设施要素、市政设施要素、图签等专题要素。

（6）在图幅范围内划定变电站主要进出线线路路径及廊道控制要求、进站道路宽度及其控制要求。

（7）在变电站黄线范围外，为满足安全、环境或其他技术要求，提出建设控制界线范围。

460. 变（配）电站布局规划的建设资源需求应如何统计、汇总？

（1）对各规划变电站的布局规划指标数据进行汇总，并按规划阶段、电压等级、用地面积等内容进行分类统计，35kV及以上电压等级变电站还需按土地性质进行分类统计。

（2）统计需将非建设用地调整为建设用地的总面积和分布，并提出调整的时间和措施建议。涉及永久基本农田的应逐项分区列出、汇总。

461. 变电站布点应符合哪些规定？

（1）根据供电区域类型及负荷分布情况进行合理规划布点，满足供电能力、供电范围、网架结构、设备选型、供电安全、供电可靠性等技术方面的要求。

（2）站址选择宜靠近规划区域的负荷中心并考虑原有网架结构，实现就近供电，降低损耗和投资。

（3）站址应优先靠近市政道路，便于进出线路敷设，能满足各电压等级出线对走廊和通道的需求。

（4）应符合防洪、防爆、防震等国家和行业相关技术要求与标准，规划站址应具备大件运输条件。

462. 变电站站址应如何选择？

变电站站址选择应根据电力系统规划设计的网络结构、负荷分布、城乡规划、征地拆迁和下列条款的要求进行全面综合考虑，通过技术经济比较和效益分析，选择最佳的站址方案。

（1）选择站址时，应充分考虑节约用地，合理使用土地；尽量不占或少占耕地和经济效益高的土地，并注意尽量减少土石方量。

（2）站址选择应按审定的本地区电力系统远景发展规划，充分考虑出线条件，预留架空和电缆线路的出线走廊，避免或减少架空线路交叉跨越和电缆线路之间的交叉布置；架空线路终端塔的位置和站内电力出线通道宜在站址选择规划时统一安排。

（3）站址选择宜靠近交通干线，方便进站道路引接和大件运输。

（4）站址选择应具有适宜的地质、地形条件，应避开滑坡、泥石流、明和暗的河塘、塌陷区和地震断裂地带等不良地质构造；避开溶洞、采空区、岸边冲刷区、易发生滚石的地段，还应注意尽量避免或减少破坏林木和环境自然地貌。

（5）站址选择应避让重点保护的自然区和人文遗址，也不应设在有重要开采价值的矿藏上。

（6）应满足防洪及防涝要求，否则应采取防洪及防涝措施。

（7）选址时应考虑变电站与邻近设施、周围环境的相互影响和协调，并取得有关协议；站址距飞机场、导航台、地面卫星所、军事设施、通信设施以及易燃易爆等设施的距离应符合现行相关国家标准。

（8）站址不宜设在大气严重污秽地区和严重盐雾地区；必要时，应采取相应的防污措施。

（9）站址的地震基本烈度应按现行国家标准《中国地震动参数区划图》GB 18306 确定，站址位于地震烈度区分界线附近难以正确判断时，应进行烈度复核。

463. 储能电站选址需要满足哪些要求？

储能电站选址需要满足防火防爆要求，不应选址在重要变电站、地下变电站、为重要用户供电或运维风险大的变电站、重要输电线路保护区，不应贴邻或设置在生产、储存、经营易燃易爆危险品的场所，电池舱（室）不应设置在人员密集场所、建筑物内部或其地下空间。电网侧独立储能电站不应与变电站合建，保持必要的空间隔离。

464. 变电站建设型式选择宜符合哪些规定？

（1）应结合国土空间规划合理选择变电站建设型式，满足市政规划、环境、景观的控制要求。

（2）变电站建设型式还宜结合地区自然条件、污染水平及其他特殊要求等综合确定。

（3）在满足以上条件要求的情况下，不应提高建设型式标准。

465. 不同供电类型的区域变电站布置类型应如何选择？

变电站的布置应因地制宜、紧凑合理，尽可能节约用地。原则上，A＋、A、B类供电区域可采用户内或半户内站，根据情况可考虑采用紧凑型变电站，A＋、A类供电区域如有必要也可考虑与其他建设物混合建设，B、C、D、E类供电区域可采用半户内或户外站，沿海或污秽严重地区，可采用户内站。

466. 城市配电设施主要可以布置在哪些位置？

城市配电线路上的开关站、环网单元（室、箱）、箱式变电站、柱上变电站等配电设施，可分为室内、室外布置两大类。

室内布置时，开关站、环网室、配电室等可单独建设，也可建设在地块主体建筑内部。室内布置的优点在于可以减少配电设施对周边环境的影响，方便运维管理，提升设备可靠性。由用户提供配电设施用房时，原则上应建设在地面以上，且满足洪水位要求，有条件时可建设在建筑物二楼，降低对沿街门面房等商品房的占用，实现互赢互利；若布置在地下室，不应布置在最底层。

室外布置时，主干线配电设施主要考虑布置在道路两侧的绿化带里面，分支线配电设施结合地块开发时序及新建居住区、商贸区或其他大型建筑物，依据"谁用电、谁接纳"的原则，可布置在建筑物内或小区绿化带内，减少布置在道路两侧环网设施的数量。对于主干道路两侧的配电设施，可考虑采用广告灯箱或木质栅栏的方式进行美化。

对于可靠性要求较高的地区，推荐将配电设施用房纳入政府地块出让条件中，减少室外布置的配电设施数量，整体提升配电网建设品质，降低政策处理难度。

467. 线路布局规划的一般要求有哪些？　应说明哪些边界条件？

（1）说明各级电网规划成果在线路布局规划中应用的原则。

（2）线路的布局规划应说明与国土空间总体规划和详细规划的协调原则，说明电力黄线与城市绿线、紫线、黄线、蓝线、红线的协调原则，说明与交通、水利、供排水、输油输气管线等基础设施专项规划成果的协调原则，合理确定线路黄线的范围及建设控制要求。

（3）10（20、6）kV配电线路的布局规划还应说明与区域控制性详细规划或修建性详细规划的协调原则，条件具备时，宜结合地块开发强度、地块性质、负荷情况、周边环境、市政建设要求等，说明规划布局的基本原则。

（4）简要说明电力线路的规划选线要求，包括廊道宽度工程建设条件基本要求、避让国家规定相关区域的原则，以及为保证相关设施安全的协调原则。

（5）电缆线路的规划应与其他市政管线统一布局，说明电缆相互间以及与其他管线、构筑物基础之间的安全要求。

（6）遵循"先高压，后低压"的原则。

（7）保证线路布局在分区间跨区交界面的一致性。

468. 线路典型黄线规划方案包含哪些内容？

（1）描述各电压等级线路所采用的典型黄线规划方案，必要时配以断面图进行表达。

（2）应结合地域特点，按电压等级、架设方式的不同，提出单条、多条架空线路平行布置，或架空线路与道路、河流等平行布置的各类架空线路典型方案。

（3）架空线路典型方案断面图中应明确表达走廊宽度尺寸、平行线路之间及线路与其他平行设施之间的相互间距要求。

（4）应结合地域特点，按电压等级、敷设方式的不同，提出单条、多条电缆线路平行布置，或电缆线路与道路、管线等平行布置的各类电缆线路典型方案。

（5）电缆线路典型方案断面图中应明确表达电缆管沟或隧道的尺寸、电缆布置方式，以及平行电缆之间、电缆与其他平行设施之间的相互间距要求。

（6）描述典型方案所适用的规划区域、廊道条件、周围环境要求，并明确黄线具体控制范围等指标。

469. 线路空间需求典型方案应包含哪些内容？

（1）结合断面图描述各规划区域、廊道条件、周围环境要求下，线路的建设型式及对应的典型空间方案。

（2）各类线路的空间典型方案内容主要包括：架空线路走廊宽度尺寸、线路之间及线路与其他设施的平行距离要求；电缆线路通道的尺寸、电缆布设方式、电缆之间及电缆与其他设施的平行距离要求等。

（3）高压配电网线路典型方案还应绘制黄线图，明确黄线具体控制范围。

470. 线路布局规划对规划成果内容深度有哪些要求？

（1）简要描述开展规划选线情况。

（2）各线路的布局规划成果以文字及图表的形式进行说明。

（3）架空线路的布局规划成果文字部分应包含线路名称、电压等级、建设规模（含预留）、架设方式、廊道宽度等，并明确多条平行线路之间或与其他平行设施之间的距离控制要求。

（4）电缆线路的布局规划成果文字部分应说明线路名称、电压等级、建设规模（含预留）、敷设方式、断面布置、廊道控制宽度等，并明确与其他平行设施之间的距离控制要求。有条件时，说明电缆隧道工井等设施的具体布置位置。

（5）线路黄线规划图应能区分现有或规划、不同电压等级、架空线或电缆的不同架设方式，并按现状及规划水平年进行分别绘制。

（6）省域规划图一般宜选用 1∶100000～1∶1000000 的比例尺地形图，市域规划图一般宜选用 1∶10000～1∶200000 比例尺的地形图，县（区）域图一般宜选用 1∶50000 及以上的地形图，其地形范围为规划黄线外不小于 1km。

（7）10（20、6）kV 配电线路黄线规划图可采用 1∶1000 及以上比例尺地形图。地形图宜包括地形要素、河流水体要素、图例、形象比例尺等一般要素，以及规划用地要素、道路交通设施要素、市政设施要素、图签等专题要素，图例中应表述线型名称、线型样本、廊道控制要求等。

（8）在线路黄线范围外，为满足安全、环境或其他技术要求，提出建设控制界线范围。在该范围内确有需要进行新建、改建或扩建各类建（构）筑物时，其规划设计方案需征求电网企业的意见。

（9）与区外线路的衔接性分析，与上级规划的衔接性分析。

471. 线路布局规划的建设资源需求应如何汇总？

对各规划线路的布局规划指标数据进行汇总，并按规划阶段、电压等级、架空线或电缆（含不同敷设方式）、廊道宽度要求等内容进行分区分类统计。

472. 高压配电架空线路路径宜符合哪些规定？

（1）架空线路路径的选择应综合考虑运行、施工、交通条件和路径长度等因素，统筹兼顾，进行多方案的比较，做到经济合理、安全适用。

（2）市区架空电力线路的路径应与城市总体规划相结合，坚持沿路、沿河、沿山布局的原则；线路路径走廊位置应与各种管线和其他市政设施统一安排。

（3）不应跨越储存易燃、易爆物的仓库区域；架空电力线路与火灾危险性的生产厂房和库房、易燃易爆材料堆场以及可燃或易燃、易爆液（气）体储罐的防火间距，应符合相关国家标准的有关规定。

（4）路径选择宜避开不良地质地带和采动影响区，当无法避让时，应采取必要的措施；宜避开重冰区、易舞动区及影响安全运行的其他地区；宜避开原始森林、自然保护区和风景名胜区。

473. 城市电力架空线路敷设应遵循哪些基本原则？

沿城市道路架空敷设的电力线路，其线位应根据规划道路的横断面确定，并不影响道路交通、居民安全以及本身和其他工程管线的正常运行。

架空电力线路应与相关基础设施专项规划结合，节约用地并减小对城市景观的影响。

架空线线杆宜设置在人行道上距路缘石不大于 1m 的位置，有分隔带的道路，架空线线杆可布置在分隔带内，并应满足道路建筑接线要求。

474. 架空电力线与架空通信线平行敷设时，应遵循什么原则？

架空电力线与架空通信线宜分别架设在道路两侧。当架空电力线及通信线同杆架设时，应符合以下规定：

（1）高压电力线可采用多回线同杆架设。

（2）中、低压配电线可同杆架设。

（3）高压与中、低压配电线同杆架设时，应进行绝缘配合的论证。

（4）中、低压电力线与通信线同杆架设应采取绝缘、屏蔽等安全措施。

475. 架空电力线与其他架空管线、建（构）筑物之间的最小水平净距是如何规定的？

架空电力线与其他架空管线、建筑之间的最小水平净距应符合表 9-1 规定。

表 9-1　架空电力线与其他架空管线、建（构）筑物之间的最小水平净距　　　m

名称	建（构）筑物（凸出部分）	通信线	电力线	燃气管道	其他管道
3kV 以下边导线	1.0	1.0	2.5	1.5	1.5
3~10kV 边导线	1.5	2.0	2.5	2.0	2.0
35~66kV 边导线	3.0	4.0	5.0	4.0	4.0
110kV 边导线	4.0	4.0	5.0	4.0	4.0
220kV 边导线	5.0	5.0	7.0	5.0	5.0
330kV 边导线	6.0	6.0	9.0	6.0	6.0
500kV 边导线	8.5	8.0	13.0	7.5	6.5
750kV 边导线	11.0	10.0	16.0	9.5	9.5

注　架空电力线与其他管线及建（构）筑物的最小水平净距为最大计算风偏情况下的净距。

476. 架空电力管线与其他管线、建（构）筑物之间的最小垂直净距应符合什么规定？

架空电力线与其他架空管线、建筑之间的最小垂直净距应符合表 9-2 规定。

表 9-2 架空电力线与其他架空管线、建（构）筑物之间的最小垂直净距 m

名称	建（构）筑物	地面	公路	电车道（路面）	铁路（轨顶）		通信线	燃气管道 $P \leqslant 1.6MPa$	其他管道
					标准轨	电气轨			
3kV 以下	3.0	6.0	6.0	9.0	7.5	11.5	1.0	1.5	1.5
3~10kV	3.0	6.5	7.0	9.0	7.5	11.5	2.0	3.0	2.0
35kV	4.0	7.0	7.0	10.0	7.5	11.5	3.0	4.0	3.0
66kV	5.0	7.0	7.0	10.0	7.5	11.5	3.0	4.0	3.0
110kV	5.0	7.0	7.0	10.0	7.5	11.5	3.0	4.0	3.0
220kV	6.0	7.5	8.0	11.0	8.5	12.5	4.0	5.0	4.0
330kV	7.0	8.5	9.0	12.0	9.5	13.5	5.0	6.0	5.0
500kV	9.0	14.0	14.0	16.0	14.0	16.0	8.5	7.5	6.5
750kV	11.5	19.5	19.5	21.5	19.5	21.5	12.0	9.5	8.5

注 架空电力线及架空通信线与建（构）筑物及其他管线的最小垂直净距为最大计算弧垂情况下的净距。

477. 城市 35~1000kV 高压架空电力线路规划走廊宽度选择应符合什么规定？

城市 35k~1000kV 高压架空电力线路规划走廊宽度选择，应符合下列规定：

(1) 35kV 电压等级高压线走廊宽度 15~20m。

(2) 110（66）kV 电压等级高压线走廊宽度 15~25m。

(3) 220kV 电压等级高压线走廊宽度 30~40m。

(4) 330kV 电压等级高压线走廊宽度 35~45m。

(5) 500kV 电压等级高压线走廊宽度 60~75m。

(6) 1000（750）kV 电压等级高压线走廊宽度 90~110m。

(7) 直流±500kV 电压等级高压线走廊宽度 55~70m。

478. 在高压线路采用同塔架设或同低压线路共架时，高压线路走廊设计应注意什么？

在满足电网安全运行的前提下，同一方向的两回线为节约走廊资源宜采用同杆塔架设，必要时也可同塔四回架设，但是同一变电站的两回重要电源线路不宜同杆塔架设。

架空线路不同电压等级线路共架时，应采用高电压在上、低电压在下的布置形式。主要为避免低电压线路断线故障时掉到高电压导线上，导致高电压破坏低电压线路的情况发生。

479. 电缆线路的使用场景有哪些？ 敷设方式有哪些？

电缆线路宜用于国土空间规划或地区政府要求入地区域、重要风景名胜区、对架空线路有严重腐蚀地区、架空线无法通过的走廊狭窄地区，以及其他特殊要求地区。

电缆线路敷设方式应包括直埋、穿管、电缆沟、隧道以及综合管廊等。电缆管沟、隧道应按远景目标规划一次建成，以满足电网发展的需求。

480. 高压配电电缆线路路径宜符合哪些规定?

（1）电缆线路路径应与国土空间规划相结合，应与各种管线和其他市政设施统一安排，且应征得城市规划部门认可。

（2）电缆敷设路径应综合考虑路径长度、施工、运行和维护方便等因素，统筹兼顾，做到经济合理，安全适用。

（3）电缆通道应按电网远景规划预留，并一次建成。

（4）不宜采用中高压电缆共通道，特殊情况下应采取物理隔离措施。

481. 高压配电电缆线路敷设方式应符合哪些规定?

（1）电缆敷设方式的选择应根据道路断面宽度、规划线路回路数等因素，以及满足运行可靠、便于维护和技术经济合理的原则来选择，并应满足终期规模电缆载流量的要求。

（2）城市地下电缆和其他管道集中地段，根据管道综合规划要求，电力电缆宜进入综合管廊。

（3）35～110kV 电缆共通道的，15 根及以上宜采用隧道方式敷设；15 根以下可采用排管或沟槽方式敷设。

482. 什么是城市综合管廊? 与电力电缆通道有什么关系?

综合管廊是指建于城市地下用于容纳两类及以上城市工程管线的构筑物及附属设施。综合管廊中用于容纳电力管线的舱体被称作电力舱，是一种电力电缆通道。

483. 电力舱规划应遵循哪些基本规定?

电力舱规划及建设应符合城市总体规划要求，并与综合管廊、地下空间、环境景观等城市基础设施衔接、协调。同一区域内电力舱应统一规划，设计、施工和维护应与当地电力管线工程统筹协调，便于施工及运维。电力舱规划应与电网规划紧密衔接，电力舱设计规模应满足远期规划的电力供应需求。电力舱应满足当地电力管线规划、设计、建设、运营和维护全过程技术要求及电力系统安全运行相关规范要求。电力舱规划、设计、建设应满足电力电缆入廊的安全、经济、合理、有序要求，符合当地发展水平。

484. 电力舱规划设计应包含哪些内容？

电力舱规划设计应包含土建设计、电气设计、附属设施设计等。电力舱应同步设计建设消防、通风、供电、照明、监控、报警、通信、排水、标识等设施。

485. 电力舱与综合管廊的其他舱体应遵循什么布置原则？

电力舱宜设置于综合管廊上部外侧，并应结合已有、在建及规划的电力工程做好进出口预留，进出口设置应满足规划电缆进出线需求。

电力舱原则上不与热力管道、燃气管道邻舱设置；必须邻舱时，相邻墙体应采取有效的隔热、降温、防爆措施。

486. 电力舱内各电压等级电缆遵循什么布置原则？

110（66）kV 及以上电力电缆与 35kV 及以下电力电缆间宜采取安全隔离措施。电缆线路布置于电力舱时，各个回路电缆相对上下位置应保持不变。

电力舱中的电缆，应按电压等级由高至低、由下而上的顺序排列。电力专用的弱电电缆、控制电缆及光缆应布置在最上层；10kV 及低压电缆应单独布置，并在与 35kV 及以上电缆相邻处设置防火隔板等防护措施。

支架层数受通道空间限制时，35kV 及以下的相邻电压等级电力电缆，可排列于同一层支架。10kV 及以上电压等级的电力电缆和控制电缆不应放置在同一层支架上。

487. 电力舱中各电压等级电缆线路回路数有什么规定？

综合管廊单个电力舱中规划敷设的 10kV 及以上电力电缆不应多于 42 根，其中 110（66）kV 及以上电力电缆不应多于 24 根，否则应增设电力舱。

488. 城市电缆管道在沿路敷设时应布置在哪一侧？

沿城市道路规划的电缆管道应与道路中心线平行，其主干线应靠近分支管线多的一侧。电缆管道不宜从道路一侧转到另一侧。道路红线宽度超过 40m 的城市主干道宜两侧布置配水、配气、通信、电力和排水管线。

489. 城市电缆管道与其他管线沿路平行敷设的顺序是怎样的？

工程管线从道路红线向道路中心线方向平行布置的次序宜为电力、通信、给水（配水）、燃气（配气）、热力、燃气（输气）、给水（输水）、再生水、污水、雨水。

490. 城市电缆管道与其他管线在庭院内平行敷设的顺序是怎样的?

工程管线在庭院内由建筑线向外方向平行布置的顺序,应根据工程管线的性质和埋设深度确定,其布置次序宜为电力、通信、污水、雨水、给水、燃气、热力、再生水。

491. 城市电缆管道与其他管线交叉敷设时应如何设置?

当城市电缆管道与其他管线交叉敷设时,管线自地表向下的排列顺序宜为通信、电力、燃气、热力、给水、再生水、雨水、污水。

492. 电网设施空间布局规划节能减排应包含哪些内容?

(1) 简要说明节能减排的目标。

(2) 说明节能减排措施,包括系统、变电、线路、建筑等节能措施。

493. 电网设施空间布局规划环境保护应包含哪些内容?

(1) 介绍环境保护的执行标准,包括电磁环境、声环境和水环境标准。

(2) 介绍规划避让自然保护区、风景名胜区、世界文化和自然遗产地、饮用水水源保护区、环境敏感主要功能区、文物保护单位及具有特殊意义保护地等的情况。

(3) 对于 110kV 及以上电网设施,应依据国家相关标准,说明变电、线路环境保护的相关措施。

(4) 简要说明环境影响分析结果,包括变电站、线路与环境的协调,以及电磁场环境影响分析、噪声环境影响分析、水环境影响分析等。

494. 电网设施布局规划应包括哪些主要结论?

重点描述电网设施空间布局规划所形成的主要结论,包括电网规划建设需求、电网设施空间布局总体方案,以及落实电网设施空间布局规划、保护站址和走廊、实现节能减排和环境保护等的相关措施建议。

495. 电网设施布局规划的规划成果形式主要有哪些?

(1) 电网设施空间布局规划成果应包括规划文本、规划图纸和附件三部分。

(2) 规划文本是实施电网设施空间布局规划的依据和基础,应以条文方式书写,直接表述电网设施空间布局规划的规划结论。规划文本条文内容应明确简练,利于执行,体现规划内容的指导性、可操作性和强制性。

(3) 规划图纸的内容应与规划文本保持一致,一般包括:

1）××××年××（省、市、县）电网地理接线图。

2）×××kV××变电站用地黄线规划图。

3）××××年××区域线路黄线规划图。

4）×××kV××配电站黄线规划图。

5）××××年××区域10（20、6）kV配电线路黄线规划图。

（4）附件应包括规划说明书、基础资料汇编、历次规划审查会议纪要及修改说明等。

（5）电网设施空间布局规划成果应与城市地下管线规划成果相衔接，地区级及以上城市地下电力电缆通道规划成果必要时单独成册。

第三节　站址和廊道资源保护

496. 站址和走廊的保护和管理的一般要求是什么？

（1）依据相关法律、法规和国家以及行业标准，对电网设施站址和廊道的一般管控规定进行说明。

（2）说明变电站用地、架空线路走廊、电缆线路廊道的具体管控措施。

（3）说明电网设施空间布局规划与总体规划、详细规划之间的关系，说明电网设施空间布局规划具备的法律效力。

497. 布局规划管控职责应包含哪些内容？

站址和走廊的保护和管理中，布局规划管控职责应包含：

（1）说明规划、建设、土地等政府主管部门对电网设施空间布局规划的管控职责。

（2）说明电网企业对电网设施空间布局规划的管控职责。

498. 发电设施、变电设施的保护范围有哪些？

（1）发电厂、变电站、换流站、开关站等厂、站内的设施。

（2）发电厂、变电站外各种专用的管道（沟）、储灰场、水井、泵站、冷却水塔、油库、堤坝、铁路、道路、桥梁、码头、燃料装卸设施、避雷装置、消防设施及其有关辅助设施。

（3）水力发电厂使用的水库、大坝、取水口、引水隧洞（含支洞口）、引水渠道、调压井（塔）、露天高压管道、厂房、尾水渠、厂房与大坝间的通信设施及其有关辅助设施。

499. 电力线路设施的保护范围有哪些?

（1）架空电力线路。杆塔、基础、拉线、接地装置、导线、避雷线、金具、绝缘子、登杆塔的爬梯和脚钉，导线跨越航道的保护设施，巡（保）线站，巡视检修专用道路、船舶和桥梁，标志牌及其有关辅助设施。

（2）电力电缆线路。架空、地下、水底电力电缆和电缆联结装置，电缆管道、电缆隧道、电缆沟、电缆桥，电缆井、盖板、入孔、标石、水线标志牌及其有关辅助设施。

（3）电力线路上的变压器、电容器、电抗器、断路器、隔离开关、避雷器、互感器、熔断器、计量仪表装置、配电室、箱式变电站及其有关辅助设施。

（4）电力调度设施。电力调度场所、电力调度通信设施、电网调度自动化设施、电网运行控制设施。

500. 架空电力线路保护区范围是什么?

（1）导线边线向外侧水平延伸并垂直于地面所形成的两平行面内的区域，在一般地区各级电压导线的边线延伸距离应符合表 9-3 的规定。

表 9-3　　　　　　　　　架空电力线导线边线延伸距离　　　　　　　　单位：m

电压等级	导线边线延伸距离	电压等级	导线边线延伸距离
1～10kV	5	154～330kV	15
35～110kV	10	500kV	20

（2）在厂矿、城镇等人口密集地区，架空电力线路保护区的区域可略小于上述规定。但各级电压导线边线延伸的距离，不应小于导线边线在最大计算弧垂及最大计算风偏后的水平距离和风偏后距建筑物的安全距离之和。

501. 电力电缆线路保护区范围是什么?

地下电缆为电缆线路地面标桩两侧各 0.75m 所形成的两平行线内的区域；海底电缆一般为线路两侧各 2 海里（港内为两侧各 100m），江河电缆一般不小于线路两侧各 100m（中、小河流一般不小于各 50m）所形成的两平行线内的水域。

502. 电力线路保护区内应遵循哪些规定?

在架空电力线路保护区内，必须遵守下列规定：

（1）不得堆放谷物、草料、垃圾、矿渣、易燃物、易爆物及其他影响安全供电的物品。

（2）不得烧窑、烧荒。

（3）不得兴建建筑物。

（4）不得种植可能危及电力设施安全的植物。

任何单位或个人在电力电缆线路保护区内，必须遵守下列规定：

（1）不得在地下电缆保护区内堆放垃圾、矿渣、易燃物、易爆物，倾倒酸、碱、盐及其他有害化学物品，兴建建筑物或种植树木、竹子。

（2）不得在海底电缆保护区内抛锚、拖锚。

（3）不得在江河电缆保护区内抛锚、拖锚、炸鱼、挖沙。

503. 县以上地方各级电力管理部门为保护电力设施应采取哪些措施？

（1）在必要的架空电力线路保护区的区界上，应设立标志，并标明保护区的宽度和保护规定。

（2）在架空电力线路导线跨越重要公路和航道的区段，应设立标志，并标明导线距穿越物体之间的安全距离。

（3）地下电缆铺设后，应设立永久性标志，并将地下电缆所在位置书面通知有关部门。

（4）水底电缆敷设后，应设立永久性标志，并将水底电缆所在位置书面通知有关部门。

第十章 配电网项目可研前期管理

第一节 项目前期工作

504. 电网项目前期工作包括哪些内容?

根据国家核准制度要求,在电网项目核准之前所开展的相关工作(包括取得核准),视国家和地方法律法规要求可能包括但不限于:(预)可行性研究报告的编制及评审、用地预审、选址意见书(表)等专题报告的编制及各项核准支持性文件的落实,核准申请报告的编制及报送等工作。

505. 电网规划与开展电网项目前期工作是什么关系?

公司电网规划是开展电网项目前期工作的依据,纳入规划的项目,根据规划时序,适时开展前期工作;未纳入公司电网规划的项目,应申请纳入规划后,再启动各项前期工作。各单位应确保将公司电网规划纳入地方社会经济发展规划中,为后续前期工作开展奠定基础。

506. 110kV 及以下电网项目前期工作的流程是如何开展的?

电网项目前期工作实行统一管理、分级负责,110kV 及以下电网项目前期工作流程如下:

(1)根据前期工作计划,省级电网公司规划管理部门统一组织开展可研委托(或招标)。

(2)110(66)kV 常规电网项目可研完成后,由省级规划技术单位组织召开可研评审会并出具评审意见。110(66)kV 特殊电网项目,由总部级规划技术单位组织召开评审会并出具评审意见。

(3)35kV 及以下常规电网项目可研完成后,地市级规划技术单位组织召开可研评审会并出具评审意见。35kV 及以下特殊电网项目,由省级规划技术单位组织召开评审会并出具评审意见。

（4）总部级电网公司批复 110（66）kV 地下（半地下）变电站、城市综合管廊费用纳入电网投资的项目可研；省级电网公司批复 110（66）kV 项目、35kV 及以下特殊项目、独立二次项目可研；地市电网公司负责批复 35kV 及以下常规项目可研。

（5）地市级电网公司组织编制电网项目专题评估报告并落实各项核准支持性文件。

（6）省级电网公司或地市电网公司组织编制电网项目核准申请报告，报送地方政府相关部门核准。35kV 及以下电网项目，应按照地方能源主管部门相关规定，履行必要的规划和项目审批手续，确保纳入输配电成本定价范围。

（7）35～110kV 电网项目和独立二次项目取得可研批复，10（20）kV 及以下电网项目完成可研批复后，进入基建项目储备库。

507. 电网项目前期与可研管理主要有哪些环节？ 新建 110kV 半地下变电站前期与可研工作如何开展？

电网项目前期与可研管理主要有前期工作计划、可研设计、可研评审、可研批复、支持性文件落实和项目核准 6 个环节。针对该项目，首先确定已纳入规划项目库、纳入前期工作计划，并以此为依据开展项目前期工作。该项目为 110kV 特殊项目，地市电网公司组织开展该项目前期工作，总部级规划技术单位负责可研评审，总部级规划管理部门负责可研批复。地市电网公司负责取得相应层级核准支持性文件。按照项目核准层级，省级电网公司（或地市电网公司）负责编制核准申请报告、上报核准请示和落实核准批复。

508. 常规 110kV 输变电工程前期工作各个环节时间节点有什么要求？

咨询设计单位应在可研委托（或招标）完成后 5 个月内完成项目可行性研究报告的编制及评审工作。在计划核准前 6 个月完成可行性研究并落实可研评审意见，计划核准前 2 个月落实可研批复各项核准支持性文件，并完成核准申请报告的编制及上报工作，具体可依据各地实际情况进行调整。

509. 各级规划技术单位负责对公司配电网项目前期工作提供哪些技术支撑？

配电网对应电压等级一般为 110kV 及以下，总部级规划技术单位负责对 110（66）kV 特殊项目、独立二次项目可研进行评审，并出具评审意见。省级规划技术单位对本省 110（66）kV 常规电网项目和 35kV 及以下特殊电网项目可研进行评审，并出具评审意见；受省级电网公司委托开展电网项目前期相关工作。地级规划技术单位具备承担所在地全部 110（66）kV 及以下电网项目可行性研究报告

的编制能力；负责牵头开展本地区 110（66）kV 及以下电网项目可研编制，对本
地区 35kV 及以下常规电网项目可研进行评审，并出具评审意见；受地市电网公司
委托开展电网项目前期相关工作。

510. 由地方政府核准的电网项目，已经出具可研评审意见，尚未批复可研，是否可以上报核准？

电网项目可研批复或核准请示是电网公司决策立项的重要依据，是向地方政府
报送核准的前提条件。由地方政府核准的电网项目，未经批复可研，不得上报核准。

511. 上报核准的电网项目核准申请报告时，应附哪些核准支持性文件？

上报国家核准的电网项目核准申请报告时，应附以下核准支持性文件：

（1）自然资源部或省级自然资源部门对电网项目用地的预审意见。

（2）不需新征地的扩建变电站国有土地使用证或自然资源部出具的用地批复
文件。

（3）省级城乡规划主管部门出具的项目选址意见书。

（4）政府相关主管部门出具的社会稳定风险评估意见。

（5）省级政府投资主管部门出具的同意项目建设的意见。

（6）根据有关法律法规应当提交的其他文件。

报地方核准的电网项目核准申请报告时，应根据当地政府相关部门的要求附
相应核准支持性文件。

512. 涉及主变压器扩建和间隔扩建且不需新征地的电网项目，还需要进行用地预审吗？

根据《关于进一步加强和改进建设项目用地预审工作的通知》（国土资发
〔2012〕74 号）要求，涉及主变压器扩建和间隔扩建且不需新征地的电网项目，需
要提供扩建站的国有土地使用证或自然资源部出具的用地批复文件。

513. 未进入电网规划项目库的项目，是否可以列入前期工作计划？

未进入电网规划项目库的项目不可以列入前期工作计划。为保证公司电网项
目前期工作顺利完成，电网项目前期工作实行计划管理。电网项目前期工作计划
必须落实电网规划，项目安排以电网规划项目库为依据。未纳入规划项目库的项
目，不得纳入前期工作计划；未纳入前期工作计划的项目，不得开展前期工作。

514. 330kV 及以下特殊电网项目主要有哪些？

330kV 及以下特殊电网项目主要包括：

（1）35kV 及以上的地下、半地下变电站。

（2）城市综合管廊费用纳入电网投资的项目。

（3）单独的电缆专用通道项目（同期不敷设电缆）或变电站土建工程。

（4）长度超过 3km 的电缆项目。

（5）公司重大新技术示范项目。

（6）总部统一部署项目。

515. 电源接入电网前期工作主要包括哪些内容？

电源接入电网前期工作主要包括电源接入系统设计、接网工程可研、接入系统方案评审（含接入系统设计报告和接网工程可研报告评审）及印发、接网协议签署等。

516. 电源接入电网工程接入系统设计应由哪方组织，由哪方编制接入系统设计报告？

电源接入电网工程接入系统设计由发电企业组织。发电企业在开展电源项目本体工程可研时，委托有资质的设计单位开展电源项目接入系统设计（含系统一次、系统二次），编制接入系统设计报告。

第二节　项目可研管理

517. 可研设计工作应满足哪些要求？

电网项目可研工作实行统一管理、分级负责，贯彻电网高质量发展理念。可研设计工作应满足以下要求：

（1）执行相关法律法规、规程规范，符合电网规划，满足合同要求。

（2）可研设计单位原则上应提供两个及以上可行的技术方案进行技术经济比较，满足可研内容深度规定、技术标准以及技术管理要求。

（3）可研系统方案可行，提出的技术方案、主设备选型方案和投资估算合理，满足电网安全、稳定、经济运行需要。落实公司项目可研经济性与财务合规性评价指导意见有关工作要求，实现精准投资，提高项目投入产出效益。

（4）全面采用公司标准化建设成果，落实"十八项电网反事故措施""三通一标""两型三新一化""全寿命周期设计"、差异化规划设计等规定和要求，合理采用先进适用技术，严格控制工程造价，做到经济效益和社会效益的协调统一。

注　1."十八项电网反事故措施"指《国家电网公司十八项电网重大反事故措施（修订版）》（国家电网设备〔2018〕979 号）。

2. "三通一标"指通用设计、通用设备、通用造价、标准工艺。

3. "两型三新一化"指资源节约型、环境友好型、新技术、新材料、新工艺、工业化。

4. "全寿命周期设计"指在设计阶段就考虑到产品寿命历程的所有环节，将所有相关因素在产品设计阶段得到综合规划和优化的一种设计理论。

518. 可研设计方案应符合哪些法律法规要求？ 何时应开展相应专题评估工作？

可研设计方案应符合国家环境保护和水土保持的相关法律法规要求。选择的站址、路径涉及自然保护区、世界文化和自然遗产地、风景名胜区、森林公园、地质公园、重要湿地、饮用水水源保护区等生态敏感区时，应开展相应专题评估，并适时取得相应部门的协议文件。

519. 为从设计源头提升 220kV 及以下电网安全水平， 应对可研设计单位、 可研评审单位提出哪些要求？

为从设计源头提升电网安全水平，应要求可研设计单位、可研评审单位切实从设计源头提升电网安全水平，其中在编制、评审 220kV 及以下电网项目可研报告时，要开展安全校核分析，设置专门章节，明确相关意见。

520. 35～110kV 电网项目的可研工作任务时间管理要求分别是什么？

可研设计单位应按照有关法律法规、标准、设计规范内容深度要求编制可研报告并落实相关协议，按期完成电网项目可研工作任务：

（1）重要电网项目，应在可研招标（或委托）后 12 个月内完成可研报告的编制及评审工作。

（2）110kV 及以下特殊电网项目，原则上在可研招标（或委托）后 7 个月内完成项目可研报告的编制及配合评审工作。

（3）110kV 及以下常规电网项目，原则上在可研招标（或委托）后 5 个月内完成项目可研报告的编制及评审工作。

521. 各省级电网公司负责属地内电网项目可研工作， 需要履行哪些职责？

电网项目可研工作实行统一管理、分级负责，各省级电网公司负责属地内电网项目可研工作，需要履行以下职责：

（1）负责配合开展重要电网项目可研并协助可研设计单位办理属地内相关协议。

（2）负责组织开展 220kV 及以上电网项目的系统方案研究及站址、路径方案论证，确定工程规模、重大技术原则和主要技术方案。

（3）负责批复不涉及网架结构的 500～750kV 电网项目（变电站扩建、增容或架空线路增容改造）、除总部级电网公司批复之外的 110（66）～330kV 其他电网项目、35kV 及以下特殊电网项目、独立二次项目可研报告。

（4）省级电网公司相关部门配合开展可研工作，参与可研论证并提出专业意见。

（5）负责对地市级电网公司管理的电网项目可研批复进行备案。

522. 地市电网公司、县级供电企业在 110（66）、35kV 项目可研工作中分别履行哪些职责？

地市电网公司、县级供电企业在 110（66）、35kV 项目可研工作中分别履行以下职责：

（1）负责组织开展属地内 110（66）kV 及以下电网项目的可研工作，或受省级电网公司委托开展 220kV 及以上电网项目可研工作，协助可研设计单位办理属地内可研相关协议。

（2）负责组织开展 110（66）kV 及以下电网项目的系统方案研究及站址、路径方案论证，确定工程规模、重大技术原则和主要技术方案。

（3）批复 35kV 常规电网项目可研报告，或受省级电网公司委托批复其他电网项目可研报告。

（4）地市电网公司相关部门配合完成可研工作，参与可研论证并提出专业意见。

（5）县级供电企业负责落实属地化职责，配合开展可研工作，协助设计单位取得属地范围内项目可研相关协议。

523. 各级规划技术支撑单位负责对公司电网项目可研工作提供哪些技术支撑？

各级规划技术支撑单位负责对公司电网项目可研工作主要提供以下技术支撑：

（1）总部级规划技术支撑单位根据总部级规划管理部门委托，开展重要电网项目预可研工作，牵头开展重要电网项目可研工作。

（2）总部级规划技术单位负责对重要电网项目可研进行内部评审，并出具内审意见；负责对 500kV 及以上电网项目、110（66）～330kV 特殊电网项目、独立二次项目可研进行评审，并出具评审意见；受总部级规划管理部门委托开展电网项目其他可研相关工作。

（3）省级规划技术支撑单位具备 330kV 及以上电网项目可研设计能力，具备承担全省 220kV 电网项目可行性研究报告的编制能力；负责牵头开展本省 220～750kV 电网项目可研编制，对本省 110（66）～330kV 常规电网项目和 35kV 及以下特殊电网项目可研进行评审，并出具评审意见；受省级电网公司委托开展电网项目其他可研相关工作。

（4）地市规划技术支撑单位具备承担所在地全部 110（66）kV 及以下电网项目可行性研究报告的编制能力；负责牵头开展本地区 110（66）kV 及以下电网项目可研编制，对本地区 35kV 及以下常规电网项目可研进行评审，并出具评审意见；受地市电网公司委托开展电网项目可研相关工作。

524. 110kV 电网项目开展可研工作，主要流程有哪些？

对列入规划的省内 110kV 电网项目，市公司开展可研工作时主要流程如下：

（1）根据前期工作计划，省级规划管理部门或会同建设部门，组织开展可研和设计一体化（或可研委托）工作。

（2）110kV 常规电网项目可研报告编制工作完成后，省级规划管理部门委托评审单位组织召开评审会并出具评审意见。110kV 特殊电网项目，由总部级规划技术单位组织召开评审会并出具评审意见；需电网公司批复可研报告的特殊电网项目，由总部级规划管理部门会同总部级规划技术单位就重大技术原则、工程设计方案等进行沟通后，总部级规划技术单位组织召开评审会并出具评审意见。

（3）总部级规划管理部门批复 110kV（半）地下变电站、城市综合管廊费用纳入电网投资的项目可研报告；省级规划管理部门批复除此之外的 110kV 电网项目可研报告。

525. 110kV 输变电工程可行性研究报告应满足哪些要求？

110kV 输变电工程可行性研究报告应满足以下要求：

（1）在电网规划的基础上，应对工程的必要性、系统方案及投产年进行充分的论证分析，提出项目接入系统方案、远期规模和本期规模。

（2）提出影响工程规模、技术方案和投资估算的重要参数要求。

（3）提出二次系统的总体方案。

（4）新建工程应有两个及以上可行的站址方案，开展必要的调查、收资、现场踏勘、勘测和试验工作，进行全面技术经济比较，提出推荐意见。对因地方规划等条件限制的唯一站址方案，应在报告中专门说明并附地方规划书面意见或相关书面证明。

（5）新建线路应有两个及以上可行的路径方案，开展必要的调查、收资、勘测和试验工作，进行全面技术经济比较，提出推荐意见。对因地方规划等条件限制的唯一路径方案，应在报告中专门说明并附地方规划书面意见或相关书面证明。大跨越工程还应结合一般段线路路径方案进行综合技术经济比较。

（6）改造、扩建工程应包括切改停电方案编制及相应措施费用。

（7）投资估算应满足控制工程投资要求，并与通用造价或限额指标进行对比分析。

（8）财务评价采用的原始数据应客观真实，测算的指标应合理可信。

（9）应取得县（区）级及以上的规划、国土等方面协议。视工程具体情况落实文物、矿业、军事、环保、交通航运、水利、海事、林业（畜牧）、通信、电力、油气管道、旅游、地震等主管部门的相关协议。

（10）设计方案应符合国家环境保护和水土保持的相关法律法规要求。选择的站址、路径涉及自然保护区、世界文化和自然遗产地、风景名胜区、饮用水水源保护区、生态保护红线等生态敏感区时，应取得相应主管部门的协议文件。

526. 110kV 电网工程可行性研究报告主要包括哪些内容？

可行性研究包含电力系统一次、电力系统二次、变电站站址选择及工程设想、输电线路路径选择及工程设想、节能分析、社会稳定分析、防灾减灾措施分析、环境保护和水土保持、投资估算及经济评价等内容。

527. 110kV 电网工程可行性研究报告中负荷预测应如何考虑？

110kV 电网工程可行性研究报告中负荷预测应介绍与本工程有关的电力（或电网）发展规划的负荷预测结果，根据目前经济发展形势、用电增长情况以及储能设施的接入情况，提出与本工程有关电网规划水平年的全社会、全网（或统调）负荷预测水平，包括相关地区（供电区或行政区）过去 5 年及规划期内逐年（或水平年）的电量及电力负荷，分析提出与本工程有关电网设计水平年及远景水平年的负荷特性。

528. 110kV 电网工程可行性研究报告中接入系统方案应如何考虑？

根据现状网络特点、电网发展规划、负荷预测、断面输电能力、先进适用新技术应用的可能性等情况，提出本工程两个及以上系统方案，进行多方案比选，提出推荐方案，确定变电站本、远期规模，包括主变压器规模、各电压等级出线回路数和连接点的选择，主变中性点接地方式的论述及建议。必要时，应包含与本工程有关的上下级电压等级的电网研究。

529. 省内 35kV 电网项目可研工作流程主要有哪些？

省内 35kV 电网项目可研工作流程主要包括以下内容：

（1）根据前期工作计划，省级电网公司规划管理部门组织开展可研和设计一体化（或可研委托）工作，启动可研报告编制工作。

（2）可研报告编制工作完成后，35kV 常规电网项目，由地市规划技术单位组织召开可研评审会并出具评审意见。35kV 特殊电网项目由省级规划技术单位组织召开评审会并出具评审意见。

（3）省级电网公司负责批复 35kV 特殊电网项目可研；地市电网公司负责批复 35kV 常规电网项目可研。

530. 根据建设必要性，10kV 及以下电网工程主要包括哪些类型？

10kV 及以下电网工程主要包括以下类型：
（1）满足新增负荷供电需求工程。
（2）加强网架结构工程。
（3）变电站配套送出工程。
（4）解决"卡脖子"工程。
（5）解决低电压工程。
（6）解决设备重过载工程。
（7）消除设备安全隐患工程。
（8）改造高损配变工程。
（9）分布式电源接入工程。
（10）电动汽车充换电设施接入工程。
（11）其他。

531. 10kV 及以下电网工程可行性研究工程建设必要性应包括哪些内容？

10kV 及以下电网工程可行性研究报告工程建设必要性部分应包含以下内容：
（1）电网现状分析及存在问题，包括：
1）应分析电网网架情况，包括接线模式、供配电设备（设施）配置的供电能力、最大允许电流等内容。
2）应分析电网设备情况，包括设备投运日期、型号、规模、健康水平等内容。
3）应分析电网运行情况，包括供电线路（台区）最大负荷、负荷率、最大电流、安全电流等内容。
4）应结合工程建设目的，从网架、设备、运行等方面分别进行分析，从供电安全性、可靠性、经济性、供电质量等方面提出电网存在的主要问题。
5）应结合工程建设目的，协调地方规划建设、用电负荷发展提出电网外部建设环境可能存在的主要问题。
（2）负荷预测。宜采用空间负荷预测法、自然增长率法等方法，结合大用户报装情况，给出工程影响的电网负荷预测结果。
（3）本工程的地位和作用。应结合电网发展规划，以远期发展目标指导近期工程建设，确定本工程的定位及应发挥的作用。
（4）必要性总结。应针对工程影响的电网存在的主要问题，结合项目的地位和作用，总结论述工程建设必要性。

532. 10kV 及以下电网工程可行性研究报告中电力系统一次的工程方案应满足哪些要求?

10kV 及以下电网工程可行性研究报告中电力系统一次的工程方案应满足以下要求:

（1）应详述工程拟采取的方案，并通过必要的附图进行说明，若存在备选方案，应详述各备选方案。

（2）线路改造工程应明确线路改造期间负荷切改及转供方案，并说明工程涉及的分支线路切改、设备新建或更换的情况。

533. 10kV 及以下电网工程可行性研究中， 电缆通道设计应说明哪些情况?

10kV 及以下电网工程可行性研究中，电缆通道设计应结合市政电力专项规划，根据电缆路径方案，说明电缆敷设方式。说明新建、改建电缆通道的起止点、长度、结构形式、电缆井的结构形式及数量、电缆终端、支架数量及材质等；根据工程规模，说明电缆沟道防水、排水及隧道防火、通风设计方案。

对于电缆管沟及电缆排管，应说明现状使用、预留及过路管预埋情况；对于电缆直埋敷设，应说明直埋敷设的具体方案。

534. 在 10kV 及以下电网工程可研设计过程中， 在满足供电安全准则方面应如何考虑?

在 10kV 及以下电网工程可研设计过程中，为了满足三级供电安全标准，应从电网结构、设备安全裕度、配电自动化等方面综合考虑，为配电运维抢修缩短故障响应和抢修时间奠定基础。A+、A、B、C 类供电区域中压主干线应满足 "$N-1$" 原则，A+类供电区域按照供电可靠性的需求，可选择性满足 "$N-1-1$" 原则。"$N-1$" 停运后的配电网供电安全水平应符合 DL/T 256—2012《城市电网供电安全标准》的要求，"$N-1-1$" 停运后的配电网供电安全水平可因地制宜制定。B、C 类供电区域的建设初期及过渡期，以及 D、E 类供电区域，中压配电网尚未建立相应联络，暂不具备故障负荷转移条件时，可适当放宽标准，但应结合配电运维抢修能力，达到对外公开承诺要求。其后应根据负荷增长，通过建设与改造，逐步满足三级供电安全标准。

535. 在 10kV 及以下配电网项目可研设计过程中， 在节能降损方面如何考虑?

在 10kV 及以下配电网项目可研设计过程中，节能降损方面应考虑以下内容:
（1）过载、重载的中低压线路优先考虑新出线路切改负荷或与其他线路均衡负荷；同时应综合考虑线路现状与负荷发展情况，导线老旧或导线截面较小也可考虑更换导线。

（2）新建或改造线路导线截面应按饱和负荷一次选定，避免线路远期供电能力受限。

（3）配电变压器宜接近负荷中心，缩短供电半径。

（4）配电变压器宜选用满足 GB 20052—2020《电力变压器能效限定值及能效等级》要求的节能型变压器。

（5）对轻载线路及配变进行合理整合，确保配电线路及配变处于经济区间运行。

536. 配电设备改造前应进行论证，并提供运维检修部门出具的设备评估报告，评估报告应满足哪些要求？

运用全寿命周期理念指导配电设备（施）改造，设备改造前应进行论证，并提供运维检修部门出具的设备评估报告，评估报告应满足以下要求：

（1）说明运行年限、型号或型式，并对与电网现状不匹配或近三年运行中发生故障、给安全运行带来影响等情况进行分析。

（2）进行立即更换、大修和暂缓更换三种方案的论证，并给出明确结论。

（3）根据评估结果，对于仍有再利用价值的配电设备（施），提出再利用方案及建议。

537. 10kV 变电站配套送出工程应在哪些重点内容及深度方面体现工程的不同特点？

10kV 分类工程应重点在内容和深度上体现工程的特点，变电站配套送出工程可行性研究报告应满足以下要求：

（1）应重点论证工程建设必要性，制定具体方案，宜侧重投资效果分析。

（2）论证工程建设必要性时，内容及深度应达到如下要求：

1）说明新建输变电工程基本情况，如变电站名称、本期规模、终期规模、线路名称、系统接入方案等。

2）分析说明供电范围的调整变化情况及配套的通道建设情况。

（3）分析投资效果时，内容及深度宜达到如下要求：

1）从变电站馈出线路的整体建设效果上论述配套工程的投资效果。

2）分析技术指标时，给出工程实施前后影响电网范围的可转供率、平均供电半径、平均用户数、平均分段数等指标，对比分析体现工程实施效果。

3）分析投资效益时，分析计算增供电量效益类指标、可靠性效益类指标、降损效益类指标。

538. 10kV 分布式电源接入工程应在哪些重点内容及深度方面体现工程的不同特点？

10kV 分类工程应重点在内容和深度上体现工程的特点，分布式电源接入工程可行性研究报告应满足以下要求：

（1）应重点论述工程方案技术可行性，制定具体方案，宜侧重社会效益分析。

（2）应从电能质量检测、防孤岛效应、保护配合、通信与自动化系统融合等方面来论证方案可行性。

（3）分析投资效果时，宜采取定量与定性结合的方法。定量上，宜预测给出分布式电源年发电量，年可利用小时数；定性上，宜从改善能源结构、缓解环境保护压力等方面说明用户接入的社会效益。

539. 10kV 电动汽车充换电设施接入工程应在哪些重点内容及深度方面体现工程的不同特点？

10kV 分类工程应重点在内容和深度上体现工程的特点，电动汽车充换电设施接入工程可行性研究报告应满足以下要求：

（1）工程方案应重点论证电动汽车充换电设施接入电网的电压等级、接入点，以及工程可行性。

（2）应从电动汽车充换电设施接入对电网的影响上论证方案的可行性，重点从供电能力、电网运行、电能质量、无功补偿四方面进行论证。

（3）供电能力、电网运行论证中，重点分析在电动汽车集中充电或负荷高峰时段充电情况下线路（配电变压器）负载率、电压偏差是否满足相关标准要求。

（4）电能质量论证中，重点论证注入公用网的谐波电压、谐波电流、公共连接点负序电压不平衡度等指标是否满足相关标准要求。

（5）无功补偿论证中，重点分析充换电设施接入电网的功率因素，应满足 Q/GDW 11178—2013《电动汽车充换电设施接入电网技术规范》要求，不能满足的应安装就地无功补偿装置。

540. 储能系统接入配电网接入系统方案主要包括哪些内容？

储能系统接入配电网的设计方案，包括接入电压等级、接入点、回路数、导线截面、线路长度，提出系统对储能电站电气主接线、变压器参数等技术要求，初步计算相关技术指标，并对各方案进行经济技术分析比较，推荐最佳方案。

541. 220kV 及以下特殊电网项目可研报告中，变电部分安全校核分析内容要求有哪些？

220kV 及以下特殊电网项目可研报告中，变电部分安全校核分析应满足以下要求：

（1）说明变电主要设备参数（额定电流、额定开断电流、短路电流）、导体选型，电气布置、安装满足公司变电运检五项通用制度要求及相关规程、规范技术标准要求。

（2）说明变压器及电抗器等设备选择绝缘性能高、防火功能可靠的设备，导体选型严格按照动、热稳定进行校验，设备的电气布置和安装严格按照安全净距及爬电距离进行校验，并充分考虑防火、通风及后期运维的有关要求。

（3）说明设计方案落实《国家电网公司十八项电网重大反事故措施（修订版）》（国家电网设备〔2018〕979 号）、《国家电网公司防止变电站全停十六项措施》（国家电网运检〔2015〕376 号）有关要求情况。

（4）说明站内电力二次系统安全防护满足"安全分区、网络专用、横向隔离、纵向认证"的要求。说明站内二次系统满足 Q/GDW 11766—2017《电力监控系统本体安全防护技术规范》以及满足"网络安全监测"的要求。

542. 220kV 及以下特殊电网项目可研报告中，线路部分安全校核分析内容要求有哪些？

220kV 及以下特殊电网项目可研报告中，线路部分安全校核分析内容应满足以下要求：

（1）说明设计方案防止架空线路事故。包括特殊地形、极端恶劣气象、微气象条件下重要线路差异化设计；线路对崩塌、滑坡、泥石流、岩溶塌陷、地裂缝、洪水等不良地质灾害区的避让情况，以及塔基加固等防护措施落实情况。

（2）说明设计方案防止"三跨"事故。包括对"三跨"独立耐张段、交叉角度、水平距离、垂直距离、设计基本风速、设计覆冰厚度、绝缘子金具、杆塔结构重要性系数、防舞、防盗、监测等分析情况。

（3）说明设计方案防止电缆线路损坏事故。包括根据线路输送容量、系统运行条件、电缆路径、敷设方式和环境等合理选择电缆和附件结构型式；电缆线路防火设施专题设计和推荐意见；电缆通道是否邻近热力管线、易燃易爆设施（输油、燃气管线等）和腐蚀性介质管道；综合管廊中电力舱布置情况及安全性分析。

（4）说明设计方案落实《国家电网公司十八项电网重大反事故措施（修订版）》（国家电网设备〔2018〕979 号）、《国家电网公司防止变电站全停十六项措施》（国家电网运检〔2015〕376 号）有关要求情况。

543. 220kV 及以下独立二次项目可研报告中，电力通信网部分安全校核分析内容要求有哪些？

220kV 及以下独立二次项目可研报告安全校核分析中，电力通信网部分应满足以下要求：

（1）说明 ADSS、OPGW 光缆的设计与改造方案落实光缆"三跨"隐患治理要求。

（2）说明数据通信网的设计应满足数据通信网边界安全防护及接入安全管理等网络信息安全管理要求。

（3）说明设计方案落实《国家电网公司十八项电网重大反事故措施（修订版）》（国家电网设备〔2018〕979 号）有关要求情况。

（4）说明电力无线专网的设计满足《电力监控系统安全防护规定》（国家发改委〔2014〕14 令）、《电力监控系统安全防护总体方案》（国能安全〔2015〕36 号）要求。

544. 可研评审工作应满足哪些要求？

可研评审工作应满足以下要求：

（1）按照国家、行业和公司的相关标准、规程规范要求开展评审工作，对可研设计比选方案进行充分论证、全面审核把关，根据需要开展现场踏勘工作，确保评审质量。

（2）应严格控制拆迁赔偿、厂矿搬迁等建设场地征用及清理费用，参照既有标准等公允计费依据，合理计列相关费用。

（3）评审意见应全面、准确反映公司可研管理要求，积极推动新技术应用，严格把握可研设计方案的技术、经济标准，技术方案可行适用、可研估算合理可控。

（4）可研评审单位应保证在评审和收口阶段技术要求和工作人员的连续性。

（5）对评审过程中发现的问题，应要求可研设计单位修改完善，并及时向项目评审委托方进行报告。

545. 可研设计方案应在评审前取得哪些政府部门相关协议？

可研设计方案必须取得县级及以上自然资源（规划、国土）部门出具的协议。视工程具体情况，落实文物、矿业、军事、环保、交通航运、水利、海事、林业（畜牧）、通信、电力、油气管道、旅游、地震等主管部门对工程建设的意见，并根据需要开展影响路径方案成立的专项评估工作。

546. 配电网项目的可研批复由哪级单位负责管理?

配电网对应电压等级一般为 110kV 及以下。总部级规划管理部门负责 110 (66) kV 地下 (半地下) 变电站、城市综合管廊费用纳入电网投资的项目可研批复管理;省级电网公司负责 110 (66) kV 常规项目、35kV 及以下特殊项目、独立二次项目可研批复管理;地市电网公司负责 35kV 及以下常规项目可研批复管理。

547. 对已获可研批复的电网项目, 可研技术方案或投资估算发生哪些调整时须履行复核程序?

对已获可研批复的电网项目,可研技术方案或投资估算发生较大调整,均须履行可研复核程序。需要复核的电网项目主要包括:

(1) 初步设计概算超过可研估算 20% 及以上。

(2) 初步设计概算与可研估算偏差 20% 以下,但接入系统方案、主要技术方案、建设规模等发生以下变化:

1) 变电站主变压器容量或台数,高压侧本期出线回路数或接入点发生变化。

2) 变电部分主要技术方案发生较大变化,如常规变电站改为 (半) 地下变电站、高压并联电抗器配置方案或本期电气主接线发生较大变化等。

3) 线路部分主要技术方案发生较大变化,如杆塔架设方式、导线型式、导线截面、路径长度发生较大变化等。

4) 需要对可研批复文件所规定的内容进行调整的其他重大情形。

548. 当可研质量因可研设计单位自身原因存在较大问题时, 可采取哪些管理措施?

因可研设计单位自身原因,造成可研方案存在重大技术缺陷或初步设计与可研方案及投资发生重大变化时 (站址方案变化、工程量重大变化、气象参数重大变化、线路路径长度增加 10% 以上、敏感点疏漏造成路径方案发生重大变化等),根据情况的严重程度,对可研设计单位给予约谈、通报、停标等处罚。

549. 配电网项目可研阶段设备选型应满足哪些要求?

配电网设备的选择应遵循资产全寿命周期管理理念,坚持安全可靠、经济实用的原则,采用技术成熟、少 (免) 维护、节能环保、具备可扩展功能、抗震性能好的设备,所选设备应通过入网检测。配电网设备应根据供电区域类型差异化选配,应有较强的适应性,设备选型应实现标准化、序列化。配电设备设施宜预留适当的接口,便于不停电作业设备快速接入;对于森林草原防火有特殊要求的区域,配电线路宜采取防火隔离带、防火通道与电力线路走廊相结合的模式。同时还应考虑智能化发展需求，提升状态感知能力、信息处理水平和应用灵活程度。

第三节　主要设备选型

550. 配电网设备的选择应遵循哪些理念和原则?

配电网设备的选择应遵循资产全寿命周期管理理念，坚持安全可靠、经济实用的原则，采用技术成熟、少（免）维护、节能环保、具备可扩展功能、抗震性能好、工厂化施工的设备，所选设备应通过入网检测。

551. 配电网设备选型的适应性主要体现在哪些方面?

配电网设备应有较强的适应性。变压器容量、导线截面、开关遮断容量应留有合理裕度，保证设备在负荷波动或转供时满足运行要求。变电站土建应一次建成，适应主变压器增容更换、扩建升压等需求，线路导线截面宜根据规划的饱和负荷、目标网架一次选定，线路廊道（包括架空线路走廊和杆塔、电缆线路的敷设通道）宜根据规划的回路数一步到位，避免大拆大建。

552. 配电网设备选型的标准化、 序列化主要体现在哪些方面?

配电网设备选型应实现标准化、序列化。同一市（县）规划区域中，变压器（高压主变压器、中压配电变压器）的容量和规格，以及线路（架空线、电缆）的导线截面和规格，应根据电网结构、负荷发展水平与全寿命周期成本综合确定，并构成合理序列，同类设备物资一般不超过三种。

553. 35～110kV 变电站的建设型式包括哪些?

35～110kV 变电站的建设型式包括户内站、半户内站、户外站、地下变电站、半地下变电站。

554. 10kV 配电变压器有几种建设型式?

10kV 配电变压器的建设型式包括配电室、箱式变电站、柱上变压器。

555. 配电线路建设方式主要有哪些? 如何选择?

配电线路建设方式主要有架空线路和电缆线路，配电线路优先选用架空方式。对于城市核心区及地方政府规划明确要求并给予政策支持的区域可采用电缆方式。电缆的敷设方式应根据电压等级、最终数量、施工条件及投资等因素确定，主要包括综合管廊、隧道、排管、沟槽、直埋等敷设方式。

556. 新建 110kV 变电站的主变压器应如何选择?

根据分层分区电力平衡结果，结合系统潮流、工程供电范围内负荷及负荷增长情况、电源接入情况和周边电网发展情况，合理确定本工程变压器单台容量、变比、本期建设的台数和终期建设的台数。

557. 35～110kV 变电站在不同供电区域的最终规模与容量配置应如何选择?

综合考虑负荷密度、空间资源条件，以及上下级电网的协调和整体经济性因素，确定变电站的供电范围以及主变压器的容量和数量。35～110kV 变电站在不同供电区域的最终规模与容量配置可参照表 10 - 1 选择，包括所有预留措施后的主变压器最终规模不宜超过 4 台。

表 10 - 1　　　35～110kV 变电站在不同供电区域的最终规模与容量配置

电压等级	供电区域类型	台数（台）	单台容量（MVA）
110kV	A+、A	3～4	63、50
	B	2～3	63、50、40
	C	2～3	50、40、31.5
	D	2～3	40、31.5、20
	E	1～2	20、12.5、6.3
66kV	A+、A	3～4	50、40
	B	2～3	50、40、31.5
	C	2～3	40、31.5、20
	D	2～3	20、10、6.3
	E	1～2	6.3、3.15
35kV	A+、A	2～3	31.5、20
	B	2～3	31.5、20、10
	C	2～3	20、10、6.3
	D	1～3	10、6.3、3.15
	E	1～2	3.15、2

注　1. 表中的主变压器低压侧为 10kV。
　　2. A+、A、B 类供电区域中 31.5MVA 变压器（35kV）适用于电源来自 220kV 变电站的情况。

558. 为解决偏远农村地区的电压质量问题，可以采用 35kV 配电化建设方案，35kV 配电化主要设备选用原则有哪些?

35kV 配电化主要包括 35kV/10kV 配电化变电站（简称 35kV 配电化变电站）、

35kV 配电化线路和 35kV/0.4kV 直配台区（简称 35kV 直配台区）三部分，主要设备选型如下：

（1）35/10kV 配电化变电站。主变压器应选用低损耗、免维护、节能型的有载调压油浸式电力变压器；有防火要求的区域，可选用干式变压器或经防火隔离处理的油浸式电力变压器。主变压器按 1 台配置，额定容量一般不大于 3150kVA，可选用双绕组或三绕组变压器，第三绕组可作为站用电源。站用变压器宜选用 S11 型及以上节能配电变压器，额定容量不宜大于 50kVA。站用电源亦可由 10kV TV 供给，容量一般不大于 1kVA。

（2）35kV 配电化线路。主干线路导线截面宜采用 70mm²、95mm² 导线。宜选用 12m 和 15m 钢筋混凝土杆塔，应核算线路对地距离，保证线路对地最小安全距离，档距一般不超过 100m。

（3）35kV 直配台区。变压器宜优先选择全密封油浸式变压器，在满足环境要求的情况下，可选择非晶合金变压器；有防火要求的区域，可选用干式变压器。变压器容量优选序列为 50kVA、100kVA、200kVA、315kVA、400kVA、500kVA 和 630kVA，绕组型式宜选择 Dyn11。

559. 如何根据负荷的空间分布及其发展阶段，合理安排供电区域内变电站建设时序？

在规划区域发展初期，应优先变电站布点，可采取小容量、少台数方式；快速发展期，应新建、扩建、改造、升压多措并举；饱和期，应优先启用预留规模、扩建或升压改造，必要时启用预留站址。

560. 变电站布置应遵循哪些原则？

变电站的布置应因地制宜、紧凑合理，在保证供电设施安全经济运行、维护方便的前提下尽可能节约用地，并为变电站附近区域供配电设施预留一定位置与空间。原则上，A+、A、B 类供电区域可采用户内或半户内站，根据情况可考虑采用紧凑型变电站；B、C、D、E 类供电区域可采用半户内或户外站，沿海或污秽严重等对环境有特殊要求的地区可采用户内站。原则上不采用地下或半地下变电站型式，在站址选择确有困难的中心城市核心区或国家有特殊要求的特定区域，在充分论证评估安全性的基础上，可新建地下或半地下变电站。

561. 不同变电站布置方式特点及适用范围分别是什么？

根据变电站主变压器和配电装置的布置位置，变电站的布置方式分为户外式、户内式、半户内三种形式。其中，户外布置指主变压器、配电装置均在户外的布置方式；户内布置指主变压器、配电装置均在户内的布置方式；半户内指主变压器为户外、配电装置在户内的布置方式。

（1）户外变电站。户外变电站电气装置和建筑物需满足各类型安全距离要求，设备占地面积大，适用于非市中心区域、土地资源相对宽松的地方。

（2）全户内变电站。户内变电站减少了总占地面积，可与周边环境协调发展，易满足城市规划要求；但对建筑物内部布置提出了更高要求，造价相对较高。户内站适用于低温（年最低温度为 30℃ 及以下）、重污秽 e 级或沿海 d 级地区、城市中心区、周边有重污染源（如钢厂、化工厂、水泥厂等）的 110kV 及以下 GIS，应采用户内安装方式。

（3）半户内变电站。半户内变电站结合了全户内站占地面积小、与周边环境协调美观、设备运行条件好和户外站造价低廉的优点，适用于经济较发达的城镇或对环境协调性和经济技术要求较高的区域。

562. 35～110kV 线路导线截面的选取应符合什么要求？

35～110kV 线路导线截面的选取应符合以下要求：

（1）线路导线截面宜综合饱和负荷状况、线路全寿命周期选定。

（2）线路导线截面应与电网结构、变压器容量和台数相匹配。

（3）A+、A、B、C 类供电区域线路导线截面应按照安全电流裕度选取，并以经济载荷范围校核；D、E 类供电区域线路导线截面宜以允许压降为依据选取。

563. 35～110kV 各类供电区域架空线导线截面应如何选择？

A+、A、B 类供电区域 110（66）kV 架空线路截面不宜小于 240mm²，35kV 架空线路截面不宜小于 150mm²；C、D、E 类供电区域 110kV 架空线路截面不宜小于 150mm²，66kV、35kV 架空线路截面不宜小于 120mm²。35～110kV 线路跨区供电时，导线截面宜按建设标准较高区域选取。

564. 35～110kV 架空线路和电缆线路选择有什么要求？

35～110kV 架空线路导线宜采用钢芯铝绞线及新型节能导线，沿海及有腐蚀性地区可选用防腐型导线。35～110kV 电缆线路宜选用交联聚乙烯绝缘铜芯电缆，载流量应与该区域架空线路相匹配。

565. 10～110kV 电缆及附件选型应包含哪些内容？

10～110kV 电缆及附件选型应包括以下内容：

（1）根据系统要求的输送容量、电压等级、系统最大短路电流时热稳定要求、敷设环境和以往工程运行经验并结合本工程特点，进行电缆选型。应对电缆的主要技术参数进行论证，如电缆截面、绝缘类型、外护套等，通过方案比选确定电缆型式。

（2）根据电压等级、电缆绝缘类型、安置环境、污秽等级、海拔高度、作业条件、工程所需可靠性和经济性等要求，对电缆终端、中间接头、交叉互联箱、接地箱、交叉互联电缆、接地电缆（必要时含回流线）护层保护器等电缆附件选型。

566. 10kV 配电线路选型时，主变压器容量与 10kV 出线间隔数量及线路导线截面是如何配合的？需要注意哪些问题？

10kV 配电网应有较强的适应性，主变压器容量与 10kV 出线间隔数量及线路导线截面的配合可参考表 10-2，并符合下列规定：

（1）中压架空线路通常为铝芯，沿海高盐雾地区可采用铜绞线，A+、A、B、C 类供电区域的中压架空线路宜采用架空绝缘线。

（2）表中推荐的电缆线路为铜芯，也可采用相同载流量的铝芯电缆。沿海或污秽严重地区，可选用电缆线路。

（3）35/10kV 配电化变电站 10kV 出线宜为 2～4 回。

（4）中压配电网主要由主干线、分支线和用户（电源）接入线组成。中压主干线导线截面应首尾相同，有联络的中压分支线其功能视同中压主干线，也是负荷转移的通道，导线截面选择应与中压主干线标准相同。

表 10-2　主变压器容量与 10kV 出线间隔数量及线路导线截面配合推荐表

35～110kV 变电容量（MVA）	10kV 出线间隔数	10kV 主干线截面积（mm²）		10kV 分支线截面积（mm²）	
		架空	电缆	架空	电缆
63	12 及以上	240、185	400、300	150、120	240、185
50、40	8～14	240、185、150	400、300、240	150、120、95	240、185、150
31.5	8～12	185、150	300、240	120、95	185、150
20	6～8	150、120	240、185	95、70	150、120
12.5、10、6.3	4～8	150、120、95	—	95、70、50	—
3.15、2	4～8	95、70	—	50	—

567. 在树线矛盾突出、人身触电风险较大的路段，10kV 架空线路选型应注意哪些事项？

在树线矛盾突出、人身触电风险较大的路段，10kV 架空线路应采用绝缘线或加装绝缘套管。

568. 配电网设备差异化选配主要体现在哪些方面？

配电网设备应根据供电区域类型差异化选配。在供电可靠性要求较高、环境条件恶劣（高海拔、高寒、盐雾、污秽严重等）及灾害多发的区域，宜适当提高设备配置标准。

569. 10kV 线路调压器在什么情况下使用，安装位置如何选择？

10kV 线路供电距离应满足末端电压质量的要求，在缺少电源站点的地区，当 10kV 架空线路过长，电压质量不能满足要求时，可在线路适当位置加装线路调压器。线路调压器一般可配置在 10kV 架空线路的 1/2 处或 2/3 处。

570. 10kV 配电变压器容量选择要考虑哪些因素？

10kV 配电变压器容量应综合供电安全性、规划计算负荷、最大负荷利用小时数等因素选定。具体选择方式应符合 DL/T 985《配电变压器能效技术经济评价导则》的相关规定。

571. 10kV 柱上变压器的配置应符合哪些规定？

10kV 柱上变压器应按"小容量、密布点、短半径"的原则配置，宜靠近负荷中心。宜选用三相柱上变压器，其绕组联结组别宜选用 Dyn11，且三相均衡接入用户负荷。对于居民分散居住、单相负荷为主的农村地区可选用单相变压器。原则上，A+、A、B、C 类供电区，三相柱上变压器推荐容量不超过 400kVA，单相柱上变压器容量不超过 100kVA；D 类供电区三相柱上变压器推荐容量不超过 315kVA，单相柱上变压器容量不超过 50kVA；E 类供电区三相柱上变压器推荐容量不超过 100kVA，单相柱上变压器容量不超过 30kVA。在低电压问题突出的 E 类供电区域，亦可采用 35kV 配电化建设模式，35/0.38kV 配电变压器单台容量不宜超过 630kVA。

572. 10kV 配电室的配置应符合哪些规定？

10kV 配电室一般配置双路电源，10kV 侧一般采用环网开关，220/380V 侧为单母线分段接线。变压器接线组别一般采用 Dyn11，单台容量不宜超过 800kVA，宜三相均衡接入负荷。配电室一般独立建设。受条件所限必须进楼时，可设置在地下一层，但不应设置在最底层。配电变压器宜选用干式（非独立式或者建筑物地下配电室应选用干式变压器），并采取屏蔽、减振、降噪、防潮措施，并满足防火、防水和防小动物等要求。易涝区域配电室不应设置在地下。

573. 什么情况下可以配置 10kV 箱式变电站？ 配置原则是什么？

10kV 箱式变电站仅限用于配电室建设改造困难的情况，如架空线路入地改造地区、配电室无法扩容改造的场所，以及施工用电、临时用电等，一般配置单台变压器，变压器绕组联结组别应采用 Dyn11，变压器容量不宜超过 630kVA。

574. 10kV 柱上开关的配置应满足哪些要求？

10kV 柱上开关的配置应满足下列要求：

（1）架空线路一般采用柱上负荷开关作为分段、联络开关，长线路后段（超出变电站过流保护范围）、大分支线路首端、用户分界点处宜采用柱上断路器，并上传动作信号。

（2）规划实施配电自动化的地区，所选用的开关应满足自动化改造要求，并预留自动化接口。

（3）宜逐步推广免维护、模块化的一二次融合柱上开关。

575. 10kV 开关站的配置应满足哪些要求？

10kV 开关站的配置应满足下列要求：

（1）开关站宜建于负荷中心区，一般配置双电源，分别取自不同变电站或同一变电站的不同母线。

（2）开关站接线宜简化，一般采用两路电源进线、6~12 回出线，单母线分段接线或两段独立母线，出线断路器带保护。开关站应按照配电自动化要求设计并留有发展余地。

576. 10kV 环网室（箱）的配置应满足哪些要求？

根据环网室（箱）的负荷性质，10kV 供电电源可采用双电源，或采用单电源，一般进线及环出线采用断路器，配出线根据电网情况及负荷性质采用断路器或负荷开关—熔断器组合电器。

577. 10kV 及以下变配电设施的主要设备、导体选型应满足哪些要求？

10kV 及以下变配电设施的主要设备、导体选型应说明配电站（开关站）主要电气设备及参数，如配电变压器（额定电压、额定容量、台数、接线组别、绕组类型、阻抗电压等），各电压等级开关柜、断路器（额定电流、短路电流等）。应说明配电站（开关站）主要电气设备间连接导体的材质、规格及型号。

578. 低压配电线路主干线截面选择应满足什么要求？ 不同供电区域主干线路截面如何选取？

220/380V 配电网应有较强的适应性，主干线截面应按远期规划一次选定。A+、A、B、C 类供电区主干线电缆线路和架空线路截面积不小于 120mm²，D、E 类供电区架空线路主干线横截面积不小于 50mm²，其中架空线路为铝芯，电缆线路为铜芯。

579. 新建低压架空线路选型应满足哪些要求？ 什么情况下可以选择电缆线路？

新建低压架空线路应采用绝缘导线，一般区域 220/380V 架空线路可采用耐候铝芯交联聚乙烯绝缘导线，沿海及严重化工污秽区域可采用耐候铜芯交联聚乙烯绝缘导线，在大跨越和其他受力不能满足要求的线段可选用钢芯铝绞线。对环境与安全有特殊需求的地区可选用电缆线路。220/380V 电缆可采用排管、沟槽、直埋等敷设方式。穿越道路时，应采用抗压力保护管。

580. 接户线导线截面选取的原则有哪些？

采用低压铜芯电缆进线时，单相接户电缆导线截面积不宜小于 10mm²；三相小容量接户电缆导线截面积不宜小于 16mm²；三相大容量接户电缆导线截面积宜采用 35mm²；多表位计量箱接户电缆导线截面积不宜小于 50mm²。采用架空绝缘导线进线时，单相接户线导线截面积宜采用 16mm²；三相小容量接户线导线截面积宜采用 35mm²；三相大容量接户线导线截面积宜采用 70mm²。

581. 低压用户计量箱选取的原则有哪些？

三相用户负荷电流为 60A 及以下时，应采用直接接入式计量箱；三相用户负荷电流为 60A 以上时，应采用经互感器接入式计量箱。住宅小区宜选用多表位计量箱，表位数不应超过 12 户；零散用户宜选用单表位计量箱；零散用电集中装表时，计量箱表位数最多不宜超过 6 户。

582. 低压开关的选型原则是什么？

低压开关柜母线规格宜按终期变压器容量配置选用，一次到位，按功能分为进线柜、母联柜、馈线柜、无功补偿柜 4 类。低压电缆分支箱结构宜采用元件模块拼装、框架组装结构，母线及馈出均绝缘封闭。综合配电箱型号应与配电变压器容量和低压系统接地方式相适应，满足一定的负荷发展需求。

583. 低压配电网接地型式应如何选取？

配电网应综合考虑可靠性与经济性，选择合理的中性点接地方式，低压配电网接地型式选取应满足以下要求：

（1）低压配电系统接地型式应根据电力用户用电特性、环境条件或特殊要求等具体情况进行选择，并根据 GB/T 13955—2017《剩余电流动作保护装置安装和运行》的有关规定采取剩余电流保护，完善自身接地系统，防范接地故障引起火灾及电击事故。

（2）电缆区域采用 TN-C-S 系统，楼内主干线采用三相进楼，电源接入端采用 TN-C 系统，建筑物内采用 TN-S 系统。

（3）配电室设置在建筑物内，低压系统宜采用 TN-S 接地型式。

（4）供电电源设置在建筑物外，低压系统宜采用 TN-C-S 接地型式，配电线路主干线末端和各分支线末端的保护中性线（PEN）应重复接地，且不应少于 3 处。

（5）农村等区域低压系统采用 TT 接地型式时，除变压器低压侧中性点直接接地外，中性线不得再重复接地，且与相线保持同等绝缘水平。同时应装设剩余电流总保护（综合配电箱内低压分支出线开关），新建及改造配电台区应在用户计量箱内表计后装设中级剩余电流保护装置。

（6）民用建筑防雷接地和保护接地应满足 JGJ 16—2008《民用建筑电气设计规范》的相关要求。

（7）根据低压系统接地型式，配置塑壳式断路器保护或熔断器—隔离开关保护。低压馈线断路器应具备过流和短路跳闸功能。

584. 10kV 及以下配电网可研设计中，如确需使用电缆，电缆材质应如何选取？

在配电网可研设计中，应根据 Q/GDW 10738—2020《配电网规划设计技术导则》开展线路设备选型，对确需使用电缆的线路，电缆材质选取应满足以下要求：

（1）持续大负荷、平均负载率较高，如工业生产负荷、重要商业中心等，宜选用铜缆；日负荷波动大、平均负载率低，如农业生产生活，宜选用铝缆。

（2）以下情况宜选用铜缆：

1）重要电源、移动式电气设备等需要保持连接具有高可靠性的回路。

2）震动剧烈、有爆炸危险、对铝有腐蚀、紧靠高温设备、需要防火等严酷环境下。

3）安全性要求高的重要公共设施中。

（3）有较高被盗风险的区域，如城郊结合部或 D 类区等，宜选用铝缆。C 类、D 类区低压电缆宜选用铝缆。

第十一章 用户和电源接入

第一节 用 户 接 入

585. 什么是保安负荷?

用于保障用电场所人身与财产安全所需的电力负荷。一般认为,断电后会造成下列后果之一的,为保安负荷:

(1) 直接引起人身伤亡的。

(2) 使有毒、有害物溢出,造成环境大面积污染的。

(3) 将引起爆炸或火灾的。

(4) 将引起较大范围社会秩序混乱或在政治上产生严重影响的。

(5) 将造成重大生产设备损坏或引起重大直接经济损失的。

586. 什么是主供电源、 备用电源?

主供电源是指在正常情况下,能有效为全部负荷提供电力的电源。

备用电源是指根据用户在安全、业务和生产上对供电可靠性的实际需求,在主供电源发生故障或断电时,能有效为全部负荷或保安负荷提供电力的电源。

587. 什么是本地保障电源?

接入 220kV 及以下电网,在电力系统极端故障下可快速响应,支撑坚强局部电网孤岛运行或黑启动的电源设施。

588. 什么是自备应急电源? 有哪些类型?

在主供和备用电源全部发生中断的情况下,由用户自行配备的,能为用户保安负荷可靠供电的独立电源。

下列电源可作为自备应急电源:

（1）自备电厂。

（2）发动机驱动发电机组，包括：

1）柴油发动机发电机组。

2）汽油发动机发电机组。

3）燃气发动机发电机组。

（3）静态储能装置，包括：

1）UPS。

2）EPS。

3）蓄电池。

4）超级电容。

（4）动态储能装置（飞轮储能装置）。

（5）移动发电设备，包括：

1）装有电源装置的专用车辆。

2）小型移动式发电机。

（6）其他新型电源装置。

589. 什么是允许断电时间？

电力用户的保安负荷所能容忍的最长断电时间。

590. 配电网规划设计中的双回路、双电源和多电源分别是指什么？

双回路是指为同一用户负荷供电的两回供电线路，两回供电线路可以来自同一变电站的同一母线段。

双电源是指为同一用户负荷供电的两回供电线路，两回供电线路可以分别来自两个不同变电站，或来自不同电源进线的同一变电站内两段母线。

多电源是指为同一用户负荷供电的两回以上供电线路，至少有两回供电线路分别来自两个不同变电站。

591. 用户供电电压等级如何选取？

用户的供电电压等级应根据当地电网条件、供电可靠性要求、供电安全要求、最大用电负荷、用户报装容量，经过技术经济比较论证后确定。可参考表 11-1，结合用户负荷水平确定，并符合下列规定：

（1）对于供电距离较长、负荷较大的用户，当电能质量不满足要求时，应采用高一级电压供电。

（2）小微企业用电设备容量 160kW 及以下可接入低压电网，具体要求应按照国家能源主管部门和地方政府相关政策执行。

（3）低压用户接入时应考虑三相不平衡影响。

表 11 - 1　　　　　　　用户接入容量和供电电压等级参考表

供电电压等级	用电设备容量	受电变压器总容量
220V	10kW 及以下单相设备	—
380V	100kW 及以下	50kVA 及以下
10kV	—	50kVA～10MVA
35kV	—	5～40MVA
66kV	—	15～40MVA
110kV	—	20～100MVA

注　无 35kV 电压等级的电网，10kV 电压等级受电变压器总容量为 50kVA～20MVA。

592. 小微企业接入电网的标准是什么？

小微企业用电设备容量 160kW 及以下可接入低压电网，具体要求应按照国家能源主管部门和地方政府相关政策执行。

各供电企业要逐步提高低压接入容量上限标准，对于报装容量 160kW 及以下实行"三零"（零上门、零审批、零投资）服务的用户采取低压方式接入电网，同时，鼓励和支持有条件的地区进一步提高低压接入容量上限标准。

593. 用户对公用电网造成污染的，应按照什么原则进行治理？

用户因畸变负荷、冲击负荷、波动负荷和不对称负荷对公用电网造成污染的，应按"谁污染、谁治理"和"同步设计、同步施工、同步投运、同步达标"的原则，在开展项目前期工作时提出治理、监测措施。

594. 电力用户无功补偿配置原则和要求是什么？

（1）电力用户无功补偿的配置原则为：

1）电力用户应根据其自身负荷特点，合理配置无功补偿装置。

2）无功补偿装置宜采用自动投切，不应向系统倒送无功。

（2）受电变压器总容量 100kVA 及以上的用户，在高峰负荷时的功率因数不宜低于 0.95；其他用户和大、中型电力排灌站，功率因数不宜低于 0.90；农业用电功率因数不宜低于 0.85。

595. 重要电力用户等级划分标准是什么？

（1）根据供电可靠性的要求以及供电中断的危害程度，重要电力用户可分为特级、一级、二级重要电力用户和临时性重要电力用户。

（2）特级重要电力用户是指在管理国家事务中具有特别重要的作用，供电中断将可能危害国家安全的电力用户。

（3）一级重要电力用户是指供电中断将可能产生下列后果之一的电力用户：

1）直接引发人身伤亡的。

2）造成严重环境污染的。

3）发生中毒、爆炸或火灾的。

4）造成重大政治影响的。

5）造成重大经济损失的。

6）造成较大范围社会公共秩序严重混乱的。

（4）二级重要电力用户是指供电中断将可能产生下列后果之一的电力用户：

1）造成较大环境污染的。

2）造成较大政治影响的。

3）造成较大经济损失的。

4）造成一定范围社会公共秩序严重混乱的。

（5）临时性重要电力用户是指需要临时特殊供电保障的电力用户。

596. 重要电力用户接入时的供电电源配置原则是什么？

（1）重要电力用户的供电电源一般包括主供电源和备用电源。重要电力用户的供电电源应依据其对供电可靠性的需求、负荷特性、用电设备特性、用电容量、对供电安全的要求、供电距离、当地公共电网现状、发展规划及所在行业的特定要求等因素通过技术、经济比较后确定。

（2）重要电力用户电压等级和供电电源数量应根据其用电需求负荷特性和安全供电准则来确定。

（3）重要电力用户应根据其生产特点、负荷特性等合理配置非电保安措施。

（4）在地区公共电网无法满足重要电力用户的供电电源需求时，重要电力用户应根据自身需求，按照相关标准自行建设或配置独立电源。

597. 重要电力用户接入时的供电电源配置技术要求是什么？

（1）重要电力用户应采用多电源、双电源或双回路供电。当任何一路或一路以上电源发生故障时，至少仍有一路电源能对保安负荷供电。

（2）特级重要电力用户应采用多电源供电；一级重要电力用户至少应采用双电源供电；二级重要电力用户至少应采用双回路供电。

（3）临时性重要电力用户按照用电负荷的重要性，在条件允许情况下，可以通过临时敷设线路或移动发电设备等方式满足双回路或两路以上电源供电条件。

（4）重要电力用户供电电源的切换时间和切换方式应满足重要电力用户保安负荷允许断电时间的要求。切换时间不能满足保安负荷允许断电时间要求的，重要电力用户应自行采取技术措施解决。

（5）重要电力用户供电系统应简单可靠，简化电压层级，重要电力用户的供电系统设计应按 GB 50052—2009《供配电系统设计规范》执行。

（6）对电能质量有特殊需求的重要电力用户，应自行加装电能质量控制装置。

（7）双电源或多路电源供电的重要电力用户，宜采用同级电压供电。但根据不同负荷需要及地区供电条件，亦可采用不同电压供电，采用双电源的同一重要电力用户，不宜采用同杆架设或电缆同沟敷设供电。

598. 重要电力用户的应急电源配置应满足什么原则？

（1）重要电力用户均应配置自备应急电源，电源容量至少应满足全部保安负荷正常启动和带载运行的要求。

（2）重要电力用户的自备应急电源应与供电电源同步建设、同步投运，可设置专用应急母线，提升重要用户的应急能力。

（3）自备应急电源的配置应依据保安负荷的允许断电时间、容量、停电影响等负荷特性，综合考虑各类应急电源在启动时间、切换方式、容量大小、持续供电时间、电能质量、节能环保、适用场所等方面的技术性能，合理地选取自备应急电源。

（4）重要电力用户应具备外部应急电源接入条件，有特殊供电需求及临时重要电力用户，应配置外部应急电源接入装置。

（5）自备应急电源应符合国家有关安全、消防、节能、环保等相关技术标准的要求。

（6）自备应急电源应配置闭锁装置，防止向电网反送电。

599. 重要电力用户的自备应急电源，在使用过程中应杜绝和防止发生什么情况？

（1）自行变更自备应急电源接线方式。

（2）自行拆除自备应急电源的闭锁装置或者使其失效。

（3）自备应急电源发生故障后长期不能修复并影响正常运行。

（4）擅自将自备应急电源引入，转供其他用户。

（5）其他可能发生自备应急电源向公共电网送电的情况。

第二节　电　源　接　入

600. 电源接入电网的原则和要求是什么？

（1）电源接入原则：

1）分层原则。不同容量电源应接入相适应的电压网络，从而提高电网的稳定性与灵活性，简化电厂与网络接线，合理地发挥配电网各电压等级的传输效益。

2）分散外接电源的原则。设计电源送出工程时，应考虑电源接入点处电网的接入能力；在发生严重事故的情况下，不对上级电网造成影响。

（2）电源接入要求：

1）接入高压配电网的电源，宜采用专线方式并网，以放射形接入电网，不宜T接重要线路。

2）各电源宜分散、就近接入配电网。

3）根据电源性质、最大出力及在系统中的地位，选择接入系统回路数。

4）如有多回电源线路接入同一变电站时，应接在不同母线或同一母线的不同分段。

5）电源接入电网应进行稳定计算，当存在安全稳定问题时在适当地点装设安全自动装置。

6）电源接入电网应进行短路电流计算，如短路电流超过限定值，应调整电源接入方案。

601. 电源并网电压等级应该如何选择？

电源并网电压等级可根据装机容量进行初步选择，可参考表 11-2，最终并网电压等级应根据电网条件，通过技术经济比较论证后确定。

表 11-2　　　　　　　　电源并网电压等级参考表

电源总容量范围	并网电压等级
8kW 及以下	220V
8kW～400kW	380V
400kW～6MW	10kV
6MW～100MW	35kV、66kV、110kV

602. 接入单条线路的电源容量和接入某一电压等级配电网的电源总容量应分别满足什么条件？

在满足供电安全及系统调峰的条件下，接入单条线路的电源总容量不应超过线路的允许容量；接入本级配电网的电源总容量不应超过上一级变压器的额定容量以及上一级线路的允许容量。

603. 电源接入申请受理条件有哪些？

发电企业提出接入电网的电源项目，应满足下述条件：

（1）符合国家产业政策。

（2）已列入国家规定的政府能源主管部门批准的电力发展规划或专项规划。其中，热电联产项目应纳入省级主管部门批复的供热规划；煤矸石综合利用项目应纳入省级主管部门批复的煤矸石综合利用规划；燃机发电项目应签订供气合同；年度规模管理项目应纳入国家主管部门批复的年度实施方案。

（3）有明确的送电方向和电力电量消纳市场。

（4）接入系统设计报告内容深度应符合相关国家行业标准、技术规范要求。

604. 分布式电源接入配电网应遵循哪些原则？

分布式电源接入配电网应遵循就地接入、就近消纳的原则，定期开展配电网承载力评估及可开放容量计算，分布式电源开发总规模不应超过本县（区）全年最大用电负荷 60%，且不应向 220kV 及以上电网反送电，110kV 及以下各级变压器及线路反向负载率不应超过 80%。

605. 分布式电源接入电网应遵循哪些基本要求？

（1）并网点的确定原则为电源并入电网后能有效输送电力并且能确保电网的安全稳定运行。

（2）当公共连接点处并入一个以上的电源时，应总体考虑它们的影响。

（3）分布式电源接入系统方案应明确用户进线开关、并网点位置，并对接入分布式电源的配电线路载流量、变压器容量、开关短路电流遮断能力进行校核。

（4）分布式电源可以专线或 T 接方式接入系统。

（5）分布式电源并网电压等级可根据各并网点装机容量进行初步选择，最终并网电压等级应根据电网条件，通过技术经济比选论证确定。若高低两级电压均具备接入条件，优先采用低电压等级接入。

606. 分布式电源接入前应该开展哪些校核？

在分布式电源接入前，应以保障电网安全稳定运行和分布式电源消纳为前提，对接入的配电线路载流量、变压器容量进行校核，并对接入的母线、线路、开关等进行短路电流和热稳定校核，如有必要也可进行动稳定校核。不满足运行要求时，应进行相应电网改造或重新规划分布式电源的接入。

607. 分布式电源接入点应根据哪些条件确定？

分布式电源可接入公共电网或用户电网，接入点选择应根据其电压等级及周边电网情况确定，具体见表 11-3。

表 11 - 3 分布式电源接入点选择推荐表

电压等级	接入点
35kV	变电站、开关站 35kV 母线
10kV	变电站、开关站、配电室、箱式变电站、环网箱（室）的 10kV 母线； 10kV 线路（架空线路）
380/220V	配电箱/线路：配电室、箱式变电站和柱上变压器低压母线

608. 分布式电源的并网点应满足什么要求？

对于有升压站的分布式电源，并网点为分布式电源升压站高压侧母线或节点；对于无升压站的分布式电源，并网点为分布式电源的输出汇总点。

对于单个并网点，接入的电压等级应按照安全性、灵活性、经济性的原则，根据分布式电源容量、发电特性、导线载流量、上级变压器及线路可接纳能力、所在地区配电网情况、周边分布式电源规划情况，经过综合比选后确定。

609. 图例说明分布式电源各类并网点位置。

分布式电源的并网点包括分布式电源与公共电网和用户电网的连接点。连接方式如图 11 - 1 所示。

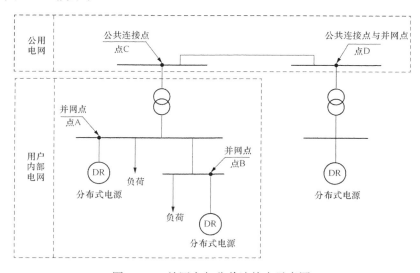

图 11 - 1 并网点与公共连接点示意图

注 用户电网通过公共连接点 C 与公用电网相连。在用户电网内部，有两个分布式电源，分别通过点 A 和点 B 与用户电网相连，点 A 和点 B 均为并网点，但不是公共连接点。在点 D，有分布式电源直接与公共电网相连，点 D 是并网点，也是公共连接点。

610. 分布式电源并网对电压偏差有何要求？

分布式电源并网后，所接入公共连接点的电压偏差应满足 GB/T 12325—2008《电能质量　供电电压偏差》的规定，即：

（1）35kV 公共连接点电压正、负偏差的绝对值之和不超过标称电压的 10%（如供电电压上下偏差同号时，按较大的偏差绝对值为衡量依据）。

（2）20kV 及以下三相公共连接点电压偏差不超过标称电压的 ±7%。

（3）220V 单相公共连接点电压偏差不超过标称电压的 +7%，−10%。

611. 分布式电源并网对电压不平衡度的要求是什么？

分布式电源并网后，所接入公共连接点的三相电压不平衡度不应超过 GB/T 15543—2008《电能质量　三相电压不平衡》规定的限值，公共连接点的三相电压不平衡度不应超过 2%，短时不超过 4%；其中由各分布式电源引起的公共连接点三相电压不平衡度不应超过 1.3%，短时不超过 2.6%。

612. 分布式电源防孤岛保护的技术要求有哪些？

（1）分布式电源应具备快速监测孤岛且立即断开与电网连接的能力，防孤岛保护动作时间不大于 2s，其防孤岛保护应与配电网侧线路重合闸和安全自动装置动作时间相配合。

（2）通过 380V 电压等级并网的分布式电源接入容量超过本台区配电变压器额定容量 25% 时，配电变压器低压侧应配备低压总开关，并在配电变压器低压侧母线处装设反孤岛装置；低压总开关应与反孤岛装置间具备操作闭锁功能，母线间有联络时，联络开关也应与反孤岛装置间具备操作闭锁功能。

613. 分布式电源脱网后恢复并网时有何要求？

系统发生扰动脱网后，在电网电压和频率恢复到正常运行范围之前，分布式电源不允许并网。在电网电压和频率恢复正常后，通过 380V 电压等级并网的分布式电源需要经过一定延时时间后才能重新并网，延时值应大于 20s，并网延时由电网调度机构给定；通过 10（6）～35kV 电压等级并网的分布式电源恢复并网应经过电网调度机构的允许。

614. 分布式电源接入配电网工程的电气设备选择应符合哪些要求？

（1）分布式电源接入系统工程应选用参数、性能满足电网及分布式电源安全可靠运行的设备。

（2）分布式电源的接地方式应与配电网侧接地方式相配合，并应满足人身设备安全和保护配合的要求。接地设计应符合 GB 50052—2009《供配电系统设计规范》、GB 50054—2011《低压配电设计规范》、GB 50060—2008《3～110kV 高压配电装置设计规范》、DL/T 599—2016《中低压配电网改造技术导则》、Q/GDW 370—2009《城市配电网技术导则》、Q/GDW738—2012《配电网规划设计技术导则》的要求。采用 10kV 及以上电压等级直接并网的同步发电机中性点应经避雷器接地。

（3）变流器类型分布式电源接入容量超过本台区配电变压器额定容量 25% 时，配电变压器低压侧刀熔总开关（刀熔开关也称熔断器式刀开关，是将刀开关和熔断器组合成一体的电器）应改造为低压断路器，并在配电变压器低压母线处装设反孤岛装置；低压总开关应与反孤岛装置间具备操作闭锁功能，母线间有联络时，联络开关也应与反孤岛装置间具备操作闭锁功能。

615. 用于分布式电源接入配电网工程的电气设备参数应符合哪些要求？

（1）分布式电源升压变压器参数应包括台数、额定电压、容量、阻抗、调压方式、调压范围、连接组别、分接头以及中性点接地方式，应符合 GB 24790—2009《电力变压器能效限定值及能效等级》、GB/T 6451—2015《油浸式电力变压器技术参数和要求》、GB/T 17468—2019《电力变压器选用导则》的有关规定。变压器容量可根据实际情况选择。

（2）分布式电源送出线路导线截面选择应遵循以下原则。

1）送出线路导线截面选择应根据所需送出的容量、并网电压等级选取，并考虑分布式电源发电效率等因素，一般按持续极限输送容量选择。

2）当接入公共电网时，应结合本地配电网规划与建设情况选择适合的导线。

（3）分布式电源并网点断路器选择应遵循以下原则。

1）以 380/220V 接入电网的分布式电源，并网时应设置明显开断点，并网点应安装易操作、具有明显开断指示、具备开断故障电流能力的断路器。断路器可选用微型、塑壳式或万能断路器，根据短路电流水平选择设备开断能力，并应留有一定裕度，应具备电源端与负荷端反接能力。其中，变流器类型分布式电源并网点应安装低压并网专用开关。专用开关应具备失压跳闸及低电压闭锁合闸功能，失压跳闸定值宜整定为 20%U_N、10s，检有压定值宜整定为大于 85%U_N。

2）以 35/10kV 接入电网的分布式电源，并网点应安装易操作、可闭锁、具有明显开断点、具备接地条件、可开断故障电流的断路器。

3）当分布式电源并网公共连接点为负荷开关时，宜改造为断路器，并根据短路电流水平选择设备开断能力，留有一定裕度。

616. 分布式电源接入工程设计的无功配置应满足哪些要求?

分布式电源接入系统工程设计的无功配置应满足以下原则:

(1) 分布式电源的无功功率和电压调节能力应满足 Q/GDW 212—2008《电力系统无功补偿配置技术原则》、GB/T 29319—2012《光伏发电系统接入配电网技术规定》的有关规定,应通过技术经济比较,提出合理的无功补偿措施,包括无功补偿装置的容量、类型和安装位置。

(2) 分布式电源系统无功补偿容量的计算应依据变流器功率因数、汇集线路、变压器和送出线路的无功损耗等因素。

(3) 分布式电源接入用户配电系统,用户应根据运行情况配置无功补偿装置或采取措施保障用户功率因数达到考核要求。

(4) 对于同步电机类型分布式发电系统,可省略无功计算。

(5) 分布式发电系统配置的无功补偿装置类型、容量及安装位置应结合分布式发电系统实际接入情况、统筹电能质量考核结果确定,还应考虑分布式电源的无功调节能力,必要时安装动态无功补偿装置。

617. 分布式电源接入配电网计量装置设置应满足哪些要求?

分布式电源接入配电网计量装置设置应满足以下要求:

(1) 自发自用余量上网运营模式,应采用多点计量,分别设置在分布式电源并网点(并网开关的发电侧)、发电量计量点和用户负荷支路,同时在电网侧安装比对表。

(2) 全部自用运营模式,可按照常规用户设置在产权分界点,同时在电网侧安装比对表。

(3) 全部上网运营模式,应设置在分布式电源并网点和发电量计量点,同时在电网侧安装比对表。

618. 分布式电源接入电网适应性评价时, 当适应性不足, 可考虑哪些调整措施?

(1) 电网侧(含接入方案)措施:

1) 提高电源接入的电压等级。

2) 分散或改变电源的接入点。

3) 增加线路或新扩建变电、配电设施。

4) 电网设备改造。

5) 电网增加限流设备(限流电抗器等)。

(2) 电源侧措施:

1）增加电能质量超标治理补偿装置。

2）配置安全稳定控制装置。

3）调整电源的地域分布和开发时序。

第三节 储 能 接 入

619. 电化学储能规划中电池选型应遵循哪些原则？

（1）用于调峰的电化学储能系统，宜选用能量型储能电池，充放电倍率满足放电时间要求。

（2）用于独立调频的电化学储能系统，宜选用功率型储能电池，充放电倍率满足调频需求。

（3）满足其他需求的电化学储能系统，应综合考虑系统容量、系统能量、充放电深度、充放电倍率、充放电次数、消防等因素确定电池类型，并考虑多种应用需求下的多类型储能电池互补。

（4）储能电池技术要求、试验项目应符合 GB/T 36276—2018《电力储能用锂离子电池》的要求。

620. 电化学储能系统接入电网的电压等级如何选取？

电化学储能系统接入电网的电压等级应按照储能系统额定功率、接入点电网网架结构等条件确定，根据 GB/T 36547—2018《电化学储能系统接入电网技术规定》，不同额定功率储能系统的接入电网电压推荐等级见表 11-4。

表 11-4　　　　　　　电化学储能系统接入电网电压推荐等级表

电化学储能系统额定功率	接入电压等级	接入方式
8kW 及以下	220/380V	单相或三相
8kW～1MW	380V	三相
500kW～5MW	6～20kV	三相
5～100MW	35～110kV	三相
100MW 以上	220kV 及以上	三相

621. 电化学储能系统的电能质量应满足什么标准？

（1）谐波。

1）电化学储能系统接入公共连接点的谐波电压应满足 GB/T 14549—1993

《电能质量　公用电网谐波》的要求。

2）电化学储能系统接入公共连接点的间谐波电压应满足 GB/T 24337—2009《电能质量　公用电网间谐波》的要求。

（2）电压偏差。

电化学储能系统接入公共连接点的电压偏差应满足 GB/T 12325—2008《电能质量　供电电压偏差》的要求。

（3）电压波动和闪变。

电化学储能系统接入公共连接点的电压波动和闪变值应满足 GB/T 12326—2008《电能质量　电压波动和闪变》的要求。

（4）电压不平衡度。

电化学储能系统接入公共连接点的电压不平衡度应满足 GB/T 15543—2008《电能质量　三相电压不平衡》的要求。

（5）直流分量。

电化学储能系统接入公共连接点的直流电流分量不应超过其交流额定值的 0.5%。

（6）监测及治理要求。

通过 10（6）kV 及以上电压等级接入公用电网的电化学储能系统宜装设满足 GB/T 19862—2016《电能质量监测设备通用要求》要求的电能质量监测装置；当电化学储能系统的电能质量指标不满足要求时，应安装电能质量治理设备。

622. 电化学储能系统的并网点应满足什么要求？

（1）电化学储能系统并网点处的保护配置应与所接入电网的保护协调配合。

（2）电化学储能系统并网点处的电气设备应满足相应电压等级的电气设备绝缘耐压规定。

（3）电化学储能系统应在并网点设置易于操作、可闭锁、具有明显断开指示的并网断开装置。

623. 电化学储能系统接入电网应满足哪些有功功率和无功功率控制要求？

（1）有功功率控制。

1）通过 380V 电压等级接入电网的电化学储能系统应具备就地充放电功率控制功能。

2）通过 6kV 及以上电压等级接入电网的电化学储能系统应同时具备就地和远程充放电功率控制和频率调节功能，宜具备主动调节和被动调节两种调节方式。

3) 电化学储能系统在充放电功率大于 20％PN 时，其控制精度为±5％；在充放电功率为额定功率时，其控制精度为±1％。

4) 电化学储能系统的充电响应时间应不大于 200ms；充电调节时间应不大于 1s；放电响应时间应不大于 200ms，放电调节时间应不大于 1s；充电到放电转换时间应不大于 200ms，放电到充电转换时间应不大于 200ms。

（2）无功功率控制。

1) 通过 380V 电压等级接入电网的电化学储能系统应具备就地无功功率控制和电压调节功能，其调节方式、控制精度、调节时间等应满足用户的要求。

2) 通过 6kV 及以上电压等级接入电网的电化学储能系统应同时具备就地和远程无功功率控制和电压调节功能，其调节方式、控制精度、调节时间等应满足并网调度协议的要求。

624.10 （6） kV 及以上电压等级并网的电化学储能系统的动态响应特性应满足哪些要求？

（1）储能系统功率控制的充/放电响应时间不大于 2s，充/放电调节时间不大于 3s，充电到放电转换时间，放电到充电转换时间不大于 2s。

（2）调节时间后，系统实际出力曲线与调度指令或计划曲线偏差不大于±2％额定功率。

625. 接入公用电网的电化学储能系统应满足的频率运行要求有哪些？

接入公用电网的电化学储能系统的频率运行要求详见表 11-5。

表 11-5　　　　　　　接入公用电网的电化学储能系统的频率运行要求

频率范围（Hz）	运行要求
$f < 49.5$	不应处于充电状态
$49.5 \leqslant f \leqslant 50.2$	连续运行
$f > 50.2$	不应处于放电状态

注　f 为电化学储能系统并网点的电网频率。

626.10 （6） kV 及以上电压等级并网的电化学储能系统应具备哪些低电压穿越能力？

10 （6） kV 及以上电压等级并网的电化学储能系统应具备如图 11-2 所示的低电压穿越能力。

（1）并网点电压在图 11-2 中箭头所指红色轮廓线及以上区域时，电化学储能系统应不脱网连续运行；否则，允许电化学储能系统脱网。

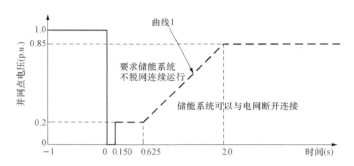

图 11-2　电化学储能系统低电压穿越要求

（2）各种故障类型下的并网点考核电压如表 11-6 所示。

表 11-6　　　　　　　　　电化学储能系统低电压穿越考核电压

故障类型	考核电压
三相对称短路故障	并网点线/相电压
两相相间短路故障	并网点线电压
两相接地短路故障	并网点线/相电压
单相接地短路故障	并网点相电压

627. 10（6）kV 及以上电压等级并网的电化学储能系统应具备哪些高电压穿越能力？

10（6）kV 及以上电压等级并网的电化学储能系统应具备如图 11-3 所示的高电压穿越能力，并网点电压在下图中箭头所指红色轮廓线及以下区域时，电化学储能系统应不脱网连续运行；并网点电压在下图中箭头所指红色轮廓线以上区域时，允许电化学储能系统与电网断开连接。

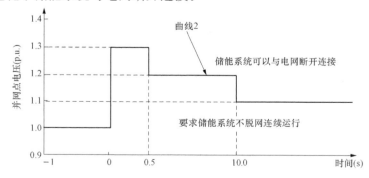

图 11-3　电化学储能系统高电压穿越要求

628. 电化学储能系统应满足哪些通信和自动化要求?

（1）通过 6kV 电压等级接入用户侧的电化学储能系统，宜采用无线、光纤、载波等通信方式。采用无线通信方式时，应采取信息通信安全防护措施。

（2）通过 6kV 及以上电压等级接入电网的电化学储能系统，与电网调度部门之间通信方式和信息传输协议宜采用 DL/T 634.5101—2002《远动设备及系统　第5101 部分：传输规约　基本远动任务配套标准》、DL/T 634.5104—2009《远动设备及系统　第 5104 部分：传输规约　采用标准传输协议集的 IEC60870 - 5 - 101 网络访问》及其他电力系统通用通信协议。

（3）通过 6kV 及以上电压等级接入电网的电化学储能系统，应具备与电网调度部门之间进行双向数据通信的能力，电网调度部门应能对电化学储能系统的运行状况进行监控；电化学储能系统向电网调度部门提供的信息，应包括但不限于以下信息：

1）电气模拟量：并网点的频率、电压、电流、有功功率和无功功率、功率因数、电能质量参数。

2）电能量：可充/可放电量、上网电量、下网电量等。

3）状态量：并网点开断设备状态、充放电状态、荷电状态、故障信息、通信状态等。

4）并网调度协议要求的其他信息。

629. 10kV 及以上电压等级并网的电化学储能系统向电网调度机构提供的信息包括哪些?

接受电网调度的 10（6）kV 及以上电压等级并网的电化学储能系统向电网调度机构提供的信息包括但不限于以下信息：

（1）电气模拟量：并网点的频率、电压、注入电网电流、注入有功功率和无功功率、功率因数、电能质量数据等。

（2）电能量及荷电状态：可充/可放电量、充电电量、放电电量、荷电状态等。

（3）状态量：并网点开断设备状态、充放电状态、故障信息、远动终端状态、通信状态、AGC 状态等。

（4）其他信息：并网调度协议要求的其他信息。

630. 电化学储能系统的电量计量点应遵循哪些规定?

（1）电化学储能系统接入电网前，应明确电量计量点。电量计量点设置应遵循以下规定：

1）电化学储能系统采用专线接入公用电网，电量计量点设在公共连接点。

2）电化学储能系统采用 T 接方式接入公用线路，电量计量点设在电化学储能系统出线侧。

3）电化学储能系统接入用户内部电网，电量计量点设在并网点。

4）其他情况按照合同执行。

（2）电化学储能系统应设置电能计量装置，且设备配置和技术要求应符合 DL/T 448—2016《电能计量装置技术管理规程》的要求。

（3）电化学储能系统的电能计量装置应具备双向有功和无功计量、事件记录、本地及远程通信的功能，其通信协议应符合 DL/T 645—2007《多功能电能表通信协议》的规定。

631. 电化学储能接入电网测试有什么要求？

（1）电化学储能系统接入电网运行前，应通过并网测试。

（2）并网测试点应为电化学储能系统并网点或公共连接点。

（3）电化学储能系统应当在并网运行后 6 个月内完成运行特征测试报告。

（4）当电化学储能系统主要部件改变时，电化学储能系统应重新进行并网测试，并提交测试报告。

632. 电化学储能接入电网测试内容包括哪些？

（1）通用性能测试（防雷和接地测试、电磁兼容测试、耐压试验、抗干扰能力测试和安全标识）。

（2）储能系统启动和停机测试。

（3）功率控制和电压调节测试（包括可能模拟的远程控制模式）。

（4）充放电转换测试（包括响应时间、调节时间、转换时间）。

（5）过载能力测试。

（6）电压和频率异常响应测试（包括低电压穿越能力和高电压穿越能力测试）。

（7）保护与安全自动装置测试（短路、涉网保护、非计划孤岛保护、恢复并网）。

（8）电能质量测试（电压偏差、电压不平衡、谐波、直流分量、电压波动和闪变）。

（9）额定能量与能量效率测试。

（10）电能计量测试。

（11）通信测试。

（12）合同或调度运行机构要求的其他并网测试项目。

第四节　电动汽车充换电设施等接入

633. 电动汽车充换电设施的用户等级如何界定？

充换电设施的用户等级应满足 GB/T 29328—2018《重要电力用户供电电源级自备应急电源配置技术规范》的要求。具有重大政治、经济、安全意义的充换电站或中断供电将对公共交通造成较大影响或影响重要单位的正常工作的充换电站，可作为二级重要用户，其他可作为一般用户。

634. 电动汽车充换电设施供电电压等级如何选取？

（1）充换电设施所采用的标称电压应符合 GB/T 156—2017《标准电压》的要求。

（2）充换电设施的供电电压等级，应根据充电设备及辅助设备总容量，综合考虑需用系数、同时系数等因素，经过技术经济比较后确定，具体可参照 GB/T 36278—2018《电动汽车充换电设施接入配电网技术规范》，详见表 11 - 7。

表 11 - 7　　　　　　　　充换电设施宜采用的供电电压等级

供电电压等级	充电设备及辅助设备总容量	受电变压器总容量
220V	10kW 及以下单相设备	—
380V	100kW 及以下	50kVA 及以下
10kV	—	50kVA～10MVA
20kV	—	50kVA～20MVA
35kV	—	5～40MVA
66kV	—	15～40MVA
110kV	—	20～100MVA

（3）充换电设施供电负荷的计算中应根据单台充电机的充电功率和使用频率、设施中的充电机数量等，合理选取负荷同时系数。

635. 110kV 及以下电压等级供电的充换电设施接入点应如何选取？

（1）220V 供电的充电设备宜接入低压公用配电箱；380V 供电的充电设备宜通过专用线路接入低压配电室。

（2）接入 10（20）kV 电网的充换电设施，容量小于 4000（8000）kVA 宜接入公用电网 10 kV 线路或接入环网柜、电缆分支箱、开关站等，容量大于 4000（8000）kVA 的充换电设施宜专线接入。

（3）接入 35kV、110（66）kV 电网的充换电设施，可接入变电站、开关站的相应母线或 T 接至公用电网线路。

636. 充换电设施的供电距离如何确定？

充换电设施接入电网后，其公共连接点及接入点的运行电压应满足 GB/T 12325—2008《电能质量　供电电压偏差》的要求，充换电设施的供电距离应根据充换电设施的供电负荷、系统运行电压，经电压损失计算确定。

637. 电动汽车充换电设施供电电源点应满足哪些要求？

（1）充换电设施供电电源点应具备足够的供电能力，提供合格的电能质量，并确保电网安全运行。

（2）属于二级重要用户的充换电设施宜采用双回路供电，应满足如下要求：

1）当任何一路电源发生故障时，另一路电源应能对保安负荷持续供电。

2）应配置自备应急电源，电源容量至少应满足全部保安负荷正常供电需求。

（3）属于一般用户的充换电设施可采用单回线路供电，宜配置自备应急电源，电源容量应满足 80%保安负荷正常供电需求。

638. 充换电设施的接线形式应如何选取？

（1）采用 35kV 及以上电压等级供电的充换电设施，其接线形式应满足 GB 50059—2011《35kV～110kV 变电站设计规范》的要求。作为二级重要用户的充换电设施，高压侧宜采用桥形、单母线分段或线路变压器组接线，装设两台及以上主变压器，低压侧宜采用单母线分段接线。

（2）采用 10（20）kV 及以下电压等级供电的充换电设施，其接线形式应满足 GB 50053—2013《20kV 及以下变电所设计规范》的要求。作为二级重要用户的充换电设施，进线侧宜采用单母线分段接线。

（3）充换电设施供电变压器低压侧应根据需要留有 1～2 回备用出线回路。

639. 充换电设施的供电变压器如何选型？

（1）充换电设施供电变压器的选择应满足 GB 50054—2011《低压配电设计规范》的有关要求。

（2）充换电设施配电变压器宜选用干式低损耗节能型变压器。过负荷、大容量等特殊条件下，可选用油浸式变压器。

（3）220V 单相接入的充电设施，变压器宜采用 Dyn 接线方式。

640. 充换电设施的接入电网线路如何选型?

（1）充换电设施接入电网线路设备的选择应满足 GB 50054—2011《低压配电设计规范》的有关要求。

（2）充换电设施接入电网线路应具有较强的适应性，其导线截面宜根据充换电设施最终规划容量一次选定。

（3）充换电设施接入电网线路的导线截面按经济电流密度选择，并按长期允许发热和机械强度条件进行校核。

641. 充换电设施的无功补偿装置规划和建设应满足什么原则?

充换电设施的无功补偿装置应按照"同步设计、同步施工、同步投运"的原则规划和建设。

642. 充换电设施的无功补偿配置原则和要求是什么?

（1）充换电设施的无功补偿装置应按就地平衡和便于调整电压的原则进行配置。

（2）采用 10kV 及以上电压等级供电的充换电设施在高峰负荷时的功率因数不宜低于 0.95，采用 380V 及以下电压等级供电的充换电设施在高峰负荷时的功率因数不宜低于 0.9，不能满足要求的应安装就地无功补偿装置。

（3）充换电设施设置的无功补偿装置，应具备随充电设备投切自动进行调节的能力。

643. 充换电设施的保护配置应满足哪些要求?

（1）充换电设施采用 220/380V 电压等级接入时，配电线路的低压开关设备及保护应符合 GB 50054—2011《低压配电设计规范》的相关要求。

（2）充换电设施采用 10～110kV 电压等级接入时，保护配置应满足 GB/T 14285—2006《继电保护和安全自动装置技术规程》的相关技术要求。

644. 充换电设施的电能计量的要求及电能计量装置的分类有哪些?

（1）电动汽车充换电设施接入电网应明确上网电量计量点，原则上设在产权分界点。

（2）计量点应装设电能计量装置，其设备配置和技术要求应符合 DL/T 448—2016《电能计量装置技术管理规程》的相关要求。

（3）充换电设施电能计量装置分类类别参照 DL/T 448—2016《电能计量装置技术管理规程》的相关规定，其中Ⅰ、Ⅱ、Ⅲ类分类可按充换电设施负荷容量或月平均用电量确定，具体详见表 11 - 8。

表 11 - 8   充换电设施电能量计量装置分类

充换电设施负荷/kVA	充换电设施月平均用电量/kWh	电能量计量装置分类
单相设备	—	V 类
315kVA 以下	—	IV 类
315kVA 及以上	10 万及以上	III 类
2000kVA 及以上	100 万及以上	II 类
10000kVA 及以上	500 万及以上	I 类

645. 充换电设施的电能质量应满足哪些要求？

充换电设施的电能质量应满足以下要求：

（1）谐波。充换电设施接入公共电网，公共连接点的谐波电压、谐波电流应满足 GB/T 14549—1993《电能质量　公用电网谐波》的规定。

（2）电压偏差。充换电设施接入公共电网，公共连接点的电压偏差应满足 GB/T 12325—2008《电能质量　供电电压偏差》的规定。

（3）电压不平衡度。充换电设施接入公共电网，公共连接点的三相不平衡度应满足 GB/T 15543—2008《电能质量　三相电压不平衡》的规定。

646. 电能替代设备有哪些主要类型？

电能替代设备指利用电能驱动，实现与燃煤、燃油、燃气驱动装置相同功能的设备，可是单个设备，也可是包含软件和多个设备在内的成套设备。根据电能转化形成能量的类别，将电能替代设备分为电制热/冷类、电转动力两类。

（1）电制热/冷类。

电制热/冷类电能替代设备按照主要用途不同，可分为以下三大类：

1）建筑供热/冷设备。主要包括电锅炉、分散电采暖（碳晶板、发热电缆、电热膜等）、热泵等建筑用电供热设备与中央空调等建筑用电供冷设备。

2）工/农业生产制热/冷设备。主要包括电窑炉、工业电锅炉、冶金电炉等制热类设备与工业中央空调等制冷类设备。

3）家用电制热类设备。主要包括电磁炉、电热水壶、电热水器等家用电制热类设备。

（2）电转动力类。

电转动力类电能替代设备按照主要用途不同，可分为以下两大类：

1）工/农业生产类设备，主要是指由利用电机驱动的设备，根据应用场景不同可分为辅助电动力设备、矿山采选设备、农业电排灌设备、农业辅助生产设备、油田钻机、油气管线电力加压设备等。

2）交通运输类设备，主要包括电动汽车、轨道交通、港口岸电、机场桥载等设备。

647. 电能替代设备接入电网有哪些基本技术要求？

（1）一般要求。

1）电能替代设备接入电网应有相应的安全保护措施，不应影响电网的安全运行。

2）接入电网电压等级一般根据当地电网情况、电能替代设备用电容量，并考虑用电设备同时率等因素，经技术经济比较后确定，需满足电网相关标准要求。

3）重要电力用户接入时电源配置应符合 GB/T 29328—2018《重要电力用户供电电源级自备应急电源配置技术规范》标准的规定。

（2）电压等级。

电能替代设备接入电网时，应根据用电设备容量和受电变压器总容量参数，确定接入的供电电压等级，所选择的标准电压应符合 GB/T 156—2017《标准电压》的规定，供电电压等级的确定依据 DL/T 2034.1—2019《电能替代设备接入电网技术条件》，详见表 11-9。

表 11-9　　　　　　　　　　供电电压等级的确定

供电电压等级	用电设备容量	受电变压器总容量
220V	10kVA（发达地区 16kVA）及以下	
380V	100kVA 及以下	50kVA 及以下
10kV		50kVA～10MVA
35kV		5～40MVA

（3）接入方式。

1）220/380V 供电的电能替代设备，容量不大于 10/30kVA 时，宜接入低压配电箱；大于 10/30kVA 时，宜接入变配电室的配电柜专用回路。

2）接入 10kV 电网的电能替代设备，小于 2000kVA 宜接入环网室（箱）或 T 接到架空线路，2000～4000kVA 的宜接入 10kV 开关站，容量大于 4000kVA 的宜专线接入。

3）接入 35kV 电网的电能替代设备，宜接入变电站、开关站。

（4）配电设备。

1）配电变压器。

应选择采用节能型变压器，邻近居民区应采取降噪措施（建设配电室、建设隔音墙或吸声屏障等），安装在配电室内的变压器应使用干式变压器；使用独立的变压器时，其容量应为接入电能替代设备额定功率的 1.1～1.5 倍。

2）配电导线。

220V/380V 低压配电导线，如采用架空线路方式铺设时，接户线接续后应进行绝缘恢复处理，沿墙铺设时宜选用具有阻燃、耐低温等性能的绝缘线；如采用电缆线路方式铺设时，低压电缆铺设引上电杆应选用户外终端，并加装分支手套及耐候护管，防水、防老化。

10kV 配电导线如采用架空线路方式铺设时，一般地区线路绝缘子爬电比距应不低于 GB 50061—2010《66kV 及以下架空电力线路设计规范》规定中的 d 级污秽度的配置要求，额定雷电冲击耐受电压可从高于系统标称电压一个等级中选取，符合 GB/T 311.1—2012《绝缘配合　第 1 部分：定义、原则和规则》的规定；如采用电缆线路方式铺设时，应根据使用环境采用具有防水、防蚁、阻燃等性能的外护套。电缆载流量、电缆通道与其他管线的距离及相应防护措施应符合 GB 50217—2018《电力工程电缆设计标准》的规定。

35kV 配电导线截面选择应满足符合发展的要求，宜按远期规划考虑。

648. 电能替代设备接入电网对设备保护和电能计量有哪些要求？

（1）保护。

电能替代设备应根据其用电特性配置适当的保护措施，其他保护要求如下：

1）电能替代设备采用 220、380V 电压等级接入时，配电线路的低压开关设备及保护应符合 GB 50054—2011《低压配电设计规范》的规定，接地型式、接地电阻、接地装置、保护导体等应符合 GB/T 50065—2011《交流电气装置的接地设计规范》的规定。

2）电能替代设备采用 10～35kV 电压等级接入时，保护配置应符合 GB/T 14285—2006《继电保护和安全自动装置技术规程》的规定，接地电阻、接地装置等应符合 GB 50065—2011《交流电气装置的接地设计规范》的规定。

（2）计量。

电能替代设备接入时，计量要求如下：

1）单独供电的电能替代设备，宜配置独立的电能计量装置；非单独供电的电能替代设备，宜跟随设备配置电能计量装置。

2）电能替代设备电能计量装置可按其所计电能量多少和计量重要程度分类，分类类别参照 DL/T 448—2016《电能计量装置技术管理规程》的规定，其中Ⅰ、Ⅱ、Ⅲ类分类可按电能替代设备负荷容量或月平均用电量确定，具体详见表 11-10。

表 11 - 10　　　　　　　　**电能替代设备电能量计量装置分类**

电能替代设备负荷	电能替代设备月平均用电量	电能量计量装置分类
单相设备		V类
315kVA 以下		Ⅳ类
315kVA 及以上	10 万 kWh 及以上	Ⅲ类
2000kVA 及以上	100 万 kWh 及以上	Ⅱ类
10000kVA 及以上	500 万 kWh 及以上	Ⅰ类

649. 电网对电能替代设备性能有哪些要求?

（1）电能质量。

1）谐波及间谐波。电能替代设备接入后，注入公共电网接入点的谐波电压限值、谐波电流允许值、间谐波限值等应分别符合 GB/T 14549—1993《电能质量公用电网谐波》、GB/T 24337—2009《电能质量　公用电网间谐波》的规定。

2）功率因数。电能替代设备功率因数不小于 0.85。

3）电压不平衡度。电能替代设备接入后，引起接入点的电压不平衡度应符合 GB/T 15543 的规定。

4）电压波动和闪变。电能替代设备接入后，因设备启、停冲击等负荷波动产生的电压波动允许值，应符合 GB/T 12326—2008《电能质量　电压波动和闪变》的限值。

（2）电磁兼容。

电能替代设备运行过程对所在环境产生的电磁干扰应符合 GB 4824—2019《工业、科学和医疗（ISM）射频设备 骚扰特性 限值和测量方法》的规定；电能替代设备应根据实际情况具备一定的电磁兼容抗扰度，并符合表 11 - 11 所列标准的相应等级的电磁兼容抗扰度要求。

表 11 - 11　　　　　　　　**电磁兼容抗扰度测试标准**

序号	抗扰度参数	标准
1	静电放电	GB/T 17626.2
2	射频电磁场辐射	GB/T 17626.3
3	电快速瞬变脉冲群	GB/T 17626.4
4	浪涌（冲击）	GB/T 17626.5
5	电压暂降、短时中断和电压变化	GB/T 17626.11

（3）电气安全。

1）电能替代设备应有可靠的电气绝缘性能，1kV 及以下电压等级设备中带电回路之间以及带电回路与地之间的绝缘电阻一般应不小于 $1M\Omega$，$1kV < U \leqslant 35kV$ 的电压等级设备对地绝缘电阻一般不宜小于 $U(M\Omega)$。

2）电能替代设备的电气安全性能应符合 GB 5226.1—2019《机械电气安全　机械电气设备　第 1 部分：通用技术条件》的规定。

3）电能替代设备金属壳体或可能带电的金属件与接地端之间应具有可靠的电气连接，并与接地装置可靠连接，接地装置的接地电阻及连接形式应符合 GB/T 50065—2011《交流电气装置的接地设计规范》的规定。

4）电能替代设备根据接入情况，应选配过流、漏电、过压、缺相等保护。

（4）效率。

电能替代设备应符合国家现行标准设备/产品效率的规定，推荐采用高效设备以提升电能转换与利用效率，禁止使用国家明文规定的淘汰设备。

第五节　微 电 网 接 入

650. 微电网的定义是什么？　包含哪些类型？

微电网由分布式发电、用电负荷、监控、保护和自动化装置等组成（必要时含储能装置），是一个能够基本实现内部电力电量平衡的小型供电网络。微电网分为并网型微电网和独立型微电网。

651. 并网型微电网的定义及其并网点分别指什么？

并网型微电网是指既可以与外部电网并网运行，也可以独立运行，且以并网运行为主的微电网。

对于有升压站的微电网，并网点是指升压站高压侧母线或节点；对于无升压站的微电网，并网点是指微电网的输入/输出汇总点。

652. 微电网的接入电压等级如何确定？

微电网的接入电压等级应根据其与外部电网之间的最大交换功率确定，经过技术经济比较，采用低一电压等级接入优于高一电压等级接入时，宜采用低一电压等级接入，但不应低于微电网内最高电压等级。

653. 微电网接入后公共连接点的电能质量应满足哪些要求？

（1）微电网接入后，所接入公共连接点的谐波应满足以下规定：

1）谐波注入电流应满足 GB/T 14549—1993《电能质量　公用电网谐波》的要求，其中微电网注入公共连接点的谐波电流允许值，按微电网与电网协定最大交换容量与公共连接点上具有谐波源的发/供电设备总容量之比进行分配。

2）间谐波应满足 GB/T 24337—2009《电能质量　公用电网间谐波》的要求。

（2）微电网接入后，所接入公共连接点的电压偏差应满足 GB/T 12325—2008《电能质量　供电电压偏差》的要求。

（3）微电网接入后，所接入公共连接点处的电压波动和闪变应满足 GB/T 12326—2008《电能质量　电压波动和闪变》的要求。

（4）微电网接入后，所接入公共连接点的电压不平衡度应满足 GB/T 15543—1995《电能质量　三项电压允许不平衡度》的要求。

（5）微电网向公共连接点注入的直流电流分量，不应超过与电网协定最大交换容量对应交流电流值的 0.5%。

654. 微电网有功功率控制、 无功功率与电压调节应满足什么要求?

（1）通过 380V 电压等级并网的微电网，其最大交换功率、功率变化率可远程或就地手动完成设置，并网点功率因数应在 0.95（超前）～0.95（滞后）范围内可调。

（2）通过 10（6）～35kV 电压等级并网的微电网，其与外部电网交换的有功功率应能根据电网频率值、电网调度机构指令等信号进行调节，并网点功率因数应在 0.98（超前）～0.98（滞后）范围内可调。在其无功输出范围内，应具备根据并网点电压水平调节无功输出，参与电网电压调节的能力，其调节方式和参考电压、电压调差率等参数可由调度机构设定。

655. 微电网并网运行的适应性有哪些要求?

（1）当并网点电压偏差满足 GB/T 12325—2008《电能质量　供电电压偏差》的要求时，微电网应能正常并网运行。

（2）通过 380V 电压等级并网的微电网，并网点频率在 49.5～50.2Hz 范围之内时，应能正常并网运行。

（3）通过 10（6）～35kV 电压等级并网的微电网，应具备一定的耐受系统频率异常的能力，应能够在表 11 - 12 所示电网频率范围内按规定运行。当微电网内负荷对频率质量有特殊要求时，经与电网企业协商后，微电网可设置为检测到电网频率超过微电网内负荷允许值后，快速切换至独立运行模式。

表 11 - 12　　　　　　　　　微电网的频率响应时间要求

频率范围（Hz）	要求
$f<48$	微电网可立即由并网模式切换到独立模式
$48\leqslant f<49.5$	每次低于 49.5Hz 时要求至少运行 10min，微电网应停止从电网吸收有功功率并尽可能发出有功功率

续表

频率范围（Hz）	要求
49.5≤f≤50.2	连续运行
50.2＜f≤50.5	频率高于 50.2Hz 时，微电网应停止向电网发出有功功率并尽可能吸收有功功率
f＞50.5	微电网可立即由并网模式切换到独立模式

656. 微电网的接地方式和并网点应满足哪些要求？

（1）微电网内的接地方式应和电网侧的接地方式保持一致，并应满足人身设备安全和保护配合的要求。

（2）通过 380V 电压等级并网的微电网，应在并网点安装易操作，具有明显开断指示、具备开断故障电流能力的开关。通过 10（6）～35kV 电压等级并网的微电网，应在并网点安装易操作、可闭锁、具有明显开断点、带接地功能、可开断故障电流的开断设备。

（3）通过 380V 电压等级并网的微电网，连接微电网和电网的专用低压开关柜应有醒目标识。标识应标明"警告""双电源"等提示性文字和符号。标识的形状、颜色、尺寸和高度应按照 GB 2894—2008《安全标志及其使用导则》的规定执行。

（4）通过 10（6）～35kV 电压等级并网的微电网，应根据 GB 2894—2008《安全标志及其使用导则》的要求在电气设备和线路附近标识"当心触电"等提示性文字和符号。

657. 微电网的继电保护和安全自动装置应满足哪些要求？

（1）微电网的保护应符合可靠性、选择性、灵敏性和速动性的要求，其技术条件应满足 GB/T 14285—2006《继电保护和安全自动装置技术规程》和 DL/T 584—2017《3kV～110kV 电网继电保护装置运行整定规程》的相关要求。

（2）微电网的系统保护应与电网的保护相协调配合，以确保设备和电网的安全。

（3）当并网点处电压超过表 11-13 规定的电压范围时，可在相应的时间内由并网模式切换到独立模式。该要求适用于多相系统中的任何一相。

表 11-13　　　　　　　　　　电压保护动作时间要求

并网点电压	要求
U＜50%U_N	不超过 0.2s
50%U_N≤U＜90%U_N	不超过 2.0s

并网点电压	要求
90%U_N≤U<110%U_N	连续运行
110%U_N≤U<135%U_N	不超过 2.0s
135%U_N≤U	不超过 0.2s

注 U_N为微电网并网点的电网额定电压。

（4）通过 380V 电压等级并网的微电网，当并网点频率超过 49.5～50.2Hz 运行范围时，应在 0.2s 内切换到独立模式；通过 10（6）～35kV 电压等级并网的微电网，频率保护应满足 GB/T 33589—2017《微电网接入电力系统技术规定》4.3.3 的要求。

（5）通过 10（6）～35kV 电压等级并网的微电网，并网线路可采用两段式电流保护。当不能满足可靠性、选择性、灵敏性和速动性要求时，宜采用距离保护或光纤电流差动保护。

（6）微电网应具备快速检测孤岛且立即转为独立运行模式的能力，模式切换不应误动作降低负荷供电可靠性。

658. 微电网的电能计量点应如何配置？

（1）微电网接入电网前，应明确计量点，计量点应设在微电网与外部电网的产权分界处，产权分界处按国家有关规定确定。

（2）计量点应装设双向电能计量装置，其设备配置和技术要求应符合 DL/T 448—2016《电能计量装置技术管理规程》的相关要求；电能表技术性能应符合 DL/T 614—2007《多功能电能表》的相关要求；电能表应具备本地通信和通过电能信息采集终端远程通信的功能，电能表通信协议符合 DL/T 645—2007《多功能电能表通信协议》。

659. 微电网独立运行时应满足哪些要求？

（1）微电网独立运行时，应能满足其内部负荷的有功功率和无功功率需求，必要时可采取投入备用分布式电源、切负荷等措施，以保证内部重要负荷的供电可靠性。

（2）微电网独立运行时，内部分布式电源应能对电压和频率进行主动控制，维持内部电压和频率的稳定。

（3）微电网应具备黑启动能力。

（4）微电网应满足电能质量要求。

1）微电网内谐波电压应满足 GB/T 15543—1995《电能质量公用电网谐波》

的要求。

2）微电网内间谐波应满足 GB/T 24337—2009《电能质量　公用电网间谐波》的要求。

3）微电网向内部负载提供电能的质量，在电压偏差、频率、三相电压不平衡、电压波动和闪变等方面，应满足现行国家标准 GB/T 12325—2008《电能质量　供电电压偏差》、GB/T 15945—2008《电能质量　电力系统频率偏差》、GB/T 15543—1995《电能质量　三项电压允许不平衡度》、GB/T 12326—2008《电能质量　电压波动和闪变》的有关规定。

660. 微电网运行模式切换时应满足哪些要求?

（1）独立转并网运行模式切换。

1）当并网点电网侧的频率和电压分别满足 GB/T 15945—2008《电能质量　电力系统频率偏差》和 GB/T 12325—2008《电能质量　供电电压偏差》的要求时，微电网方可启动并网模式切换。

2）微电网由独立转入并网模式前，应进行同期控制，在微电网与并网点的电压、频率和相角满足同期条件后方可进行并网模式切换。

3）通过 10（6）～35kV 电压等级并网的微电网并网时应按照电网调度机构的指令进行并网模式切换。

4）微电网由独立运行转并网运行时，不应引起公共连接点电能质量超出规定范围。

5）微电网由独立转入并网模式时，宜采用不停电切换方式，且切换过渡过程时间不宜超过 20ms。

（2）并网转独立运行模式切换。

1）微电网由并网运行切换到独立运行分为计划性切换和外部扰动导致的非计划性切换。

2）通过 10（6）～35kV 电压等级并网的微电网，计划性切换应按照电网调度机构的指令进行。

3）当微电网并网点电压、频率或电能质量超过本标准微电网对并网点电压偏差和频率异常的适应性要求的范围时，微电网可切换至独立运行模式。

4）微电网由并网转独立模式时，宜采用不停电切换方式，且切换过渡过程时间不宜超过 20ms。

661. 微电网在电力电量自平衡能力上有什么要求?

微电网应具备一定的电力电量自平衡能力，分布式发电年发电量不宜低于微电网总用电量的 30%，微电网模式切换过程中不应中断负荷供电，独立运行模式下向负荷持续供电时间不宜低于 2h。

662. 微电网电能质量监测应满足哪些规定?

（1）微电网应具有电能质量监测功能，电能质量监测历史数据应至少保存一年，必要时供电网企业调用。

（2）通过 10（6）～35kV 电压等级并网的微电网的公共连接点应装设 GB/T 19862—2016《电能质量　监测设备通用要求》要求的电能质量在线监测装置。

663. 10（6）～35kV 电压等级并网的微电网应满足哪些通信与信息要求?

（1）通过 10（6）～35kV 电压等级并网的微电网应具备与电网调度机构之间进行数据通信的能力，能够采集微电网的电气运行工况，上传至电网调度机构，同时具有接受电网调度机构控制调节指令的能力。

（2）通过 10（6）～35kV 电压等级并网的微电网与电网调度机构之间通信方式和信息传输应符合相关标准的要求，包括遥测、遥信、遥控、遥调信号，以及提供信号的方式和实时性要求等，皆采用基于 DL/T 634.5101—2002《远动设备及系统　第 5101 部分：传输规约　基本远动任务配套标准》和 DL/T 634.5104—2009《远动设备及系统　第 5104 部分：传输规约　采用标准传输协议集的 IEC60870‐5‐101 网络访问》的通信协议。

（3）通过 10（6）～35kV 电压等级并网的微电网，在正常运行情况下，微电网向电网调度机构提供的信号至少应包括:

1）微电网并网点电压、电流。

2）微电网与电网之间交换的有功功率、无功功率、电量等。

3）微电网并网开关状态。

4）微电网内分布式电源输出的有功功率、无功功率、电量等。

664. 380V 电压等级并网的微电网应满足哪些通信与信息要求?

（1）通过 380V 电压等级并网的微电网，应具有监测和记录运行状况的功能。

（2）通过 380V 电压等级并网的微电网，可采用无线或者光纤公网通信方式，但应采取信息安全防护措施。

（3）通过 380V 电压等级并网的微电网，应具备电量上传功能。

665. 微电网并网检测要求有哪些?

（1）通过 380V 电压等级接入的微电网，应在并网前向电网企业提供由具备相应资质的单位或部门出具的设备检测报告，检测结果应符合本规定的相关要求。

（2）通过 10（6）～35kV 电压等级接入的微电网应在并网运行后 6 个月内向

电网企业提供并网运行特性检测报告，检测结果应符合本规定的相关要求。

（3）微电网接入配电网的检测点为并网点，应由具有相应资质的单位或部门进行检测，并在检测前将检测方案报所接入电网调度机构备案。

666. 试列举微电网并网检测的内容。

检测应按照国家或有关行业的相关标准或规定进行，包括但不限于以下内容：

（1）运行模式切换对电网的影响。

（2）有功功率控制。

（3）无功功率控制和电压调节。

（4）电能质量。

（5）运行适应性。

（6）安全与保护功能。

第十二章 电气计算

第一节 基 本 要 求

667. 配电网规划计算分析的目的及任务是什么?

配电网规划计算分析是配电网规划设计工作的基础。为了适应配电网由无源网络到有源网络的形态变化,配电网规划应该加强计算分析,采用适用的评估方法和辅助决策手段开展技术经济分析,促进精益化管理水平的提升。

配电网规划计算分析的主要任务是通过计算分析确定配电网的潮流分布情况、短路电流水平、供电安全水平、供电可靠性水平、无功优化配置方案和效率效益水平,通过技术经济比较实现规划方案优选,为配电网建设改造决策提供依据。

668. 各类配电网规划计算分析之间存在什么关系?

潮流计算是配电网规划计算分析的基础,各类配电网规划计算分析的关系如图 12-1 所示。

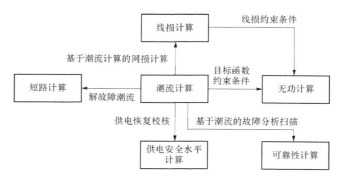

图 12-1　各类配电网规划计算分析的关系

669. 配电网计算分析对模型和数据有什么要求？

配电网计算分析应采用合适的模型，数据不足时可采用典型模型和参数。计算分析所采用的数据（包括拓扑信息、设备参数、运行数据等）宜通过在线方式获取，并遵循统一的标准与规范，确保其完整性、合理性和一致性。

670. 配电网规划计算分析所需数据与现有信息系统之间的数据交互包括哪些内容？

（1）从地理信息系统（GIS）导入配电网拓扑数据。

（2）从生产管理系统（PMS）导入配电网设备数据。

（3）从营销系统导入用户数据。

（4）从调度（SCADA）或配电自动化系统导入配电网运行数据。

（5）从国家电网公司一体化规划设计平台中获取计算分析所需的各类基础数据。

671. 哪些负荷接入配电网时应进行规划计算分析？

分布式电源和储能设备、电动汽车充换电设施等新型负荷接入配电网时，应进行相关计算分析。

672. 配电网规划应该利用辅助决策手段开展哪些工作？

配电网规划应充分利用辅助决策手段开展现状分析、负荷预测、多方案编制、规划方案计算与评价、方案评审与确定、后评价等。

673. 高压配电网规划需要开展的电气计算有哪些？

高压配电网规划需开展的电气计算包括潮流计算、$N-1$ 校核、短路电流计算。各类电气计算的深度要求如下：

（1）针对最大、最小负荷等典型运行方式进行潮流计算，重点校核系统的电压和潮流分布情况。

（2）通过 $N-1$ 计算，校核规划网络的主要元件在 $N-1$ 条件下是否发生过载问题。

（3）计算变电站中、低压侧母线的短路电流水平，校核开关设备的遮断容量。

674. 中压配电网规划需要开展的电气计算有哪些？

中压配电网规划需开展潮流计算、短路电流计算和可靠性计算。各类电气计算的深度要求如下：

（1）针对最大、最小负荷等典型运行方式进行潮流计算，重点校核系统的电压和潮流分布情况，依托电网潮流图，分析主变压器和线路负载率水平、主要节点电压水平等。选取 1～2 个典型区域进行 10kV 电网 $N-1$ 供电安全水平及转供能力校核，统计满足 $N-1$ 线路比例。

（2）综合考虑上级电源和本地电源接入情况，重点计算变电站 10kV 母线、电源接入点短路电流。

（3）开展地区目标网架可靠性计算，重点城市中心区 10kV 线路逐条进行可靠性计算分析，其他供电区域可结合实际情况选择典型区域，并对区域内的 10kV 线路逐条进行可靠性计算分析。

第二节　潮　流　计　算

675. 配电网潮流计算的目的是什么？　配电网潮流计算的要求是什么？

配电网潮流计算根据给定的运行条件和拓扑结构确定电网的运行状态，主要用于校核系统的电压和潮流分布情况，检验变压器负载率、线路负载率、功率因数、母线电压值是否符合要求等。

潮流计算应根据给定的运行条件和拓扑结构确定电网的运行状态，按照电网最大、最小负荷等典型方式对规划水平年的 110～35kV 电网进行潮流计算，10kV 配电网在结构发生变化或运行方式发生改变时应进行潮流计算，可按分区、变电站或线路计算到节点或等效节点。

676. 配电网潮流算法主要有哪些？　各潮流算法的原理及特点是什么？

配电网基本潮流算法包括了前推回代法、改进牛顿法、回路阻抗法和隐式 Zbus 高斯法等，各潮流算法的原理和特点如表 12-1 所示。

表 12-1　　　　　　　　　　典型潮流算法原理和特点

算法	基本原理	主要特点
前推回代法	辐射状配电网前推回代法潮流计算包含连续的两步迭代计算，称之为回代和前推。在回代过程中，计算各负荷节点的注入电流或功率流，从末梢节点开始，通过对支路电流或功率流的求和计算，获得各条支路始端的电流或功率流，同时可能修正节点电压；在前推过程中，利用已设定的源节点电压作为边界条件，计算各支路电压降落和末端电压，同时可能修正支路电流或功率流；如此，重复前推和回代两个步骤，直到收敛	前推回代类算法每次迭代的计算量与母线数成正比。如果迭代次数恒定，前推回代类算法的计算复杂性随网络规模呈线性增长，因此适合求解大规模辐射型配电网。前推回代类方法收敛性不受配电网络高电阻与电抗比值（r/x）的影响，但该类方法处理多个网孔能力较差

算法	基本原理	主要特点
改进牛顿法	传统的牛顿—拉夫逊法是将潮流方程 $f(x)=0$ 用泰勒级数展开，并略去二阶及以上高阶项，然后求解。其实质是逐次线性化，求解过程的核心是反复形成并求解修正方程。在此基础上，改进牛顿法（Modified Newton Method）对配电系统做了两个假定：（1）相邻节点的电压差很小；（2）没有接地支路	改进牛顿法计算速度快，通过一个恒定的稀疏雅可比矩阵，消除了传统牛顿法每次迭代都要重新形成雅可比矩阵的缺点
回路阻抗法	回路阻抗法是基于回路电流方程的潮流算法，直接利用基尔霍夫电压定律，所以又称为直接解法。设负荷节点数为 L，则阻抗矩阵 Z 是一个 $L \times L$ 维的不含零元素的方阵。采用 LU 分解法对回路电流方程式组进行求解，求出回路电流，从而得到各个负荷节点的负荷电流。然后可求出各条支路上的电压降，进而求得各节点的电压和负荷节点的功率，反复迭代直到求得的负荷节点功率与给定负荷的差值满足一定的精度要求为止	回路阻抗法处理环路非常简单，处理弱环网的能力较强。但是，回路阻抗法存在下述缺点，即编号方案比较麻烦，网络拓扑描述比较复杂。由于它只对负荷节点进行编号，无法计算确定中间节点的状态（电压幅值和相角），计算速度也有待提高
隐式 Zbus 高斯法	Zbus 高斯法使用稀疏的节点导纳矩阵 YBus 和等效的电流注入来求解网络方程。ZBus 高斯法建立在叠加原理的基础上，每个节点的电压由两部分产生：指定电源的电压和等值的节点电流。负荷、分布式发电机、电容器等都被等值为电流源	Zbus 高斯法的收敛性，取决于网络中存在的电压节点个数。如果系统中只有松弛节点作为电压节点，那么 ZBus 高斯法的收敛速度可以与牛顿法相媲美；当网络中的电压节点增多时，收敛速度减慢

677. 配电网潮流计算的内容有哪些？

配电网潮流计算的内容包括：
（1）分析不同运行方式下电网结构的合理性。
（2）校验网络各节点的电压是否满足要求。
（3）分析设备负载情况。

678. 配电网潮流计算对元件的计算模型和计算参数有什么要求？

配电网潮流计算中，通常认为电力系统三相对称运行，因此元件的计算模型采用单相等效电路，各元件的等效参数如表 12 - 2 所示。

表 12 - 2　　　　　　　　　　潮流计算基础参数和约束参数

元件名称	基础参数	约束参数
母线	电压幅值、电压相角	电压幅值的最大值、最小值
电源	有功功率、无功功率	有功和无功功率的最大值、最小值
负荷	有功功率、无功功率	无
线路	电阻、电抗、电纳	无
变压器	电阻、电抗、电导、电纳、变比	有载调压变压器变比最大值、最小值
无功补偿	无功功率容量	无

注　为保证系统正常运行、或由于受系统限制，必须满足所求得的参数不能超过的一个给定范围，这个范围的参数称为约束参数。

679. 配电网潮流计算的 PQ 节点、 PV 节点及平衡节点分别是什么？

根据节点给定量的不同，潮流计算中的节点分成三类，即 PQ 节点、PV 节点和平衡节点。

节点注入的有功 P 和无功 Q 皆为给定量的节点称作 PQ 节点。一般负荷节点、联络节点和给定有功和无功的发电机节点都视作 PQ 节点。PQ 节点的节点电压（其幅值 U 和相角 θ，或其实部 e 和虚部 f）为待求变量。

节点注入有功 P 和节点电压 U 为给定量的节点称作 PV 节点。发电机节点和装有大型无功补偿的变电站节点都可以处理成 PV 节点，这些节点的特点是具有自动调压能力，通过无功调整保持节点电压恒定。PV 节点的电压相角 θ（或电压的实部或虚部）和无功 Q 为待求变量。

节点电压幅值 U 和相角 θ 皆为给定量的节点称作平衡节点。平衡节点在每个同步电网中一般只有一个，其有功功率和无功功率为待求变量。

680. 中压配电网潮流计算需要的基本参数有哪些？

中压配电网潮流计算需要的基础参数包括：

（1）配电网络数据，即描述配电设备拓扑关系的数据。配电网络数据以图形化方式提供，包括地理接线图、系统图和单线图。

（2）设备参数数据，包括导线型号、长度，变压器型号、容量，开关状态，无功补偿设备型号等，以结构化数据的方式提供。

（3）运行数据，包括安装在母线、开关、变压器等设备上的量测装置所记录的功率、电压、电流等动态变化数据。

（4）负载率。

681. 中压配电网潮流计算结果应包括哪些内容?

（1）母线电压。开关站、环网单元柜、配电室等厂站类设备母线电压幅值和相角。

（2）线段潮流。馈线段首末节点有功、无功幅值，电压幅值及相角，馈线段电流幅值。

（3）电源点潮流。电源点注入有功、注入无功。

（4）负荷潮流。负荷点负荷有功、负荷无功。

（5）单条线线损列表。每条馈线的有功损耗和无功损耗。

（6）所选计算馈线总线损。总的有功损耗和无功损耗。

（7）系统中重载和过载的元件。

第三节　短路电流计算

682. 配电网短路电流计算分析的目的是什么?

短路电流计算是配电网规划设计中必须进行的计算分析工作，其主要目的包括：

（1）选择和校验电气设备。

（2）继电保护装置选型和整定计算。

（3）分析电力系统故障及稳定性能，选择限制短路电流的措施。

（4）确定电力线路对通信电路的影响。

（5）为选择和校验电气设备、载流导体和整定供电系统的继电保护装置，需计算三相短路电流；为校验继电保护装置的灵敏度，需要计算不对称短路电流；为校验电气设备及载流导体的动稳定和热稳定，需要计算短路冲击电流、稳态短路电流及短路容量；对瞬时动作的低压断路器，需要计算冲击电流有效值来进行动稳定校验。

683. 什么情况下应开展配电网短路电流计算?

在电网结构发生变化或运行方式发生改变的情况下，应开展短路电流计算，并提出限制短路电流的措施。

684. 常见的三相交流系统短路形式有哪些?　各类短路故障的特点是什么?

常见的三相交流系统短路形式包括对称短路故障和不对称短路故障。对称短路故障主要指三相短路；不对称短路故障主要包括单相接地短路、两相相间短路、两相接地短路。各类短路故障的特点如表 12 - 3 所示。

表 12 - 3　　　　　　　　　三相交流系统短路形式

故障类型	故障特点
单相接地短路	当配电网发生单相接地故障时，若为金属性接地，故障相的电压为零或接近于零，非故障相的电压上升为线电压或接近于线电压；若为非金属性接地，故障相的电压大于零但小于相电压，非故障相的电压大于相电压而小于线电压
三相短路	当配电网发生三相短路故障时，若为金属性接地，a、b、c 三相的电压为零或接近于零；若为非金属性接地，a、b、c 三相的电压大于零但小于相电压
两相相间短路	当配电网发生两相相间短路故障时，若为两相非金属性短接，短路处两故障相的电流大小相等，方向相反；若为两相金属性短接，则两故障相的电压也相等
两相接地短路	当配电网发生两相接地短路故障时，若为金属性接地，故障相的电压为零或接近于零，非故障相的电压上升，接近于线电压；若为非金属性接地，故障相的电压大于零但小于相电压，非故障相的电压大于相电压而小于线电压

685. 短路电流计算一般采用什么方法？

计算三相交流系统中由对称或不对称短路产生的短路电流时，应用对称分量法可使计算过程大大简化。应用对称分量法，可将不对称短路的系统分别为三个独立的对称分量系统，网络中各支路的电流可由正序、负序、零序三个对称序分量电流叠加得到。

686. 各类不对称短路电流如何计算？

根据各种不对称短路的边界条件，可以把正、负、零序三个序网联成一个复合序网。该复合序网既反映了三个序网的回路方程，又能满足该不对称短路的边界条件。根据复合序网可以直观求得短路电流和电压的各序分量。从不对称短路的复合序网中求解正序电流公式如下：

单相接地短路：

$$I_{a1} = \frac{E_a}{X_{1\Sigma} + X_{2\Sigma} + X_{0\Sigma}} \qquad (12 - 1)$$

两相短路：

$$I_{a1} = \frac{E_a}{X_{1\Sigma} + X_{2\Sigma}} \qquad (12 - 2)$$

两相接地短路：

$$I_{a1} = \frac{E_a}{X_{1\Sigma} + \dfrac{X_{2\Sigma} X_{0\Sigma}}{X_{2\Sigma} + X_{0\Sigma}}} \qquad (12 - 3)$$

式中　$X_{1\Sigma}$——系统正序阻抗，Ω；

　　　$X_{2\Sigma}$——系统负序阻抗，Ω；

　　　$X_{0\Sigma}$——系统零序阻抗，Ω；

　　　E_a——系统正序电压，kV；

　　　I_{a1}——系统正序电流，kA。

短路点的短路合成电流按下式计算：

$$I_d = m I_{a1} \qquad\qquad (12-4)$$

对于单相接地短路，$m=1$；对于两相短路，$m=\sqrt{3}$；对于两相接地短路，$m=\sqrt{3}\sqrt{1-\dfrac{X_{2\Sigma}X_{0\Sigma}}{(X_{2\Sigma}+X_{0\Sigma})^2}}$。

687. 三相短路电流的周期分量如何计算？

当供电电源为无穷大或计算电抗（以供电电源为基准）≥3 时，不考虑短路电流周期分量的衰减，此时三相短路电流的周期性分量（或称对称短路电流初始值）标幺值计算公式如下：

$$I''_{d*} = \frac{1}{X_{dd*}} \qquad\qquad (12-5)$$

式中　X_{dd*}——三相短路故障点的等值阻抗；

　　　I''_{d*}——三相短路电流的周期分量。

688. 三相短路的短路冲击电流和短路电流最大值如何计算？

三相短路的短路冲击电流 i_c 和短路电流最大值有效值 I_c 计算公式如下：

$$\begin{cases} i_c = I_d\sqrt{2}K_c \\ I_c = I_d\sqrt{1+2(K_c-1)^2} \end{cases} \qquad\qquad (12-6)$$

式中　K_c——短路电流冲击系数；

　　　I_c——三相短路电流的最大值有效值，A；

　　　i_c——三相短路的短路冲击电流，A；

　　　I_d——三相短路的稳态短路电流有效值，A。

K_c 取决于短路回路中 X/R 的比值，X/R 不同，则 K_c 不同，工程使用计算中通常取 $K_c=1.8$，当在 1000kVA 及以下变压器二次侧短路时，取 $K_c=1.3$。

689. 三相短路的短路容量是什么？ 如何计算？

三相短路的短路容量是衡量断路器切断短路电流大小的一个重要参数，在任何时候，断路器的切断能力都应大于短路容量。短路容量的计算公式如下：

$$S_d = \sqrt{3}U_N I_d \qquad\qquad (12-7)$$

式中　U_N——线路额定电压，kV；

　　　S_d——三相短路的短路容量，kVA；

　　　I_d——三相短路的稳态短路电流有效值，A。

690. 配电网短路电流计算的技术要求是什么？

10～110kV 电网短路电流计算，应综合考虑上级电源和本地电源接入情况，以及中性点接地方式，计算至变电站 10kV 母线、电源接入点、中性点以及 10kV 线路上的任意节点。

691. 配电网短路电流计算需要的基本参数有哪些？

（1）配电网络数据。即描述配电设备拓扑关系的数据。配电网络数据以图形化方式提供，包括地理接线图、系统图和单线图。

（2）设备参数数据。包括导线型号、长度，变压器型号、容量，开关状态，无功补偿设备型号等，以结构化数据的方式提供。

（3）运行数据。包括安装在母线、开关、变压器等设备上的量测装置所记录的功率、电压、电流等动态变化数据。

（4）归算至电源点系统短路容量和系统的 R/X。归算方法可参考 GB/T 15544.1—2013《三相交流系统短路电流计算　第 1 部分：电流计算》中的相关内容。

（5）负载率。

692. 配电网短路电流计算结果应包括哪些内容？

（1）馈线段首端短路电流。包括三相（A/B/C）短路电流和两相（B/C）短路电流。

（2）馈线段末端短路电流。包括三相（A/B/C）短路电流和两相（B/C）短路电流。

对于中性点可靠接地的配电网，短路电流还包括单相接地和两相短路接地的短路电流计算结果。

第四节　供 电 安 全 计 算

693. 配电网供电安全水平计算分析的目的是什么？

配电网供电安全水平计算分析主要用于分析校核电网是否满足供电安全准则，其实质是检验电力网络在非健全状态下的功率分布和转供能力。

694. 配电网供电安全水平分析的内容是什么?

配电网供电安全水平分析应包括模拟低压线路故障、配电变压器故障、中压线路(线段)故障、35～110kV 变压器或线路故障对电网的影响,校核负荷损失程度,检查负荷转移后相关元件是否过负荷,电网电压是否越限。

695. 配电网供电安全水平分析基本要求是什么?

35～110kV 电网校核 $N-1$ 的元件主要包括线路和主变压器,计算时需考虑下级电网的互联转供能力;10kV 线路 $N-1$ 校验对象为线路中的一个分段(包括架空线路的一个分段,电缆线路的一个环网单元或一段电缆进线本体)。$N-1$ 校核考虑最严重的情况,本电压等级满足 $N-1$ 或本电压等级不能满足 $N-1$ 但能通过下级电网转供的,其 $N-1$ 校核结果才为通过。

当发现电力网络不能满足 $N-1$ 要求时,应根据建设能力和用电需求,优化规划方案,解决薄弱环节。对于 35～110kV 网架,必要时需进行 $N-1-1$ 校验,其含义为:35～110kV 电网中一台变压器或一条线路计划停运情况下,同级电网中相关联的另一台变压器或一条线路因故障退出运行。

696. 配电网供电安全水平计算分析应如何开展?

可按照电网最大、最小负荷等典型运行方式对配电网的典型区域进行供电安全水平分析。

697. 回路容量、转供容量和转供能力的定义是什么?

回路容量是指回路中在正常运行条件下或预想事故条件下的额定容量。

转供容量是在发生 $N-1$ 和 $N-1-1$ 停运后的规定时间内,由邻近用户组提供的回路容量。

转供能力是指当系统受停运影响时,邻近用户组可利用的转供负荷或可提供的转供容量。

698. 电网发生 $N-1$ 和 $N-1-1$ 停运时的回路容量如何确定?

对于 $N-1$ 停运,回路的容量宜以其在夏季炎热天气条件下的额定容量为依据。但是如果用户组的最大负荷不在夏季出现,则回路的容量应以适当环境条件下的额定容量为依据。对于 $N-1-1$ 停运,回路容量宜以其在春/秋季节的额定容量为依据。

第五节　供电可靠性计算

699. 配电网供电可靠性计算分析的目的是什么?

供电可靠性计算分析的目的是确定现状和规划期内配电网的供电可靠性指标,分析影响供电可靠性的薄弱环节,提出改善供电可靠性指标的规划方案。

700. 供电可靠性指标应该如何进行计算? 典型的供电可靠性指标包括哪些?

供电可靠性指标可按给定的电网结构、典型运行方式以及供电可靠性相关计算参数等条件选取典型区域进行计算分析。计算指标包括用户平均停电时间、用户平均停电次数、供电可靠率、用户平均停电缺供电量等。

701. 用户平均停电时间的定义是什么? 如何计算?

(1) 用户平均停电时间代表用户在统计期间内的平均停电小时数,记作 AIHC-1 (h/户),计算公式如下:

$$
\begin{aligned}
用户平均停电时间 &= \frac{\sum(每户每次停电时间)}{总用户数} \\
&= \frac{\sum(每次停电持续时间 \times 每次停电户数)}{总用户数}
\end{aligned} \tag{12-8}
$$

(2) 若不计外部影响时,则用户平均停电时间记作 AIHC-2 (h/户),计算公式如下:

$$
\begin{aligned}
用户平均停电时间(不计外部影响) &= 用户平均停用时间 \\
&\quad - 用户平均受外部影响停电时间
\end{aligned}
$$

$$
用户平均受外部影响停电时间 = \frac{\sum\left(\begin{array}{c}每次外部影响停电持续时间 \times \\ 每次受其影响停电户数\end{array}\right)}{总用户数}
$$

$$
\tag{12-9}
$$

(3) 若不计系统电源不足限电时,则用户平均停电时间记作 AIHC-3 (h/户)。计算公式如下:

$$
\begin{aligned}
用户平均停电时间(不计系统电源不足限电) &= 用户平均停电时间 \\
&\quad - 用户平均限电停电时间
\end{aligned}
$$

$$
用户平均限电停电时间 = \frac{\sum(每次限电停电持续时间 \times 每次限电停电户数)}{总用户数}
$$

$$
\tag{12-10}
$$

702. 用户平均停电次数的定义是什么？ 如何计算？

（1）用户平均停电次数代表用户在统计期间内的平均停电次数，记作 AITC - 1（次/户）。计算公式如下：

$$用户平均停电次数 = \frac{\sum (每次停电用户数)}{总用户数} \tag{12-11}$$

（2）若不计外部影响时，则记作 AITC - 2（次/户）。计算公式如下：

$$用户平均停电次数(不计外部影响) = \frac{\sum (每次停电用户数) - \sum (每次受外部影响的停电用户数)}{总用户数}$$

$$\tag{12-12}$$

（3）若不计系统电源不足限电时，则记作 AITC - 3（次/户）。计算公式如下：

$$用户平均停电次数(不计系统电源不足限电) = \frac{\sum (每次停电用户数) - \sum (每次限电停电用户数)}{总用户数}$$

$$\tag{12-13}$$

703. 用户平均停电缺供电量的定义是什么？ 如何计算？

用户平均停电缺供电量代表在统计期间内平均每一用户因停电缺供的电量，记作 AENS（kWh/户）。计算公式如下：

$$用户平均停电缺供电量 = \frac{\sum (每次停电缺供电量)}{总用户数} \tag{12-14}$$

704. 中压配电网供电可靠性评估需要的基础参数有哪些？

中压配电网可靠性评估中需要的基础参数如下：

（1）拓扑结构。包括变电站 10（6、20）kV 母线、架空线路、电缆线路、配电变压器、断路器、负荷开关、隔离开关和熔断器等设施模型之间的拓扑连接关系，主要通过网络模型体现。

（2）配电线路基础参数。包括线路类型、长度、型号、单位长度的电阻、电抗、电纳以及载流量。其中，线路类型分为架空绝缘线、架空裸导线、电缆三类。

（3）配电变压器基础参数。包括变压器型号、额定容量、空载损耗、负载损耗、阻抗电压、空载电流。

（4）负荷点数据。包括负荷容量、用户数、重要级别。当无法提供实际负荷容量时，宜提供装机容量，并按照装机容量大小进行负荷容量分配；对于规划电网，应根据负荷点预测容量和配电变压器容量估算用户数。

705. 中压配电网供电可靠性评估需要的可靠性参数有哪些？

中压配电网可靠性评估需要的可靠性参数如下：

（1）故障停电相关参数：

1）变电站 10（6、20）kV 母线：（等效）故障停运率、（等效）平均故障修复时间。

2）架空线路、电缆线路：故障停运率、平均故障修复时间。

3）隔离开关：故障停运率、平均故障修复时间、平均故障定位隔离时间。

4）断路器、熔断器：故障停运率、平均故障修复时间、平均故障点上游恢复供电操作时间。

5）负荷开关、配电变压器：故障停运率、平均故障修复时间。

6）联络开关：平均故障停电联络开关切换时间。

（2）预安排停电相关参数：

1）变电站 10（6、20）kV 母线：（等效）预安排停运率、（等效）平均预安排停运持续时间。

2）架空线路、电缆线路：预安排停运率、平均预安排停运持续时间。

3）隔离开关：平均预安排停电隔离时间。

4）断路器、熔断器：平均预安排上游恢复供电操作时间。

5）联络开关：平均预安排停电联络开关切换时间。

部分可靠性参数计算方法见 DL/T 1563—2016《中压配电网可靠性评估导则》附录。

706. 中压配电网供电可靠性评估的参数统计取值有什么要求？

对于规划电网，同类设施的可靠性参数应统一取值；对于现状电网，具备条件时应以单个设施为对象进行长期数据统计，并以此为依据计算设施可靠性参数。当在统计期间内单个设施无数据或数据量太少时，应基于情况类似的多个设施进行数据统计，即分类统计。分类统计的一般原则如下：

（1）故障停运率宜基于设施型号、运行年限、运行条件、运行环境、状态评价（监测）结果、气候状况等进行分类统计。

（2）平均故障定位隔离时间应根据线路类型、配电自动化实施情况等进行分类统计。

（3）平均故障修复时间应根据线路类型、配电自动化实施情况、设施类型等进行分类统计。

（4）平均故障段上游恢复供电操作时间、平均故障停电联络开关切换时间、平均预安排停电线段上游恢复供电操作时间、平均预安排停电联络开关切换时间应根据开关的自动化（智能化）实现情况分类统计。

（5）预安排停运率应在历史统计数据的基础上，综合考虑电网建设投资额或具体停电计划进行测算。

707. 中压配电网供电可靠性评估包括哪些流程？

中压配电网供电可靠性评估应包括以下流程：

（1）确定评估对象。

（2）基础资料收集及预处理。

（3）建立配电网模型和设施停运模型。

（4）参数估计及校验。

（5）选择可靠性评估方法。

（6）可靠性指标计算。

（7）薄弱环节辨识及参数灵敏度分析。

（8）提出改善措施并进行实施效果分析。

（9）编制可靠性评估报告。

708. 中压配电网供电可靠性评估的方法有哪些？ 分别适用于哪些范围？

中压配电网供电可靠性评估的方法主要包括故障模式后果分析法和最小路法。

故障模式后果分析法是中压配电网可靠性评估基本方法，适用于开环运行和闭环运行的配电网。故障模式后果分析法是通过分析所有可能的故障时间及其对系统造成的后果，建立故障模式后果分析表，通过该表计算负荷点和系统可靠性指标。

最小路法是在故障模式后果分析法基础上对故障后果搜索方法进行了改进，其只适用于开环运行的配电网。对单个负荷点而言，设施可分为最小路上设施和非最小路上设施两类。从某负荷点逆着潮流的方向到电源点的路径上的设施为最小路设施，不在该路径上的设施为非最小路上设施。最小路法通过搜索每个负荷点的最小路，将非最小路上设施故障的影响折算到相应的最小路的节点上，再对最小路上的设施与节点进行计算即可得出每个负荷点的可靠性指标，综合所有负荷点的可靠性指标即可得到系统的可靠性指标。

709. 中压配电网可靠性评估的结果有哪些？

评估结果应包括以下四个部分内容：

（1）馈线段名称。

（2）计算结果类型：包括馈线段可靠性计算结果、整条馈线计算结果、系统计算结果。

（3）故障条件下的可靠性指标：可靠率（%）、停电频率（故障，次/年）、停电时间（故障，h/年），缺供电量（故障，kWh/年）。

（4）含预安排条件下的可靠性指标：可靠率（%）、停电频率（故障，次/年）、停电时间（故障，h/年），缺供电量（故障，kWh/年）。

第六节　无功规划计算

710. 配电网无功规划计算分析的目的是什么？

无功规划计算分析的目的是确定无功配置方案（方式、位置和容量），保证电压质量，降低网损。

711. 配电网无功配置方案的优化分析应如何开展？

无功配置方案的优化分析需结合节点电压允许偏差范围、节点功率因数要求、变压器、无功设备与线路等设备参数以及不同运行方式下的负荷水平，按照大负荷方式计算无功总容量需求，按照小负荷方式计算无功补偿装置的分组容量，以达到无功设备投资最小或网损最小的目标。

712. 配电网无功优化计算需要哪些基本参数？

配电网无功优化计算需要以下基本参数：

（1）配电网络数据，即描述配电设备拓扑关系的数据。配电网络数据以图形化方式提供，包括地理接线图、系统图和单线图。

（2）设备参数数据，包括导线型号、长度，变压器型号、容量，开关状态，无功补偿设备型号等，以结构化数据的方式提供。

（3）运行数据，包括安装在母线、开关、变压器等设备上的量测装置所记录的功率、电压、电流等动态变化数据。

（4）负载率。

（5）折旧维修率。

（6）投资回收率。

（7）单位容量补偿设备投资。

（8）全网最大负荷损耗小时数。

（9）电价。

713. 配电网无功优化计算的结果包括哪些内容？

配电网无功优化计算的结果包括补偿点、馈线、补偿容量、补偿前功率因数、补偿后功率因数、补偿前电压、补偿后电压。

第七节　效率效益计算

714. 配电网规划效率效益计算分析包括哪些内容？

（1）应分电压等级开展线损计算。对于 35kV 及以上配电网，应采用以潮流计算为基础的方法进行计算。对于 35kV 以下配电网可采用网络简化和负荷简化方法进行近似计算。

（2）应开展设备利用率计算分析，包括设备最大负载率、平均负载率、最大负荷利用小时数、主变压器（配电变压器）容量利用小时数等指标。

（3）应分析单位投资增供负荷、单位投资增供电量等经济性指标。

715. 配电网规划线损计算的目的是什么？

配电网规划线损计算的目的是检验规划方案的节能降损作用，分析电能损失在电网中的分布规律。

716. 配电网线路功率损耗如何计算？

计算一般配电线路的功率损耗，若已知线路的负荷电流时，则该线路的有功功率和无功功率损耗分别为：

$$\begin{cases} \Delta P = 3I^2 R \\ \Delta Q = 3I^2 X \end{cases} \tag{12-15}$$

式中　I——线路电流，A；

　　　R——线路电阻，Ω；

　　　X——线路电抗，Ω。

若已知该段线路的负荷功率时，则其有功功率和无功功率损耗分别为：

$$\begin{cases} \Delta P = \dfrac{S^2}{U^2}R = \dfrac{P^2+Q^2}{U^2}R = \left(\dfrac{P}{U\cos\varphi}\right)^2 R \\ \Delta Q = \dfrac{S^2}{U^2}X = \dfrac{P^2+Q^2}{U^2}X = \left(\dfrac{P}{U\cos\varphi}\right)^2 X \end{cases} \tag{12-16}$$

式中　$\cos\varphi$——该段线路负荷的功率因数；

　　　P——负荷有功功率，kW；

Q——负荷无功功率，kvar；

S——负荷视在功率，kVA。

717. 配电变压器功率损耗如何计算？

变压器的功率损耗主要是变压器绕组电阻上的铜损和绕组漏抗无功损耗，以及铁芯中有功损耗和励磁无功功率损耗。在计算潮流时，双绕组变压器用 τ 型等值电路表示，变压器励磁回路的电导和电纳一般接在电源侧。变压器绕组中的铜损和漏抗损耗与通过变压器的功率有关，变压器铁芯的有功损耗和励磁功率则与通过变压器的功率无关，仅与变压器的容量和所加的电压有关。计算双绕组变压器的功率损耗可采用下式：

$$\begin{cases} \Delta P_{\mathrm{T}} = \dfrac{S^2}{nS_{\mathrm{e}}^2} \times \dfrac{U_{\mathrm{e}}^2}{U^2}\Delta P_{\mathrm{e}} + n\Delta P_0 \dfrac{U^2}{U_{\mathrm{e}}^2} \\ \Delta Q_{\mathrm{T}} = \dfrac{U_{\mathrm{k}(\%)}S^2}{100nS_{\mathrm{e}}} \times \dfrac{U_{\mathrm{e}}^2}{U^2} + nI_{0(\%)}S_{\mathrm{e}}\dfrac{U^2}{U_{\mathrm{e}}^2} \end{cases} \quad (12-17)$$

式中　n——变压器并列运行台数；

S_{e}——变压器额定容量，kVA；

S——变压器总通过容量，kVA；

U——变压器端电压，kV；

U_{e}——变压器额定电压，kV；

ΔP_{e}——变压器短路损耗，kW；

ΔP_0——变压器空载损耗，kvar；

$I_{0(\%)}$——变压器空载电流百分数，%；

$U_{\mathrm{k}(\%)}$——变压器短路电压百分数，%；

ΔP_{T}——变压器有功损耗，kW；

ΔQ_{T}——变压器无功损耗，kvar。

718. 配电网电能损耗计算的基本原理是什么？

由于电网运行经常变化，因此各条线路及变压器通过功率也相应变化，其功率损耗也随时间而变化。在分析线路或系统运行的经济性时，应该根据不同功率及其相应时间段逐段进行计算，以求得全年的电能损耗，这种计算方式工作量较大，实际工作中一般采用最大负荷利用小时数 $T_{\max}$ 和最大负荷损耗小时数 τ 的关系来计算。最大负荷损耗小时数为全年电能损耗 ΔA 除以最大负荷时的功率损耗 $\Delta P_{\max}$。

719. 配电网网络线损计算有哪些方法？

（1）等值电阻计算法。等值电阻法将复杂的配电线路简化为一个等值损耗电阻，计算其线损。计算中，假设线路总电流按照每个负载点配电变压器的容量占该线路配电变压器总容量的比例，分配到各处负载点上，且每个负载点的功率因数相同。

（2）分散损耗系数法。分散损耗系数法用于配电线路负荷沿线分布有一定规律时的简化计算。该方法根据配电线路出口总的均方根电流、负荷沿线分布形式和主干线参数直接求出总损耗。

（3）损失因数法。损失因数法也称最大电流法，是利用均方根电流与最大电流的等效关系进行电能损耗计算的方法。

第八节　电　能　质　量　评　估

720. 配电网电能质量评估包括哪些内容？

配电网电能质量评估内容包括电压质量、电流质量，其主要指标包括频率偏差、电压偏差、电压波动与闪变、三相不平衡、谐波以及供电连续性等。

721. 谐波的定义是什么？　如何计算？

谐波是指对周期性非正弦交流量进行傅里叶级数分解所得到的大于基波频率整数倍的各次分量，通常称为高次谐波，而基波是指其频率与工频（50Hz）相同的分量。某次谐波分量的大小常以该次谐波的均方根值与基波均方根值的百分比表示，称为该次谐波的含有量，h 次谐波电流和谐波电压的含有量计算公式如下：

$$\begin{cases} HRI_h = I_h/I_1 \times 100\% \\ HRU_h = U_h/U_1 \times 100\% \end{cases} \qquad (12-18)$$

式中　I_h——第 h 次谐波电流的均方根值；

$\quad U_h$——第 h 次谐波电压的均方根值；

$\quad I_1$——基波电流的均方根值，A；

$\quad U_1$——基波电压的均方根值，kV；

$\quad HRI_h$——第 h 次谐波电流的含有量，%；

$\quad HRU_h$——第 h 次谐波电压的含有量，%。

722. 三相不平衡的定义是什么？　三相不平衡度如何计算？

三相不平衡是指电力系统中三相电流或电压幅值不一致，且幅值差超过规定范围。三相不平衡度是电能质量的重要指标之一，包括三相电压不平衡度和三相电流不平衡度。

根据对称分量法，三相电压不平衡度为电压的负序基波分量均方根值与正序基波分量均方根值之比来表示，三相电流不平衡度为电流的负序基波分量均方根值与正序基波分量均方根值之比来表示，即：

$$\begin{cases} \varepsilon_U = U_2/U_1 \times 100\% \\ \varepsilon_I = I_2/I_1 \times 100\% \end{cases} \qquad (12\text{-}19)$$

式中　ε_U——三相电压不平衡度，%；

　　　ε_I——三相电流不平衡度，%；

　　　U_1——电压正序分量均方根值，kV；

　　　U_2——电压负序分量均方根值，kV；

　　　I_1——电流正序分量均方根值，A；

　　　I_2——电流负序分量均方根值，A。

723. 供电电压偏差的定义是什么？ 如何计算？

供电电压偏差为供电系统在正常运行方式下，某一节点的实际电压与系统标称电压之差对系统标称电压的百分数，其计算公式为：

$$\Delta U = (U_{re} - U_N)/U_N \times 100\% \qquad (12\text{-}20)$$

式中　ΔU——电压偏差，%；

　　　U_{re}——实际电压，kV；

　　　U_N——标称电压，kV。

724. 电压合格率的定义是什么？ 如何计算？

电压合格率是指实际运行电压偏差在限值范围内累计运行时间与对应的总运行统计时间的百分比，统计的时间单位为 min，通常每次以月的时间为电压监测的总时间，供电电压偏差超限的时间累计之和为电压超限时间，监测点电压合格率计算公式如下：

$$\gamma_0 = (1 - T_u/T_s) \times 100\% \qquad (12\text{-}21)$$

式中　γ_0——电压合格率，%；

　　　T_u——电压超限时间，min；

　　　T_s——总运行统计时间，min。

725. 电压暂降与短时中断的定义是什么？

电压暂降是指电力系统中某点工频电压均方根值突然降低至 0.1～0.9p. u.，并在短暂持续 10ms～1min 后恢复正常的现象。

短时中断是指供电电压消失、且中断时间符合规定时限的一段时间。供电电压降低到低于额定电压的 1% [0.1p. u. （或 0.01p. u.）]，且其（降低的）持续时间的下限为 3s，上线约为 1min（有些情况下可达到 3min）时，可以认为是短时中断。

726. 电力系统频率偏差的定义是什么？

电力系统频率偏差为供电系统在正常运行方式下，系统频率的实际值与标称值之差。电力系统正常运行条件下频率偏差限值为±0.2Hz，当系统容量较小时，偏差限值可放宽至±0.5Hz。

727. 暂态过电压和瞬态过电压的定义是什么？

暂态过电压是指持续时间较长的不衰减或弱衰减的（以工频或其一定的倍数、分数）振荡的过电压，包括工频过电压、谐振过电压等。

瞬态过电压是指持续时间数毫秒或更短，通常带有强阻尼的振荡或非振荡的一种过电压，包括操作过电压、雷电过电压等。

728. 电压波动的定义是什么？ 如何计算？

电压波动是指电压均方根值一系列的变动或连续的变动，其变化周期大于工频周期。电压波动常用相对电压变化量来描述，电压波动取值为一系列电压均方根值变化中的相邻两个极值之差与标称电压的相对百分数表示，即：

$$d = (U_{\max} - U_{\min})/U_{N} \times 100\% \tag{12-22}$$

式中　$U_{\max}$——最大电压均方根值，kV；

$\quad\quad U_{\min}$——最小电压均方根值，kV；

$\quad\quad U_{N}$——标称电压，kV；

$\quad\quad d$——电压波动值，%。

第九节　分布式电源接入计算

729. 分布式电源接入应开展哪些电气计算？

分布式电源接入系统后应开展潮流计算、短路电流计算，并进行热稳定性评估和短路电流校核、电压偏差校核和谐波校核。

730. 分布式电源接入配电网潮流计算应遵循哪些原则？

（1）潮流计算无需对分布式电源送出线路进行 $N-1$ 校核，但应分析电源典型出力变化引起的线路功率和节点电压的变化。

（2）分布式电源接入配电网时，应对规划水平年有代表性的电源出力和不同负荷组合的运行方式、检修运行方式以及事故运行方式进行分析，还应计算光伏发电等最大出力主要出现时段的运行方式，必要时进行潮流计算和校核地区潮流分布情况以及上级电网输送能力分析电压、谐波等存在问题。

（3）必要时，必须考虑本项目投运后5~10年相关地区预计投运的其他分布式电源项目，并纳入潮流计算。相关地区为本项目公共连接点上级变电站所有低压侧出线覆盖地区。

（4）针对变电站主变压器跳闸后的状态，应对分布式电源接入侧相关主变压器/配电室高压侧母线残压进行计算校核，对低压侧母线母联自投时的非同期合环电流进行计算校核。

731. 分布式电源接入配电网的短路电流计算原则是什么？

应针对分布式电源最大运行方式，对分布式电源并网点及相关节点进行三相及单相短路电流计算。短路电流计算为现有保护装置的整定和更换以及设备选型提供依据。当已有设备短路电流开端能力不满足短路计算时，应提出限流措施或解决方案。

732. 分布式电源接入配电网的短路电流计算依据是什么？

变流器型分布式电源提供的短路电流按1.5倍额定电流计算；分布式同步电机及感应电机型发电系统提供的短路电流按照式（12-22）计算。

$$I_G = \frac{U_n}{\sqrt{3}X_d''} \qquad (12-23)$$

式中　I_G——分布式电源提供的短路电流，kA；

　　　U_n——同步电机及感应电机型发电系统出口基准电压，kV；

　　　X_d''——同步电机或感应电机的直轴次暂态阻抗，Ω。

733. 分布式电源接入配电网时，哪些情况需要开展稳定计算？

同步电机类型的分布式电源接入35/10kV配电网时，应进行稳定计算。其他类型的发电系统及接入380/220V系统的分布式电源，可省略稳定计算。稳定计算分析应符合GB 38755—2019《电力系统安全稳定导则》的要求，当分布式电源存在失步风险时，应能够实现解列功能。

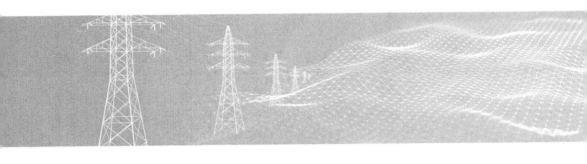

第十三章 配电网规划技术经济分析

第一节 概述

734. 配电网规划开展技术经济分析的目的是什么？

技术经济分析主要针对配电网规划开展技术政策、技术方案、技术措施的经济效果进行计算、分析、比较和评价，目的是为了选择技术上先进、经济上合理的最优方案，达到预定的规划目的。

735. 在配电网规划工作中开展技术经济分析需达到何种目标？ 考虑哪些因素？

配电网规划中的技术经济分析应对各备选方案进行技术比较、经济分析和效果评价，评估规划项目在技术、经济上的可行性及合理性，确定规划目标和全寿命周期内投资费用的最佳组合，为投资决策提供依据。技术经济分析应综合考虑资产全寿命周期内初始投资、运维、退役成本和增供电量、可靠性提升、降损等效益，按照净年值法、最小费用法、效益成本比法等方法进行计算分析。

736. 配电网规划技术经济分析中的规划属性分为哪两种？ 分别有什么特点？

规划属性分为单属性规划和多属性规划。在单属性规划中，只能确定一个属性，如费用最小或规划目标最优，无法同时考虑这两个属性的关系；而在多属性规划中，最终可确定属性之间的关系，如规划目标属性和费用属性之间的价值关系。

737. 帕累托曲线在配电网规划技术经济分析中可以起到什么作用？

帕累托曲线（Pareto）是将出现的质量问题和质量改进项目按照重要程度依次排列而采用的一种曲线。在确定规划目标和全寿命周期内投资费用的最佳组合时，可以借助帕累托优化曲线。它可显示多属性规划（单属性规划和多属性规划）中多个属性情况下的分析结果，如供电可靠性、费用等。

电力企业在对系统进行扩展规划或运行时，帕累托曲线可显示不同方案的费用与供电可靠性之间的关系。帕累托曲线上的每一个点都代表一个供电可靠性和费用的最佳组合，也即获得任何一种供电可靠性水平所需花费的最少费用，可为电力企业在多属性规划时提供选择，便于对多个属性进行权衡。

738. 配电网规划项目的技术经济分析流程分为哪几个步骤？

配电网规划项目的技术经济分析流程可以分为比选准备、条件判断、技术经济分析、项目比选 4 个步骤。比选准备主要明确比选对象（比选项目均应经过技术论证，满足电网规划的基本技术指标要求，具备可比性），界定项目关联电网；条件判断主要在规划项目比选和项目优选排序中识别比选类型；技术经济分析主要根据工程特点和比选需求，选择不同的测算方法开展技术经济分析；项目比选主要依据经济分析结果，进行项目的比选工作。必要时，可在技术经济分析的基础上进行敏感性分析，可以进一步明确负荷预测、运维费用、电价等因素变动时对技术经济指标的影响。

第二节　主　要　内　容

739. 配电网规划项目比选方法的基本类型有哪些？

在规划项目研究和比选过程中，应结合各相关因素，开展多层次、多方案分析和比选，以全面优化项目规划方案。从不同的角度出发，规划项目比选的方法一般分为以下几种类型：

（1）整体的和专项的方案比选（按范围）。

按比选的范围分，规划方案比选可分为整体的和专项的研究与比选。整体的方案比选是按各备选方案所含（相同和不同）的因素进行定量和定性的全面对比。专项的方案比选仅就备选方案的不同因素或部分重要因素进行局部对比。

专项的方案比选通常相对容易，操作简单，而且容易提高比选结果差异的显著性。但如果备选方案在许多方面都有差异性，为避免决策的复杂性，应采用整体方案比选方法。

（2）定性和定量的方案比选（按模型工具）。

按比选所应用的模型工具分，项目（方案）可分为定性和定量的研究与比选。定性方法主要依靠经验及主观判断和分析能力，分析影响规划方案的各种因素的影响程度，或是通过比较规划方案性能与项目要求，分析规划方案对规划目标的满足程度，满足程度较高，负面影响较小的方案即是较优的规划方案。定量的方法核心是提出规划方案优化的数学模型，在定量的基础上评价规划方案的经济效益、环境效益和社会效益。

定性比选较适合于方案比选的初级阶段，在一些比选因素较为直观且不复杂的情况下，定性比选简单易行。在较为复杂系统方案比选工作中，一般先经过定性分析，如果直观很难判断各个方案的优劣，再通过定量分析，计算其技术、经济效益指标，据此判别方案的优劣。有时，由于诸多因素如可靠性、社会环境、民生因素等很难量化，不能完全由技术经济指标来表达的，通常采用专家评议法，组织专家组进行定性和定量分析相结合的评议，采用加权或不加权的计分方法进行综合评价比选。

740. 在配电网规划中如何确定规划项目比选方法？

依据国家电网有限公司发布的《地市公司配电网规划编制大纲》《县（区）配电网规划编制大纲》，配电网规划项目分为十一类，具体包括满足新增负荷供电要求、加强网架结构、变电站配套送出、解决"卡脖子"、解决低电压、解决设备重（过）载、消除设备安全隐患、改造高损配电变压器、无电地区供电、分布式电源接入和其他类型项目。

不同的配电网规划项目，其产生的成本及效益均有所不同。例如改造高损配电变压器项目，其效益重点体现在降损效益，而可靠性、增供电量效益可以忽略不计。实际计算中，在保证可比性的基础上，可对效益计算内容适当简化。对于规划网架的互斥方案比选，比选内容主要为针对同一问题的不同解决方案；对于规划项目的互斥方案比选，比选内容主要为系统方案、接线方式、站址路径、设备选型等。

741. 配电网规划项目技术分析的常用方法是什么？

配电网规划项目技术分析时，需统筹考虑多维度技术指标，一般采用以下两种方法：

（1）简单评分法。采用简单评分法时，首先确定技术方案的评价体系指标和标准；其次，在根据这些指标的合格性标准剔除不符合要求的方案后，由专家对剩余的备选方案按选定的评价指标和标准评价打分，经汇总得到每个备选方案的评价总分；方案总分排列即为方案的优劣排序。

（2）加权评分法。在简单评分法的基础上，根据每个选定指标的重要程度的不同给予不同权重，然后计算各备选方案的加权评价分，得出优劣排序。

742. 配电网规划项目技术分析指标主要有哪些？

规划项目技术分析指标主要包括以下几方面：

（1）供电能力。供电能力宜以容载比为主要表征指标，反映地区负荷与变电容量匹配的合理性。

（2）转供能力。转供能力宜以主变压器 $N-1$ 通过率、线路 $N-1$ 通过率为主要表征指标。计算该指标时，需合理考虑本级电网和下级电网的转供能力。

（3）供电可靠性。供电可靠性多采用 RS 指标，规划设计阶段主要利用概率统计的数学方法进行预测，根据规划设计方案中网络结构完善提升转供能力、提升设备水平、降低故障率以及实施配电自动化后减少停电时间等因素，对 RS 指标进行预测。

（4）综合电压合格率。综合电压合格率是一个运行指标，在规划层面，该指标主要体现在潮流计算中，各电压等级电压未越限节点与规划区内同等电压等级下节点数量的比例。

（5）网损率。网损率是一个运行指标，在规划层面，该指标主要体现在潮流计算中，线路及变压器损耗的有功功率与发电有功功率的比值。

（6）平均负载率。规划区域内设备平均负载率的值反映了整个规划区域配电网设备的利用状态。

743. 配电网规划项目经济分析的常用方法有哪些？　分别如何使用？

技术经济分析评估方法，主要包括最小费用评估法、收益/成本评估法以及收益增量/成本增量评估法，不同评估方法的适用范围如下：

（1）最小费用评估法为单属性规划方法，是一种采用标准驱动、最小费用、面向项目的评估和选择过程，用以确定各个项目的投资规模及相应的分配方案。

（2）收益/成本评估法为多属性规划方法，以收益与成本两者的比值来确定项目的优点，其评估和选择过程，一般需通过有效的比值来评估各备选项目，一般用于新建项目评估。

（3）收益增量/成本增量评估法为多属性规划方法，基于收益增量与成本增量比值，既可用于新建项目评估，也可用于改造项目评估。收益增量是当前方案与相邻方案（比当前方案收益稍差的方案）间的收益差值，成本增量是当前方案与相邻方案间的成本差值（即边际成本）。

总费用是指全寿命周期成本，包括投资成本、运行成本、检修维护成本、故障成本、退役处置成本等。总费用现值计算公式如式（13-1）：

$$LCC = \left[\sum_{n=0}^{N} \frac{CI(n) + CO(n) + CM(n) + CF(n)}{(1+i)^n} + \frac{CD(n)}{(1+i)^n} \right] \quad (13-1)$$

式中　LCC——总费用现值，万元；

$\quad\quad n$——评估年限，与设备寿命周期相对应；

$\quad\quad i$——贴现率，%；

$CI(n)$——第 n 年的投资成本，主要包括设备的购置费、安装调试费和其他费用；

$CO(n)$——第 n 年的运行成本，主要包括设备能耗费、日常巡视检查费和环保等费用；

$CM(n)$——第 n 年的检修维护成本，主要包括周期性解体检修费用、周期性检修维护费用；

$CF(n)$——第 n 年的故障成本，包括故障检修费用与故障损失成本；

$CD(n)$——第 n 年（期末）的退役处置成本，包括设备退役时处置的人工、设备费用以及运输费和设备退役处理时的环保费用，并应减去设备退役时的残值。

744. 配电网规划项目经济分析的成本指标是什么？　总成本年值如何计算？

成本指标指项目的资产全寿命周期成本，包括建设期的初始投资、运行期的运维成本以及退役成本。总成本年值为初始投资年值、运维成本年值和退役成本年值的累加和。初始投资年值、运维成本年值和退役成本年值计算方法如下：

（1）初始投资。以项目初始投资总额为基值，应用资金回收系数计算项目投资成本年值，计算公式为式（13-2）。

$$IC = I_0 \times (A/P, r, n) \qquad (13-2)$$

式中　　　　IC——投资成本年值，万元；

　　　　　　I_0——初试投资总额，万元；

　　　　r, n——折现率，%；项目退役年，年；

$(A/P, r, n)$——资金回收系数，表示为 $r(1+r)^n/[(1+r)^n-1]$，%。

（2）运维成本。运维成本宜通过调研或统计确定，也可采用比例系数法近似计算，计算公式为式（13-3）。

$$OC = \sum_{i=0}^{n} [k_{0,i} \times I_0 \times (P/F, r, i)] \times (A/P, r, n) \qquad (13-3)$$

式中　　　　OC——项目运维成本年值，万元；

　　　　　　i——计算年份，$i=0$ 为基准年；

　　　　$k_{0,i}$——第 i 年运维成本占投资总额的比例系数；

$(P/F, r, i)$——一次支付现值系数，表示为 $(1+i)^{-i}$。

（3）退役成本。退役成本为处理成本与残值的差值，计算公式如式（13-4）。

$$RC = (K_T - K_R) \times I_0 \times (A/F, r, n) \qquad (13-4)$$

式中　　　　RC——项目退役成本年值，万元；

　　　　　　K_T——处理成本占投资总额的比例系数，一般采用项目所在地近三年平均值；

K_R——残值比例系数，一般取 0.05；

$(A/F, r, n)$——偿债基金系数，表示为 $r/[(1+r)^n-1]$，%。

745. 配电网规划项目经济分析的效益指标是什么？ 总效益年值如何计算？

效益指标指项目的资产全寿命周期效益，包括增供电量、可靠性提升和降损效益。总效益年值为项目实施后的增供电量效益年值、可靠性效益年值、降损效益年值之和。增供电量效益年值、可靠性效益年值、降损效益年值计算方法如下：

（1）增供电量效益。计算时首先计算项目实施前后关联电网供电能力变化值，并通过增供电量分摊系数求得增供电量，再计算增供电量效益年值。

1）供电能力计算。

高压项目关联电网的供电能力为其范围内所有变电站供电能力之和，中压项目关联电网的供电能力为其范围内所有馈线供电能力之和，高压变电站供电能力和中压馈线供电能力具体计算方法如下：

高压变电站供电能力取相应电压等级主变压器与进线供电能力的最小值。对单回进线或单台主变压器的高压变电站，根据 Q/GDW 10738—2020《配电网规划设计技术导则》规定的供电安全标准计算供电能力，其他情况根据 $N-1$ 安全准则计算供电能力，计算公式见式（13-5）。

$$SC_j = \min(SC_{N-1,s}, SC_{N-1,L}) \tag{13-5}$$

式中　$SC_{N-1,s}$——最大容量主变压器停运后剩余变压器能供的最大负荷，MW；

$SC_{N-1,L}$——最大容量进线停运后剩余线路能供的最大负荷，MW；

SC_j——第 j 座变电站的供电能力，MW。

中压联络馈线根据 $N-1$ 安全准则计算联络馈线组供电能力，辐射状中压馈线供电能力根据本标准规定的供电安全标准计算。其他情况下，中压馈线及其联络馈线可组成联络馈线组，进而求得该条馈线供电能力。计算公式见式（13-6）。

$$SC_j = \left(\sum_{k=1}^{m} S_k - S_{\max}\right)/m \tag{13-6}$$

式中　S_k——第 j 条馈线的联络馈线组内第 k 条馈线的安全输送能力，MW；

$S_{\max}$——联络馈线组内单条馈线的最大安全输送能力，MW；

m——第 j 条馈线的联络馈线组内馈线条数。

综上，关联电网最大供电能力计算公式见式（13-7）。

$$SC = \sum_{j=1}^{m} SC_j \tag{13-7}$$

式中　m——关联电网变电站座数或馈线条数；

SC——关联电网最大供电能力，MW。

2）增供电量计算。

在计算关联电网安全增供负荷的基础上，应用增供电量分摊系数，求得规划项目的增供电量，采用式（13-8）计算。

$$IE_i = (L_{S,i} - L_{S,0}) \times k_{E\cdot i} \times T/10 \qquad (13-8)$$

式中　IE_i——第 i 年增供电量，万 kWh；

　　　L_i——第 i 年负荷预测值，MW；

　　　$L_{S,i}$——第 i 年项目关联电网安全供电负荷，MW。若负荷预测值无法取得，安全供电负荷可用供电能力近似替代；

　　　$k_{E\cdot i}$——第 i 年增供电量分摊系数，为关联电网供电能力提升值与供电裕度的比值。

3）增供电量效益计算。

逐年计算项目的增供电量效益，并将计算结果折算为年值。

（2）可靠性效益。可靠性效益是项目实施后供电可靠性提升、停电损失减少而带来的效益。计算时，首先计算项目实施前后关联电网系统平均停电时间变化值，再计算缺供电量变化值，并通过单位电量停电损失费用折算为效益。

1）系统平均停电时间变化值计算。

对于高压配电网项目，计算关联电网范围内由于高压配电网故障或检修导致的系统平均停电时间变化值，该值可通过计算项目实施前后关联电网 $N-1$ 损失负荷值进行估算。对于中压配电网项目，应计算项目实施前后关联电网范围内由于中压配电网故障或检修导致的系统平均停电时间变化值；原则上应根据 DL/T 1563—2016《中压配电网可靠性评估导则》计算项目实施前后关联电网系统平均停电时间期望值，进而求得系统平均停电时间变化值。

高压配电网项目实施前后系统平均停电时间变化值采用式（13-9）进行计算。

$$\Delta T_i = T_0 \times \left(1 - \frac{\Delta P_{N-1,i}\%}{\Delta P_{N-1,0}\%}\right) \qquad (13-9)$$

式中　ΔT_i——第 i 年关联电网系统平均停电时间变化值（与项目实施前相比），h/户；

　　　T_0——项目实施前关联电网高压配网原因引起的系统平均停电时间，近似以所在地区高压停电原因引起的系统平均停电时间代替，h/户；

$\Delta P_{N-1,i}\%$——第 i 年项目关联电网主变及线路 $N-1$ 校验损失负荷率。若 $\Delta P_{N-1,0}\% = 0$，则 $\Delta T = 0$。

中压配电网项目实施前后系统平均停电时间变化值采用式（13-10）进行计算。

$$\Delta T_i = T_0 - T_i \qquad (13-10)$$

式中　T_i——第 i 年项目关联电网系统平均停电时间期望值，h/户。

2）缺供电量变化值计算。

根据项目实施前后系统平均停电时间变化值及关联电网平均供电负荷值，计算缺供电量变化值。高、中压配电网项目缺供电量变化值采用式（13-11）进行计算。

$$NE_i = (\Delta T_i \times L_1 \times T_{\max,i}/8760) \qquad (13-11)$$

式中　NE_i——第 i 年项目关联电网缺供电量变化值，万 kWh；

　　　$T_{\max,i}$——第 i 年最大负荷利用小时数，h。

3）可靠性效益计算。

根据项目实施前后缺供电量变化值，并通过单位电量停电损失费用计算可靠性效益年值。高、中压配电网项目可靠性效益年值采用式（13-12）进行计算。

$$RB = \left[\sum_{i=0}^{n} NE_i \times R_{L,i} \times (P/F, r, i) \right] \times (A/P, r, n) \qquad (13-12)$$

式中　RB——可靠性效益年值，万元；

　　　$R_{L,i}$——第 i 年单位电量停电损失费用，元/kWh。可用产电比近似表示，即地区 GDP/地区供电量。

（3）降损效益计算。降损效益是项目实施后关联电网网损降低带来的效益。计算时应根据 DL/T 686—2018《电力网电能损耗计算导则》计算项目实施前后关联电网的网损率变化值，然后采用式（13-13）计算逐年降损电量：

$$DE_i = P_0 \times (\Delta P_0\% - \Delta P_i\%) \qquad (13-13)$$

最后通过式（13-14）计算降损效益年值：

$$LB = \left[\sum_{i=0}^{n} DE_i \times R_{p,i} \times (P/F, r, i) \right] \times (A/P, r, n) \qquad (13-14)$$

式中　DE_i——第 i 年项目关联电网降损电量，万 kWh；

　　　P_0——项目实施前关联电网供电量，万 kWh；

　　$\Delta P_i\%$——第 i 年项目关联电网网损率；

　　　LB——降损效益年值，万元；

　　　$R_{p,i}$——第 i 年平均购电单价，元/kWh。

746. 规划项目财务分析的目的、常用方法和主要指标分别是什么？

财务分析是在国家现行财税制度和价格体系的前提下，从项目的角度出发，计算项目范围内的财务效益和费用，分析项目的盈利能力和清偿能力，评价该项目在财务上的可行性，财务分析应在项目财务效益与费用估算的基础上进行。

财务分析可采用净现值、内部收益率法评价规划设计项目的可行性，也可通过给定期望的财务内部收益率，测算规划设计项目的电量分摊费用和容量电价，与政府主管部门发布的现行输配电价标准对比，判断项目的财务可行性。

　　财务分析亦包括盈利能力分析和偿债能力分析。盈利能力分析的主要指标包括财务内部收益率、财务净现值、项目投资回收期等，偿债能力分析的主要指标包括资产负债率、利息备付率、偿债备付率。

747. 经济分析与财务分析的异同与联系是什么？

　　（1）经济分析与财务分析的主要区别。

　　1）分析角度和出发点不同。财务分析是从项目的财务主体、投资者甚至债权人角度，分析项目的财务效益和财务可持续性，分析投资各方的实际收益或损失，分析投资或贷款的风险及收益；经济分析则是从全社会的角度分析评价项目对社会经济的净贡献。

　　2）效益和费用的含义及范围划分不同。财务分析只根据项目直接发生的财务收支，计算项目的直接效益和费用，称为现金流入和现金流出；经济分析则从全社会的角度考察项目的效益和费用，不仅要考虑直接的效益和费用，还要考虑间接的效益和费用，称为效益流量和费用流量。同时，从全社会的角度考虑，项目的有些财务收入或支出不能作为效益或费用，例如企业向政府缴纳的大部分税金和政府给予企业的补贴等。

　　3）采用的价格体系不同。财务分析使用预测的财务收支价格体系，可以考虑通货膨胀因素；经济分析则使用影子价格体系，不考虑通货膨胀因素。

　　4）分析内容不同。财务分析包括盈利能力分析、偿债能力分析和财务生存能力分析；而经济分析只有盈利性分析，即经济效率分析。

　　5）基准参数不同。财务分析最主要的基准参数是财务基准收益率，经济分析的基准参数是社会折现率。

　　6）计算期可能不同。根据项目实际情况，经济分析计算期可长于财务分析计算期。

　　（2）经济分析与财务分析的相同之处。

　　1）两者都采用效益与费用比较的理论方法。

　　2）两者都遵循效益和费用识别的有无对比原则。

　　3）两者都根据资金时间价值原理，进行动态分析，计算内部收益率和净现值等指标。

　　（3）经济分析与财务分析之间的联系。

　　经济分析与财务分析之间联系密切。在很多情况下，经济分析是在财务分析的基础之上进行，通常以财务分析中所估算的财务数据为基础进行调整计算，得到经济效益和费用数据。经济分析也可以独立进行，即在项目的财务分析之前就进行经济分析。

第十四章 配电网规划评估和项目后评价

第一节 规 划 评 估

748. 配电网规划评估的宗旨和范围是什么？

（1）配电网规划评估旨在全面了解掌握配电网规划实施情况，客观评价规划取得成效，深入剖析存在问题，总结提炼经验做法，提出规划实施建议，进一步强化规划权威性和严肃性，保证规划内容科学有效实施。

（2）配电网规划评估范围与配电网规划范围保持一致。原则上，35～110kV高压配电网以供电分区为基本单元进行评估；10kV及以下中低压配电网在此基础上进一步细化至供电网格（市辖供电区）或乡镇单元（县级供电区）。

749. 配电网规划评估的工作机制是什么？

配电网规划评估工作实行年度定期评估机制，一般安排在上半年完成，评估周期从上年度末上溯至本轮规划起始年。规划起始年的配电网规划评估工作应于本轮规划编制工作开始前完成，覆盖上一轮5年规划周期。

750. 配电网规划评估的内容包括什么？

配电网规划评估应在充分把握配电网发展现状的前提下，结合配电网发展的内外部环境变化，对配电网规划实施情况开展综合评估，一般包括以下内容：

（1）配电网规划政策环境变化情况评估。包括国家宏观政策调整、城市规划布局变化对配电网发展带来的影响和要求，以及配电网规划纳入地方总体规划和控制性详细规划情况等。

（2）配电网规划边界条件适应情况评估。包括规划指导思想、技术原则落实情况以及上级电网规划方案、电力需求预测结果变化情况等。

（3）配电网规划投资完成情况评估。包括投资重点、投资方向以及分年度、分电压等级投资执行及偏差情况等。

（4）配电网规划项目进展情况评估。包括 35kV 及以上规划项目落实情况、10kV 网架类项目完成情况，以及规划变电站站址、线路走廊布局与规划思路契合情况等。

（5）配电网规划指标完成情况评估。包括安全质量提升、效率效益提升、绿色智能提升三大类。其中，安全质量提升类指标包括供电可靠率完成率、标准化网架结构占比完成率等；效率效益提升类指标包括容载比偏差率、综合线损率完成率等；绿色智能提升类指标包括清洁能源消纳率完成率、配电自动化覆盖率完成率、智能电表覆盖率完成率等。

751. 配电网规划评估如何选择评估重点？

配电网规划评估可根据各地配电网发展情况和配电网规划实施阶段，选择相应的评估重点，突出评估结果的导向性。

（1）年度监测评估主要从规划项目落实的角度，保证配电网规划内容有序实施，重点评估配电网规划政策环境变化情况、规划项目进展情况、规划指标完成情况等内容，并提出合理化建议。

（2）定期总结性评估主要从规划整体推进的角度，保证规划目标和规划方案按期实现，可在年度监测评估的基础上，进一步对配电网规划边界条件适应情况、规划思路原则调整情况、规划投资完成情况等内容进行评估，并提出合理化建议。其中，规划期第 2 年的总结性评估应结合规划推进情况，研究论证规划期第 3 年统一开展规划滚动调整的必要性；规划期第 4 年的总结性评估，应对本轮规划落地情况和规划管理提升情况进行全面总结，对第 5 年的规划实施条件和规划目标的实现情况进行科学预测。

752. 配电网规划评估工作的组织流程是什么？

配电网规划定期总结性评估工作一般由总部统一安排，以地市为基本单位，自下而上逐级编制评估报告。

配电网规划年度监测评估工作一般由省级公司根据实际需要自行安排开展。

配电网规划评估过程中上级部门和单位应对下级工作进行必要的指导和监督。

753. 配电网规划定期总结性评估成果包括哪些内容？

配电网规划定期总结性评估成果由评估报告及必要的支撑性材料组成。评估报告应主要包括配电网发展现状、配电网规划基本情况、配电网规划实施情况评估、工作特色和亮点、存在问题及有关建议等。

754. 什么情况下，下级单位应及时向上级规划管理部门提出配电网规划滚动调整建议？

配电网规划评估结果存在以下情况之一时，下级单位应及时向上级规划管理部门提出配电网规划滚动调整建议。

（1）配电网规划政策环境发生较大变化，原有配电网规划内容难以适应国土空间规划、行政区划、城市核心功能区等政策性调整。

（2）配电网规划边界条件发生较大变化，原有配电网规划思路原则发生较大调整，电力需求预测结果或五年规划期投资总额等偏差超过20%。

（3）配电网规划起始期至评估截止期下达的计划投资较规划安排偏差超过20%。

（4）配电网规划目标不能按期实现且需进行较大调整。

第二节　项 目 后 评 价

755. 项目后评价是什么？

项目后评价是项目投资完成并运行一段时间后，通过对项目实施过程、技术水平、效果和效益、环境社会影响、可持续性等方面进行分析研究和全面系统回顾，与项目决策时确定的目标以及技术、经济、环境、社会指标进行对比，找出差别和变化，并分析原因、总结经验、吸取教训，从而提升科学决策能力和水平，以提高项目经济效益和社会效益的工作。

756. 开展配电网项目后评价工作的目的是什么？

配电网项目后评价的目的在于全面总结项目的实施过程，分析项目的实际运营情况和实际投资效益，检验是否达到预期的投资收益和目标，对比实际实施效果与项目预期目标的偏差，分析偏差产生的原因，得到投资的效率效益结论。

757. 配电网项目后评价工作的开展应遵循什么原则？

项目后评价应遵循独立、客观、准确、科学的原则，具体要求是：

（1）独立。应独立进行分析研究，不受外界的干扰或干预。

（2）客观。真实、客观地反映评价对象的现实状态和运营水平。

（3）准确。全面收集后评价项目的资料和数据，形成准确的评价指标数据和结论。

（4）科学。注重分析方法的正确性、研究依据及衡量标准的规范性、分析结论的合理性。

758. 配电网项目后评价的方法有哪些？

（1）前后对比法。将项目完成后的实际生产运营状况与项目实施前以及项目实施过程中所设定的各项预期目标或工程目的进行对比，分析项目是否达到了各项预期，实际效果与目标有偏差时分析主要变化及原因。

（2）有无对比法。将项目投产后实际发生的情况与若无项目可能发生的情况进行对比，以度量项目的真实效益和影响作用。对比的重点是分清项目本身的作用和项目以外的作用。

（3）横向对比法。行业内可比的同类型或类似项目相关指标的对比分析方法。

（4）成功度法。根据项目各方面的执行情况并通过系统标准或目标判断表来评价项目总体的成功程度。进行成功度分析时，把建设项目评价的成功度分为成功、基本成功、部分成功、失败 4 个等级，然后对项目绩效衡量指标进行专家打分、综合评价。

759. 配电网项目后评价的主要内容是什么？

（1）项目概况。包括区域概况、配电网决策要点和评价对象。

（2）项目过程评价。包括前期工作及建设准备工作评价、施工管理评价、竣工验收评价。

（3）项目技术水平评价。包括标准化执行情况、项目技术特点总结。

（4）项目效果及经济效益评价。

（5）项目环境和社会影响评价。

（6）项目可持续性评价。包括政策市场适应性评价、管理适应性评价。

（7）项目后评价结论。包括项目成功度评价、主要结论、存在问题及对策建议。

760. 配电网基建项目全过程包括哪些关键环节？

配电网基建项目全过程包括的关键环节有：项目规划；项目储备；项目可研；项目核准；初步设计；施工图设计；项目招投标及发承包；签订合同；施工（开工 - 竣工）；竣工验收。

761. 配电网大修技改项目全过程包括哪些关键环节？

配电网大修技改项目全过程包括的关键环节有：大修技改项目规划；大修技改项目储备；大修技改项目计划；大修技改项目计划外新增；大修技改项目实施。

762. 配电网项目过程评价中应对基本建设项目前期工作及建设准备工作的哪些关键环节进行评价?

配电网项目过程评价中，应对基本建设项目前期工作及建设准备工作的关键环节是否符合相应深度要求进行评价。关键环节主要包括规划阶段、可研阶段、初步设计、建设管理。施工图设计评价可参照初步设计评价执行。

763. 如何在项目规划阶段评价中开展项目入 (规划) 库情况及规划一致率评价?

对项目入（规划）库情况进行总结和评价。简述项目规划情况和其入库情况，评价项目是否纳入规划库，纳入规划库的项目要素是否齐备，说明项目要素与规划库偏差情况，如果未纳入需分析原因并提出针对性建议。根据规划库数据和可研批复文件，通过式（14-1）计算项目规划一致率。评价标准：项目规划一致率原则上应达到80%以上。

$$项目规划一致率 = [1 - (0.1 \times | (建设投产年 - 最新规划投产年)/3 | \\ + 0.3 \times | 投资偏差率 | + 0.2 \times | 变电规模偏差率 | \\ + 0.4 \times | 线路规模偏差率 |)] \times 100\%$$

$$(14-1)$$

式中　投资偏差率＝(项目规划库投资－可研批复投资)/项目规划库投资;

变电规模偏差率＝(项目规划库变电容量－可研批复变电容量)/项目规划库变电容量;

线路规模偏差率＝(项目规划库线路长度－可研批复线路长度)/项目规划库线路长度。

764. 项目可研阶段评价包括哪些内容?

(1) 可研工作过程评价。

对可研工作过程进行总结和评价。简述项目可行性研究工作的开展过程，简述项目开展前期工作的批准、选址意见书、环境评价报告等政府和外部单位对项目发放的支持性文件取得情况，分析项目可研工作是否纳入年度前期工作计划，是否通过招投标确定符合资质的编制单位，是否按照时间节点取得中标通知、评审意见、可研批复等依据文件，评价可研工作过程是否符合《国家电网公司电网前期工作管理办法 (试行)》(国家电网发展〔2007〕267 号) 有关要求。

(2) 可研报告内容深度评价。

对可研报告内容深度进行总结和评价。简述可研报告的主要结论，分析其必要性、线址选择、建设规模、建设方案、站址及其主要外部条件、资金筹措方式、投资估算、主要外部协议获取等结论是否明确，评价报告内容是否符合 DL/T 5448—2012《输变电工程可行性研究内容深度规定》有关要求。

（3）项目可研一致率评价。

根据项目储备库数据、可研批复和初步设计批复文件，通过式（14-2）计算项目可研一致率。评价标准为项目可研一致率原则上应达到 90％以上。

$$项目可研一致率 = [1 - (0.3 \times | 投资偏差率 | + 0.3 \times | 变电规模偏差率 | + 0.4 \times | 线路规模偏差率 |)] \times 100\%$$

$$(14-2)$$

式中 投资偏差率＝(项目可研批复投资－项目初设批复投资)/项目可研批复投资；

变电规模偏差率＝0.5×(项目可研批复变电容量－初设批复变电容量)/项目可研批复变电容量＋0.5×(项目可研批复变电间隔数量－初设批复变电间隔数量)/项目可研批复间隔数量；

线路规模偏差率＝(项目可研批复线路长度－项目初设批复线路长度)/项目可研批复线路长度。

765. 项目初步设计评价包括哪些内容？

（1）项目设计单位资质评价。对项目设计单位资质进行总结和评价。简述设计单位的基本情况，包括勘察设计资质情况、近年主要工作业绩等，评价设计单位资质是否符合相关要求。

（2）初设报告内容深度评价。对初设报告内容深度进行总结和评价。简述初设的主要方案、设计指导思想、方案比选情况、设计优化情况等。分析初步设计是否按审定的可研设计原则进行，若存在偏差，分析偏差原因。评价设计方案内容是否符合 Q/GDW 166—2010《国家电网公司输变电工程初步设计内容深度规定》有关要求。

（3）初步设计审批流程评价。对初步设计审批流程进行总结评价。简述初步设计评审与批复情况，评价审批流程是否符合《国家电网公司初步设计评审管理办法》有关要求。

（4）项目初设一致率评价。根据项目初步设计批复和施工图说明及预算文件，通过式（14-3）计算项目初设一致率。评价标准为项目初设一致率原则上应达到 95％以上。

$$项目初设一致率 = [1 - (0.3 \times | 投资偏差率 | + 0.3 \times | 变电规模偏差率 | + 0.4 \times | 线路规模偏差率 |)] \times 100\%$$

$$(14-3)$$

式中 投资偏差率＝(项目初设批复投资－项目施工图预算投资)/项目初设批复投资；

变电规模偏差率＝0.5×(项目初设批复变电间隔数量－项目施工图变电间隔数量)/项目初设批复间隔数量＋0.5×(项目初设批复变电建筑面积－项目施工图变电建筑面积)/项目初设批复建筑面积；

线路规模偏差率＝0.5×(项目初设批复线路长度－项目项目施工图线路长度)/项目初设批复线路长度＋0.5×(项目初设批复线路杆塔数－项目施工图线路杆塔数)/项目初设批复线路杆塔数。

766. 项目施工图设计评价包括哪些内容？

(1) 施工图质量评价。对施工图质量进行总结和评价。简述施工图设计是否按审定的初步设计原则进行，若存在偏差，应分析偏差原因。评价施工图设计质量是否符合相关规程规范，是否满足 Q/GDW 381—2010《国家电网公司输变电工程施工图设计内容深度规定》有关要求。

(2) 设计变更评价。对设计变更情况进行总结和评价。分析重大设计变更和小型及一般设计变更数量、涉及金额，计算各类涉及变更费用占基本预备费比例。简述重大设计变更的基本情况，分析变更原因并提出针对性的建议。评价变更的程序是否符合《国家电网公司输变电工程设计变更与现场签证管理办法》有关要求。

(3) 项目施工图一致率评价。根据项目开工计划或里程碑计划数据、施工图预算和竣工决算文件，通过式 (14‐4) 计算项目施工图一致率。评价标准：项目施工图一致率原则上应达到 97％以上。

$$施工图一致率 ＝ (1－|\ 投资偏差率\ |)×100％ \qquad (14‐4)$$

式中　投资偏差率＝(项目施工图预算投资－项目竣工决算投资)/项目施工图预算投资。

767. 施工管理评价包括哪些内容？

(1) 投资控制评价。对各电压等级年度投资节余情况进行分析和评价。统计项目完工结算、竣工决算完成情况，分析实际竣工决算 (含税) 与投资估算、批准概算的投资差额和节余率，对 35kV 及以上单项配电网工程竣工决算 (含税) 与批准概算投资节余率大于 10％和超概算的工程进行重点分析。

(2) 进度控制评价。对进度控制的目标和措施进行总结和评价。统计开竣工计划时间与实际时间的偏差、计划工期与实际工期的偏差、实际工期与定额工期的偏差，分析影响工期和进度的主要因素，简述进度控制措施的制定、执行情况。

(3) 质量控制评价。对质量控制的目标和措施进行总结和评价。简述项目质量管理目标，通过合格率、优良率等指标以及优质工程评选获奖情况等，评价质量控制措施的制定、执行以及质量控制水平是否满足《国家电网公司基建质量管理规定》[国网（基建/2）112]相关要求。

（4）安全控制评价。对安全控制的目标和措施进行总结和评价。统计因工程建设而造成人身伤亡事故情况、电网及设备事故次数和等级等，评价安全控制措施的制定、执行情况以及安全控制水平是否满足《国家电网公司输变电工程安全文明施工标准化管理办法》[国网（基建/3）187]相关要求。

768. 项目招投标管理评价包括哪些内容？

（1）项目招投标程序评价。对项目招投标程序进行总结和评价。简述本项目物资类采购、非物资类采购基本情况，分析公开招标和邀请招标所占比例，评价招投标过程是否符合《中华人民共和国招标投标法实施条例》（国务院令第 613 号）等有关规定要求，各单位招标限额规定是否执行。

（2）项目招投标覆盖率评价。统计应招标数量和实际招标数量，按照式（14-5）计算项目招投标覆盖率。招投标覆盖率原则上应达到 100%。

$$招投标覆盖率 = 实际招标数量 / 应招标数量 \times 100\% \qquad (14-5)$$

769. 配电网项目后评价工作中的项目技术水平评价应包括哪些内容？

（1）标准化执行情况评价。对项目标准化执行情况进行评价，计算评价期配电网投产项目标准化执行率，简述标准化执行情况，分析项目未采用标准化设计的原因。

（2）项目技术特点评价。对项目技术特点进行总结。总结评价各电压等级投产项目在设计方案、施工工艺和方法、运维措施和新技术应用等方面的特点。

770. 配电网项目后评价工作需要考虑哪些指标？

通过计算评价期供电可靠率、综合电压合格率、$N-1$ 通过率、综合线损率等综合指标，评价供电能力、网架结构、电网效率和装备水平等情况，分析各指标在评价期初和评价期末的变化。评价内容包括但不限于综合指标、供电能力指标、网架结构指标、电网效率指标、装备水平指标等，各指标可根据需求从整体或按供电区域类型进行评价。具体指标及分析要点如下。

（1）综合指标。如供电可靠率、综合电压合格率、$N-1$ 通过率、综合线损率。

（2）供电能力指标。如变电容载比、可扩建主变容量及其占比、户均配变容量。

（3）网架结构指标。如典型接线比例，110（66）、35kV 平均单条线路长度，10（20）kV 平均供电半径长度，10（20）kV 线路联络率，10（20）kV 线路站间联络率。典型接线比例指标中各电压等级各类典型接线模式参考 Q/GDW 10738—

2020《配电网规划设计技术导则》，该指标重点评价各电压等级单辐射接线线路比例。

（4）电网效率指标。如变压器年最大负载率分布、线路年最大负载率分布。旨在对各电压等级变压器（线路）年最大负载率分布情况进行评价，分为80%及以上、60%（含）～80%、40%（含）～60%、20%（含）～40%和20%以下五档，分析变压器台数（线路条数）占比。

（5）装备水平指标。设备运行年限及分布、配电自动化覆盖率、高损耗配电变压器台数比例、10（20）kV架空线路绝缘化率、10（20）kV线路电缆化率、10（20）kV线路小截面导线占比。其中设备运行年限及分布评价的对象包括110（66）kV及以下公用变压器和线路，分为10年（含）以下、10～20（含）年、20～30（含）年和30年以上4个区段统计。

771. 配电网项目后评价工作中的项目经济效益评价包括哪些内容？

经济效益评价主要是对区域配电网的生产能力、盈利能力和成本控制情况进行评价。评价指标计算结果可用于区域配电网之间横向比较，及同一区域配电网逐年纵向比较。各项配电网经济效益指标按实际发生的数据统计，如无法清晰统计，可根据被评价的配电网范围确定其费用统计范围，按照电网固定资产分摊的方式估算配电网评价期各项评价指标。主要包括生产能力评价、盈利能力评价（配电网息税前利润、配电网总投资收益率）、运营成本控制评价（配电网总成本费用、单位输配电量成本费用、单位资产运行维护费比率）。

772. 配电网项目后评价中项目环境影响评价主要包括什么？

（1）环境保护评价。总结配电网项目工程施工期间的环境保护措施。按政府要求评价是否符合《建设项目环境保护管理条例》（国务院令第253号）及相关文件要求，并明确工程是否通过环境保护主管部门验收，是否符合《建设项目竣工环境保护验收管理办法》（国家环境保护总局令第13号）规定。评价项目环境保护措施落实情况及实施效果。

（2）节能减排评价。计算项目建设地区的电能替代和清洁能源送出/并网工程的节约标煤量。分析项目建设对电能替代和消纳清洁能源的影响，评价项目的节能减排效益。电能替代工程节约标煤（吨）＝电能替代项目替代电量×折标煤系数。清洁能源送出/并网工程节约标煤（吨）＝清洁能源送出/并网工程新能源发电量×折标煤系数。

773. 配电网项目后评价中项目社会影响评价主要包括什么？

（1）对区域经济社会发展的影响。评价项目对所在地区、行业经济社会发展的作用和影响。通过计算 GDP 贡献、拉动就业人数、用电质量提升、人均用电量增长等指标，介绍相关投资带动地区产业和特色经济发展、服务乡村振兴战略、促进城镇化和城乡基本公共服务均等化、加快精准扶贫、惠及人口和农田面积等情况，分析项目对当地经济拉动的作用和影响。GDP 贡献值＝配电网年度完成投资/评价区域年度 GDP 增量。拉动就业人数（人）＝配电网年度完成投资×单位投资拉动就业人数。

（2）对用户服务质量的影响。评价项目对用户服务质量的影响。从户均配电变压器容量、用户平均停电时间、综合电压合格率、低电压用户占比、高可靠供电、保障重大活动用电、用户投诉率/投诉次数等方面，分析项目对供电可靠性和电能质量的影响及原因。其中，低电压用户占比（%）＝低电压用户户数/低压居民用户数×100%。

（3）利益相关方的效益评价，包括对政府税收的影响和上下游企业的效益。评价对政府税收的影响时，可根据工程结算报告及财务决算报告统计工程建设期的税收费用，并估算工程运营期主要承担的税费。评价上下游企业的效益时，可针对项目设备供应商、设计、施工及监理等企业的增收效益进行。对于新能源送出工程，可计算新能源企业增收。

774. 配电网项目后评价工作中的项目可持续性评价包括哪些内容？

（1）政策市场适应性评价。从政策环境（电价政策、产业政策、经济形势）、市场变化及趋势（负荷变化及趋势、市场占有率）等方面综合分析评价其对项目持续能力的影响。

（2）管理适应性评价。总结项目实施过程中管理方面的经验，评价其对项目持续能力的影响。

775. 配电网项目后评价报告的编制应满足哪些要求？

后评价报告的编写应真实、可信、实用、客观，具体要求是：

（1）可信度。后评价的可信度取决于评价者的经验水平和独立性、评价过程的透明度、资料信息的可靠性及评价所采用方法的适用性。可信度的一个重要标志是要同时反映出项目的成功经验和失败教训。

（2）实用性。后评价报告应针对性强、实用性强、文字简练明确。必要时可附少量说明问题用的照片。

776. 配电网项目后评价报告中项目概述部分应包含哪些内容？

（1）概述项目决策的依据、背景、理由和预期目标。

（2）对项目建设地点、项目业主、参加建设的单位、项目性质、特点或功能定位、项目开工和竣工、投入运行时间进行概要描述。

（3）项目经批准的建设内容、建设规模（或生产能力），实际建成的建设规模；项目主要实施过程；项目经批准的建设周期和实际建设周期。简要说明变化内容及原因。

（4）项目经批准的投资估算、初步设计概算、施工图预算、竣工决算。

（5）项目经批准的资金来源，资金到位情况，竣工决算资金来源及不同来源资金所占比重。

（6）项目运行现状，系统功能实现现状，项目财务及经济效益现状，社会效益现状。

777. 项目过程评价包含哪些内容？

（1）前期决策评价。主要包括规划阶段评价、可研阶段评价和核准阶段评价。

（2）项目建设准备工作评价。主要包括初步设计评价、施工图设计评价、招投标管理评价、合同订立评价和开工前准备工作评价。

（3）施工管理评价。主要包括安全控制评价、质量控制评价、进度控制评价、投资控制评价、建设管理组织评价。

（4）竣工验收评价。

（5）启动调试和试运行评价。简述项目启动调试和试运行工作开展过程，评价时间范围包括分步试运行至移交生产。

778. 项目效果评价是什么？

（1）项目效果评价主要指技术水平评价，主要包括建设项目总体技术水平评价、技术水平先进性评价、施工工艺可靠性评价、技术方案适用性评价、技术方案经济性评价和国产化水平评价。

（2）项目效果评价主要包括项目运行效果评价和项目安全可靠性评价。电源送出工程、满足用电需求工程、优化网架结构工程、电铁供电工程等各类工程在进行运行效果评价时，根据工程特点在下列指标中选取相关指标进行评价。效果评价旨在通过运行效果和安全可靠性指标分析、评价项目在运行阶段的整体水平。

779. 评价工程效果应考虑哪些指标？

评价工程效果应考虑工程变压器最大负载率、工程变压器的平均负载率、线路最大负载率、线路平均负载率、最大负荷、主变压器损耗、架空线路损耗、输入电量、输出电量、最大负荷时刻功率因数、最小负荷时刻功率因数、影响电能质量考核次数、容载比等指标，但不限于以上指标。

780. 评价工程安全应考虑哪些指标?

评价工程安全应考虑工程主变压器可用度、线路可用度、母线电压合格率、电网安全事故发生次数、继电保护和安稳装置误动(拒动)次数、变压器非计划停运时间、变压器非计划停运频次、线路非计划停运小时数、线路非计划停运频次、线路非本因跳闸率等指标,但不限于以上指标。

781. 经济效益评价的方法是什么?

经济效益评价采用前后对比法,对比项目实际运行后测算的效益指标与可研评估的效益指标,找出差别和原因,客观评价项目的实际效益。主要包括运营年度财务评价、全周期财务评价、敏感性分析等。

782. 项目环境和社会效益的评价方法是什么?

项目环境与社会效益指项目对周围地区在技术、经济、社会以及自然环境等方面产生的作用和影响。环境与社会效益评价应站在国家的宏观立场,重点分析项目与整个社会发展之间的关系。环境与社会效益评价应以定性分析为主,采用前后对比、有无对比与横向对比的评价方法。

783. 项目可持续性评价是什么?

项目可持续性评价主要是对影响项目在全寿命周期内持续运行的主要内部可控因素和外部不可控因素进行分析,预测影响因素在全寿命周期内的变化情况,评价项目的可持续运行能力,主要包括内部因素对项目持续能力的影响评价和外部因素对项目持续能力的影响评价。

784. 项目后评价结论包括哪些内容?

(1)项目目标实现程度。目标实现程度应根据项目过程评价中的各项指标实际情况,对照可研评估的预期目标或应达到的技术标准,找出变化,分析项目目标的实现程度以及成败的原因,并评价项目目标的合理性。

(2)成功度评价。成功度评价指根据项目各方面的执行情况并通过系统标准或目标判断表来评价项目总体的成功程度。

(3)主要经验教训。项目的主要经验教训应包括以下内容:项目具有本身特点的重要收获和教训;可供其他项目借鉴的经验教训,特别是可供项目决策者、投资者、贷款者和执行者在项目决策、程序、管理和实施中借鉴的经验教训。

785. 项目成功度评价分为几个等级？　其划分标准分别是什么？

项目成功度评价分为四个等级，划分标准分别如下。

（1）成功：项目在产出、成本和时间进度上实现了项目原定的大部分目标；项目在运行效果上完全实现了预定目标，工程安全运行能力良好；按投入成本计算，项目获得了重大的经济效益；对社会发展有良好的影响，评价项目是成功的。

（2）基本成功：项目在产出、成本和时间进度上实现了项目原定的一部分目标；项目在运行效果上基本实现了预定目标，工程安全运行能力一般；项目或投资超支过多或时间进度延误过长；按成本计算，项目获得了部分经济效益；项目对社会发展的作用和影响是积极的，评价项目是基本成功的。

（3）部分成功：项目在产出、成本和时间进度上只能实现原定的少部分目标；项目在运行效果上没有实现预定的目标，工程安全运行能力一般；按成本计算，项目效益很小或难以确定；项目对社会发展没有或只有极小的积极作用和影响，评价项目是部分成功的。

（4）失败：项目原定的各项目标基本上都没实现；项目在运行效果上没有实现预定的目标，并且安全运行能力较差；项目效益为零或负值，对社会发展的作用和影响是消极的或有害的。或项目被撤销、终止等，评价项目是失败的。

第三节　规划后评价

786. 配电网规划后评价如何开展？　有何目的和意义？

配电网规划后评价应考虑不同地区配电网发展与规划建设特点，对已经实施或完成的配电网规划的边界条件偏差、规划执行情况、规划成效进行系统客观的评价工作，旨在发现配电网规划实施过程中存在的问题，为下一阶段配电网规划提供参考，提升精益化规划水平。

787. 配电网规划后评价的对象和开展时间？

配电网规划后评价的对象为省、地市、县 5 年期配电网规划，后评价宜在配电网规划水平年后的第 1～2 年开展。

788. 配电网规划后评价的指标体系包含哪些方面？

配电网规划后评价指标体系包括规划边界条件偏差分析、规划执行情况偏差分析、规划成效评价三个方面，具体如表 14-1 所示。

表 14 - 1   **配电网规划后评价指标体系参考**

一级指标	二级指标
规划边界条件偏差	经济社会发展偏差
	电力需求预测偏差
规划执行情况偏差	规划建设规模偏差
	规划项目落地偏差
	投资完成情况
	造价合理性
规划成效评价	供电质量偏差
	供电能力偏差
	电网结构偏差
	装备水平偏差
	智能化水平
	效率评价指标
	效益评价指标

789. 配电网规划后评价的原则及方法包括什么?

（1）配电网规划后评价应从定性评价和定量评价两方面开展评价工作，评分采用百分制，总体评价分数经评分加权计算得出，权重建议值分别为 0.1 和 0.9，具体取值在开展后评价工作前由专家讨论确定。

（2）定性评价内容包括但不限于规划实施过程评价、规划实施对社会经济效益的影响、纳入城市总体规划情况等方面，评分采用百分制，由专家评分并给出定性的评价结论。

（3）定量评价内容包括基础类指标评价和推荐类指标评价，应给出总体评价结论与评分，评分采用百分制，分数由基础类评价指标评分与推荐类评价指标评分加权计算得出，权重建议值分别为 0.9 和 0.1，具体取值在开展后评价工作前由专家讨论确定。推荐类指标评价可考虑地区配电网发展差异化水平，经专家商议后选择不少于 8 个三级指标开展评价，每个指标权重不高于 0.2，分数经加权计算得出，可选用德尔菲法、层次分析法等评价方法。

（4）配电网规划后评价应给出评价结论，内容应包括定性评价、定量评价、总体评价、主要偏差分析以及建议。

第十五章 配电网新技术

第一节 柔 性 配 电 网

790. 柔性配电网的特征是什么？ 与传统配电网有什么区别？

柔性配电网有 2 个特征：第 1 个特征是闭环，这是因为柔性配电网在闭环点对短路电流具有阻断能力；第 2 个特征是柔性，即某些节点对所连多个支路的潮流具有多方向连续调控能力，从电网角度看能一定程度改变潮流的自然分布。闭环特征让柔性配电网可能达到更高的供电可靠性，能够节约断路器、开关动作时间快速完成负荷转供，能做到故障或检修时避免短时停电；柔性特征让柔性配电网具备更强大的潮流控制能力，能更快更广地适应负荷与分布式发电的波动。

柔性配电网与传统配电网的区别：

（1）在正常运行方面，柔性配电网能较好地均衡馈线以及变电站主变压器的负载，安全裕度更高；而传统配电网会出现重载或者轻载不均衡的情况。

（2）在 $N-1$ 安全性方面，由于柔性开关站在多回馈线间具有连续负荷分配能力，能充分利用网络相互支持，安全性更高；而传统配电网依靠开关重构的负荷转移是离散的，相对柔性配电网安全性更低。

（3）在供电能力方面，柔性配电网不仅会提升配电网最大供电能力，并且配电网最大供电能力能在各种负荷分布下达到，在实际中容易实现；而传统配电网在很多分布下无法实现配电网最大供电能力。

791. 如何在已有的电网基础上构建柔性配电网？

在已有电网基础上构建柔性配电网，只需要部分关键节点或支路具有柔性闭环能力，这部分节点/支路称为柔性节点/柔性支路。柔性节点或柔性支路的关键设备是电力电子装置，一般以柔性开关（Soft Open and Close，SOC）为主。柔性开关本质上是一种 2 端电力电子装置，可由背靠背电压源型变流器、统一潮流控制器、静止同步串联补偿器等电力电子装置实现。对于单联络接线，通常在馈线联络处直接使用柔性开关替代传统开关。对于多联络接线，既可采用多台柔性开关，也可采用连接效率更高的多端电力电子装置（柔性开关站，具备在多路馈线间调控负荷的能力）。

792. 柔性互联智能配电网研究趋势是什么？

柔性互联智能配电网研究趋势主要包括：

（1）新型低成本 FID 拓扑与装备研发。未来新型 FID 的研究需进一步降低设备成本，这主要包括两方面：一是经济性改进，即通过结构优化等研究，在实现功能性设计的基础上尽可能降低成本；二是技术性改进，即在基本不增加成本的情况下，通过结构修改和控制优化提高设备的控制自由度。

（2）分布式储能的配置。一方面，根据子网源 - 荷特征针对性配置，安装于配电子网中的分布式储能系统可以快速响应子网内的功率需求；另一方面，FID 内建的储能系统使得 FID 对各子网间的潮流调节更具灵活度，并可通过各子网间的协调在 FID 中配置容量合适的储能从而降低冗余。

（3）故障暂态与继电保护研究。柔性互联智能配电网在拓扑结构、运行方式上与传统交流配电网存在较大差异，且接入了大量分布式电源和电力电子装置。因此，柔性互联智能配电网的故障暂态的复杂性相较于传统交流配电网大大提高，进而带来了系统继电保护方面的挑战。

（4）多元不确定性源 - 储 - 荷设备的接入。将新能源、电动汽车等具备不确定性的多元源 - 储 - 荷设备纳入柔性智能互联配电网的安全经济运行考量，结合前沿数学理论，研究较为准确的不确定性评估算法，从而在工程化应用中进行优化控制，以规避风险或将风险控制在可接受的范围内。

（5）与综合能源系统的结合。未来研究可针对柔性互联智能配电网和综合能源系统的协同规划，将柔性互联智能配电网的特点和综合能源系统的优势有机结合，提高配电网乃至能源网络的经济性和可靠性。

（6）电力市场与柔性互联智能配电网。将 FID 作为配电子网彼此间以及子网与上层电网间的电力交易中心，推动电力市场的发展。因此，可在基于 FID 柔性互联智能配电网中，引入报价机制，依托 FID 建设分布式电力交易平台，实现电力市场的应用。

793. 柔性配电网在正常、 故障、 检修情况下如何运行？

柔性配电网在正常、故障、检修情况下的运行方式如下：

（1）正常运行方式。传统配电网实际运行中负荷一般分布不均衡；柔性配电网在正常工作状态下，经柔性开关或柔性开闭站联络的馈线间的潮流能选择方向平滑地相互支援，故柔性配电网的馈线等效负荷却能做到相对均衡，达到均衡馈线负荷的目的。

（2）$N-1$ 故障运行方式。传统配电网故障后，将通过操作开关进行负荷转带，非故障段用户会出现短时停电；柔性配电网故障后，分段开关隔离故障，不影响非故障区段。由于正常是闭环运行，因此，柔性配电网故障后消除了非故障段的短时停电，提高了供电可靠性。

（3）检修运行方式。传统配电网在检修中，由于不能合环，导致非检修区段 2 次短时停电；而柔性配电网由于正常情况是柔性闭环运行，故检修时消除了非检修区段的短时停电，提高了用户的供电可靠性。

794. 柔性变电站是什么？

柔性变电站是以电力电子变压器为核心，具有多电压等级交直流端口，集成潮流柔性控制、多形态电能接入、故障隔离、电能质量治理等功能的变电站。

795. 柔性变电站的总体要求是什么？

柔性变电站的总体要求是集成性、灵活性、兼容性、信息流和功率流的融合性。

（1）集成性。柔性变电站应集成电压变换/调节、无功补偿、潮流控制、短路电流限制、故障隔离、电能质量干扰隔离等功能。

（2）灵活性。柔性变电站各端口电压幅值、相位独立控制，各端口间潮流可调，实现多种新能源的接入和多元负荷的高质量供电，可优化能源转换环节，提高能源利用效率。

（3）兼容性。可兼容中低压、交直流等各类电源、负荷、储能的不同接入需求，故障和电能质量在各端口间相互隔离，互不干扰；可实现与传统变电站、常规一次设备保护控制的协同配合。

（4）信息流和功率流的融合性。具备根据业务信息实现功率分配以及站间协同控制的能力。

796. 柔性变电站的作用是什么？

柔性变电站作为交直流配电网中的枢纽节点，实现交直流电网互联，优化电网运行，支持新能源的直流接入与就地消纳，可实现电能质量干扰隔离、故障隔离等功能，为交直流负荷可靠供电，柔性变电站接入系统示意图见图 15-1。

797. 柔性变电站的端口分类、端口功能要求与工作模式是什么？

柔性变电站端口为四类端口组合，相关分布见图 15-2，可根据工程实际情况灵活配置。

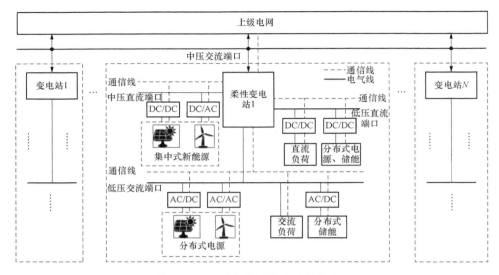

图 15-1　柔性变电站接入系统示意图

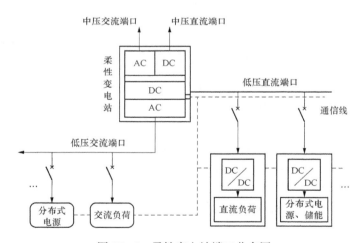

图 15-2　柔性变电站端口分布图

各端口的功能要求如下：

（1）交流端口：

1）应具备并离网功能。

2）具备有功无功的解耦控制、无功补偿、电压调节等功能，满足并网点的要求，包括但不限于电能质量控制和治理、低电压穿越等。

3）电压波动和闪变值满足 GB/T 12326—2008《电能质量　电压波动和闪变》、谐波值满足 GB/T 14549—1993《电能质量　公用电网谐波》、三相电压不平衡度满足 GB/T 15543—2008《电能质量　三相电压不平衡》、间谐波含有率满足 GB/T 24337—2009《电能质量　公用电网间谐波》的要求时，柔性变电站应能正常工作。若电网中各项参量超过上述规定的限额，柔性变电站可降额运行，满足换流阀额定电压和额定电流，同时提供电能质量控制。

4）并网模式下，功率因数应能在超前 0.95 和滞后 0.95 的范围之内工作。

5）应充分利用多端口电力电子变压器的无功调节能力，无功调节能力不能满足系统电压调节需要时，应在柔性变电站集中加装适当容量的无功补偿装置，必要时加装动态无功补偿装置。

（2）直流端口：应具备直流型电源和储能接入、直流供电、直流组网、直流保护等功能。

各端口工作模式如下：

1）各端口宜具备电流源工作模式，在额定的工作电压范围内，其潮流控制精度±1.5%。

2）当端口处于电压源工作模式时，端口应具备电压调节能力。

798. 柔性变电站中多端口电力电子变压器典型结构是什么？

多端口电力电子变压器至少包括 3 个及以上端口。中压交流—中压直流的转换可采用模块化多电平结构，低压侧可采用两电平或三电平典型结构，实现中、低压级能量流双向变换、交流能源和直流能源相互转换的同时，还能统筹控制分布式能源的输出功率、储能设备的充放电和负载电压。电力电子变压器典型结构示意如图 15-3 所示。

799. 柔性变电站中多端口电力电子变压器的功能要求有什么？

多端口电力电子变压器功能要求如下：

（1）多端口电力电子变压器容量选择应综合考虑本地区负荷密度、负荷增长速度、分布式电源接入需求等因素，降低供电半径，减少线路损耗，优化潮流分布，且电力电子变压器过载能力应满足运行要求。

（2）多端口电力电子变压器应考虑过载倍数，可在 1.1 倍过载时长期运行，可在较短时间内 1.3 倍过载运行。

（3）多端口电力电子变压器宜采用无油化设计。

（4）多端口电力电子变压器的模块冗余度不低于 10%。

（5）多端口电力电子变压器的机械结构必须合理，应当简单、坚固、便于检修。

（6）设计中应充分考虑操作冲击条件下功率模块串联的电压不均分布。设计还应考虑过电压保护水平的分散性以及阀内其他非线性因素对阀的耐压能力的影

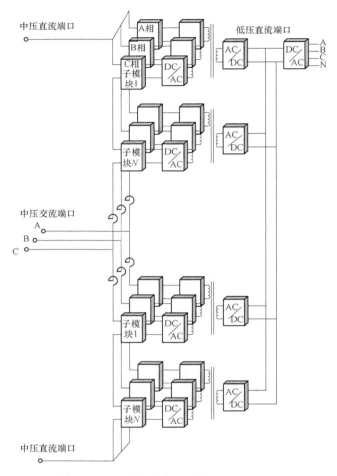

图 15-3　电力电子变压器典型结构示意图

响。在所有冗余子模块都损坏的条件下，阀内各点的绝缘应具有以下安全系数：对于操作冲击电压，超过避雷器保护水平的 15%；对于雷电冲击电压，超过避雷器保护水平的 20%。

（7）电力电子变压器中采用的干式高频变压器，工频耐压、局放、温升应满足 GB/T 1094.11—2022《电力变压器　第 11 部分：干式变压器》的规定，其中损耗应小于 1%。

800. 柔性变电站中直流变压器的功能要求是什么？

直流变压器应满足如下功能要求：

（1）具备不同电压等级直流母线间的电压变换、功率传递和电气隔离等功能。

（2）宜采用模块化拓扑结构，具备在线冗余功能，其冗余度不低于10%。

（3）输入输出电压等级应满足 GB/T 35727—2017《中低压直流配电电压导则》等相关标准规定。

（4）多端口电力电子变压器涵盖了直流变压器功能，两者一般不出现在同一个柔性变电站。

801. 柔性变电站中中压直流断路器与中压直流快速隔离开关的功能要求是什么？

中压直流断路器应满足如下要求：

（1）应满足 GB/T 11022—2020《高压交流开关设备和控制设备标准的共用技术要求》、NB/T 42107—2017《高压直流断路器》规定的相关要求。

（2）应用中需考虑开断过程对直流配电系统的影响，如开断过程中的过电流等。

（3）系统故障开断时间不大于5ms，至少具备一次重合闸功能。

（4）满足正常通流功能，也能在系统故障状态下快速开断故障电流，不发生拒动或者误动。

（5）应具备耐受额定电流、过负荷电流及各种暂态冲击电流的能力，应在过负荷电流及暂态冲击电流下具备热稳定性、动稳定性。

（6）应具有足够的绝缘水平，满足各种类型过电压要求，具体绝缘水平根据具体工程要求进行协定。

（7）各组成部件均应采用抗腐蚀材料或经过抗腐蚀处理。

（8）控制保护系统应能监视一次主要元器件的工作状态及异常情况，具有过电压和过流保护功能。

（9）中压直流断路器的控制、监视及保护应满足柔性变电站控制保护系统的要求，功能正确、完备可靠性高。

中压直流快速隔离开关应满足如下要求：

（1）满足 GB/T 25091—2010《高压直流隔离开关和接地开关》规定的相关要求。

（2）宜采用开关柜的形式。

（3）快速隔离开关应配置接地开关，之间应具备机械联锁。

（4）接地开关的额定短时耐受电流和额定峰值耐受电流应和隔离开关一致。

（5）额定分断时间不大于10ms，额定合闸时间不大于15ms。

802. 柔性直流配电技术的优点是什么？

柔性直流配电技术具有如下优点：

（1）能缓解目前交流配网线路走廊不足的问题。

（2）相同配送容量下，输电供电损耗低。

（3）可控性好，支持功率快速调控，可提高系统的可靠性。

（4）供电质量高，便于各类负载灵活接入。

（5）目前直流负荷占比增加，匹配程度好。

（6）与新能源储能配合好。

（7）为交流电网提供特殊功能支持，比如背靠背等。

（8）供电可靠性高，闭环特征让柔性配电网可能达到更高的供电可靠性，做到故障或检修时避免短时停电。

803. 多端柔性直流配电网的分层控制框架结构包括哪些?

（1）第 1 层控制。通过主从控制维持系统运行平稳。运行指令由能量优化调度系统给出，各单元内部控制系统在毫秒级内实现该运行指令。风机和光伏电池运行于最大功率跟踪（MPPT）模式，蓄电池通过削峰填谷与分布式电源组成功率可控源。

（2）第 2 层控制。利用换流站、分布式电源和储能系统的配合实现 2 次电压恢复。各单元通过检测直流电压变化，将动作指令下达至第 1 层控制，进行模式切换，调整 s 级的功率波动，实现系统平稳运行。

（3）第 3 层控制。根据最优潮流计算给出第 1 层控制的调度指令，实现系统的能量优化调度。将直流配电网的网络参数、预测数据以及储能装置的荷电状态（SOC）等数据输入能量优化调度系统，在分钟级的优化区间长度内进行最优潮流计算，得到系统稳态运行的优化指令，实现技术与经济的最佳效益。

在以上各层控制中，第 1 层控制和第 2 层控制是对直流配电网进行分散控制的管理单元，无需通信，可靠性高且调节时间短；第 3 层控制是用于实现全局集中控制的管理单元，虽然需要依靠上下层的通信来完成，但由于优化区间较长，对通信时间要求不高。

804. 多端直流配电网运行模式及特点是什么?

为保证±10kV 直流母线正常运行，多端直流配电网运行模式划分为对等运行模式、主从运行模式和支援运行模式。

主从运行模式时，以任一多电平换流器为直流恒压控制，其余为 PQ 控制；对等运行模式时，3 台多电平换流器均为下垂控制。并网模式的控制目标是避免出现三段母线的环流存在，并控制直流配电中心直流电压稳定在运行范围内。支援运行模式考虑一端进线失电的情况，通过多电平换流器运行模式切换为 U/f 控制实现功率支援。

主从运行模式的优点是控制的稳定性更高，控制更加直接方便，缺点是过度依赖主控的多电平换流器，供电可靠性差，需要配置快速的模式切换控制。

对等运行模式的优点是供电可靠性高，允许任意多电平换流器故障停机而不影响直流配电中心的稳定运行。缺点是多主之间的配合要求高，需要上层控制进行进一步的稳定协调。

第二节 交直流混合配电网

805. 交直流混合配电网是什么？

交直流混合配电网是从电源侧（输电网、发电设施、分布式电源等）接受电能，并通过交直流配电设施就地或逐级分配给各类用户的电力网络。对于直流电压等级，±50kV（不含）～±100kV 电压等级电网为高压直流配电网，±1.5kV（不含）～±50kV 电压等级电网为中压直流配电网，±1.5kV 及以下电压等级电网为低压直流配电网。对于交流电压等级，110～35kV 电网为高压交流配电网，10（20、6）kV 电网为中压交流配电网，220/380V 电网为低压交流配电网。

806. 交直流混合配电网规划设计应考虑哪些因素？

交直流混合配电网涉及输电网以及高、中、低压交直流网络 4 个层级的协调与配合，应将其作为整体进行规划及设计，综合考虑电压等级的优化设计、网架结构的协调发展、主要设备的合理选择、二次系统的整体融合以及电源用户的便捷接入。

交直流混合配电网的规划设计应具有前瞻性、经济性、适应性，应充分体现直流技术的可控性优势，应具备负荷转移能力、故障判断能力、应急处理能力、故障自愈能力、潮流控制能力和分布式电源及各类负荷的接纳能力。

807. 交直流混合配电网选择配电方式的一般要求是什么？

交直流混合配电网的规划设计应进行技术经济比较，合理选择直流配电或交流配电方式。

高压交直流混合配电网宜以交流供电为主，有大容量或远距离电力输送需求的电力孤岛、海岛电网等可采用直流供电。分布式电源、直流负荷、敏感负荷、储能等接入需求较大的供电区域可采用直流为主的供电方式。

808. 交直流混合配电网电压等级的一般要求是什么？

交直流混合配电网电压等级的一般要求如下：

（1）交直流混合配电网应优化配置电压等级序列，避免重复降压。

（2）交直流混合配电网中交流电压等级的选择应符合 GB/T 156—2017《标准

电压》和 DL/T 5729—2016《配电网规划设计技术导则》的规定。

（3）交直流混合配电网中直流电压等级的选择应符合 T/CEC 107—2016《直流配电电压》的规定，同时应考虑网架发展需求、供电能力约束、设备发展水平、电网运行经验、投资经济性、分布式电源及各类负荷接入需求等因素。

（4）同一供电区域内的交直流混合配电网直流侧，高、中压层级宜选取 1～2 个直流电压等级，低压层级可根据用户、分布式电源等实际接入需求选取 1～2 个直流电压等级。

（5）±10kV～±50kV 直流配电电压允许偏差值为 －15％～＋5％；±750V（1500V）～±6kV 直流配电电压允许偏差值为 －17％～＋7％；1500V 以下直流配电电压允许偏差值为 －20％～10％。

809. 直流配电线路供电半径的要求是什么？

直流配电线路供电半径应根据实际负荷和线路条件满足末端电压质量要求。中、低压直流配电网的供电半径推荐值参考表 15-1 和表 15-2。

表 15-1　　　　　　　　　　　中压直流配电距离推荐表

电压等级（kV）	导线截面积（mm²）	最大载流量（A）	最大输送容量（MW）	配电容量（MW）	供电半径（km）
±50	240	500	50	35～50	150
±35	240	500	35	20～35	100
±20	240	500	20	10～20	70
±10	240	500	10	7.2～10	35
±6	300	600	7.2	3.6～7.2	20
±3	300	600	3.6	1.8～3.6	10

表 15-2　　　　　　　　　　　低压直流配电距离推荐表

电压等级（V）	导线截面积（mm²）	最大载流量（A）	最大输送容量（MW）	配电容量（MW）	供电半径（km）
±1500	120	310	0.93	0.41～0.93	5
±750	120	310	0.47	0.24～0.47	2.5
±380	120	310	0.24	0.08～0.24	1.2
±110	150	350	0.08	0.02～0.08	0.4
±48	150	350	0.02	0～0.02	0.15

810. 中压交直流混合配电网直流侧电网结构有哪几类？

根据规划区域特点及用户对供电可靠性的要求，直流侧电网结构可选择辐射式结构（见图 15-4）、单端环式结构（见图 15-5）、双端式结构（见图 15-6）、多端式结构（见图 15-7）、多端环式结构（见图 15-8）等，但不限于以上结构。

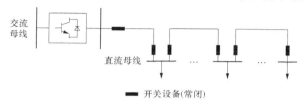

图 15-4　辐射式中压交直流混合配电网直流侧电网结构示意图

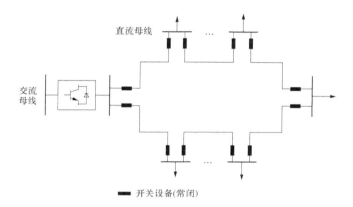

图 15-5　单端环式中压交直流混合配电网直流侧电网结构示意图

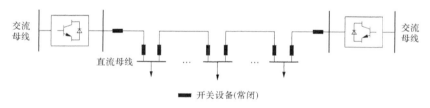

图 15-6　双端式中压交直流混合配电网直流侧电网结构示意图

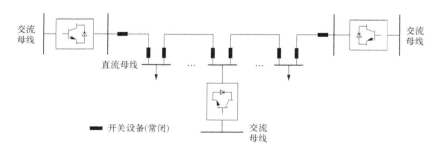

图 15-7　多端式中压交直流混合配电网直流侧电网结构示意图

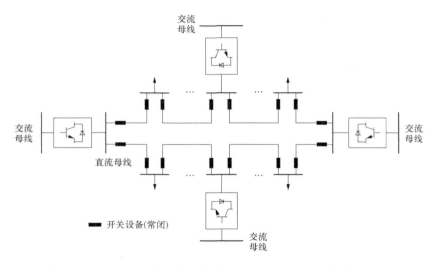

图 15 - 8　多端环式中压交直流混合配电网直流侧电网结构示意图

811. 交直流混合配电网直流侧的主要设备有哪些? 设备选型要求分别是什么?

交直流混合配电网直流侧的主要设备包含换流器、直流变压器、直流断路器、隔离开关、直流线路等。

(1) 换流器。

1) 用于接入直流负荷和无功率外送需求的直流微电网宜采用单向换流器，用于接入有功率交换需求的直流储能系统和直流微电网宜采用双向换流器。

2) 换流器的选择应考虑换流器的性能、可靠性、损耗、占地、体积、安装条件、综合造价等因素。

3) 换流器宜选择电压源型 (VSC)，根据接入电压等级不同可选用两电平换流器、三电平换流器或模块化多电平换流器。高、中压直流配电网宜选择模块化多电平换流器、三电平换流器或两电平换流器，低压直流配电网宜选择三电平换流器或两电平换流器。

4) 换流器的交流侧可配置换流变压器，提供站用电源，实现电压调节和故障隔离。

5) 在交流系统发生单相短路故障时，换流器应具备交流故障穿越能力。

6) 换流器应满足 DL/Z 1697—2017《柔性直流配电系统用电压源换流器技术导则》中相关技术规定。

(2) 直流变压器。

1) 用于接入直流负荷和无功率外送需求的直流微电网宜采用单向直流变压器，

用于接入有功率交换需求的直流储能系统和直流微电网宜采用双向直流变压器。

2）综合考虑设备制造能力和技术经济合理性，可装设多台直流变压器并联运行。

3）高、中压直流变压器应具备电气隔离功能。

（3）直流断路器。

1）直流断路器应根据负载情况和故障处理的要求，对额定直流电压、额定直流电流、额定冲击耐受电压、开断电流与开断时间等主要参数进行选择。

2）直流断路器的型式可选择空气式、机械式、全固态或混合式等方案，选择时应考虑直流断路器的应用场景、指标性能、可靠性、损耗、占地、体积、安装条件、综合造价等因素。

3）基于电压源型换流器（VSC）的直流系统中，直流断路器应具有快速动作功能，开断时间宜小于5ms。

4）若直流断路器不具备故障限流功能，可根据需要配置电力电子限流设备。

5）高、中压交直流混合配电网直流侧电网宜采用混合型直流断路器，当混合型直流断路器的开断时间无法满足故障处理的需求时，可采用全固态直流断路器。

（4）隔离开关。

1）直流系统中的隔离开关与交流系统内的隔离开关原理及作用相似，均为配合断路器完成线路间的开闭。

2）在具体操作时，在断开线路时应遵循"先断路器后隔离开关"的原则，在闭合线路时应遵循"先隔离开关后断路器"的原则。

（5）直流线路。

1）直流线路可选用直流电缆或架空方式。

2）直流线路的选型应综合考虑电压等级、载流量、电压偏差、故障运行方式及供电裕度等因素确定导线截面。

3）针对交流配电网改造区域，在保证安全可靠供电的前提下，直流侧可利用已有交流电缆运行。

812. 交直流混合配电网保护配置要求有什么？

交直流混合配电网应结合自身特点，根据就近就简、分区重叠的原则配置保护装置，且应符合以下要求：

（1）保护装置应满足可靠性、选择性、灵敏性、速动性的基本要求，并据此进行原理设计。

（2）任一单元件故障都不应引起保护装置误动或拒动，在任何运行工况下都不应存在保护死区。

（3）应能根据网络运行方式，对保护和定值进动态配置调整。

（4）配电网设备本身应装异常运行监控和保护装置。各类故障的保护应有主保护和后备保护，可根据需要增设辅助保护。

交直流混合配电网的保护宜按照以下分区进行配置：

（1）交流侧保护区域。包括交直流混合配电网交流侧的变电站、配电变压器、线路、母线及各类配电设备。

（2）交直流互联设备保护区域。包括换流变压器、换流器、联接电抗器等交直流互联设备。

（3）直流侧保护区域。包括直流变压器、直流母线、直流线路和直流开关设备设施等。

交流侧保护区域应按 GB/T 14285—2006《继电保护和安全自动装置技术规程》的要求配置继电保护和安全自动装置。

交直流互联设备保护区域的换流变压器应采用差动保护、本体保护；换流器应配置过流保护，并可根据需要增设桥臂电抗差动保护等。

813. 交直流典型互联方式有哪些？

交直流典型互联方式如下：

（1）经单向功率传输换流器直接互联。

（2）经 1∶1 联接（换流）变压器与单向功率传输换流器隔离互联。

（3）经升压/降压联接（换流）变压器与单向功率传输换流器隔离互联。

（4）经双向功率传输换流器直接互联。

（5）经 1∶1 联接（换流）变压器与双向功率传输换流器隔离互联。

（6）经升压/降压联接（换流）变压器与双向功率传输换流器隔离互联。

814. 交直流典型拓扑结构有哪些？

交直流典型拓扑结构如下：

（1）AC-DC。适用于交流型负荷和分布式电源所占比重较大，且存在一定数量的直流型负荷和分布式电源的配电区域，典型拓扑结构见图 15-9。

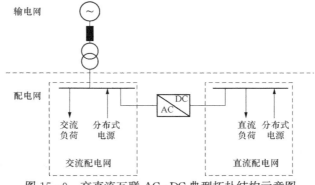

图 15-9　交直流互联 AC-DC 典型拓扑结构示意图

（2）DC-AC。适用于直流型负荷和分布式电源所占比重较大，且存在一定数量的交流型负荷和分布式电源的配电区域，典型拓扑结构见图 15-10。

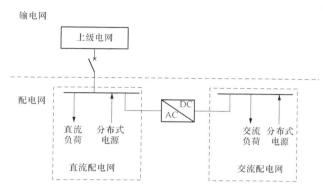

图 15-10 交直流互联 DC-AC 典型拓扑结构示意图

（3）AC-DC-AC。可适用于两个交流配电网互联合环运行的配电区域，也可适用于直流型负荷和分布式电源较为集中的高可靠型供电区域，典型拓扑结构见图 15-11。

图 15-11 交直流互联 AC-DC-AC 典型拓扑结构示意图

其他互联的拓扑结构一般是 AC-DC、DC-AC、AC-DC-AC 三种典型结构的组合。

815. 交直流互联电压标准是什么？

交直流互联电压标准见表 15-3。

表 15-3   交直流互联电压标准

直流标称电压（kV）	交流标称电压（kV）
±100	110
±50（备选）	—
±35	35
±20	20
±10	10
20	

续表

直流标称电压（kV）	交流标称电压（kV）
±6（备选）	6
±3	3
±1.5	1.5
3	
0.75（0.4 对应单相交流系统）	0.38（0.22 单相）

注 1. 标称电压 20kV 的单极母线结构的直流配电网与标称电压±10kV 的对称单极结构的直流配电网均可与 10kV 交流配电网互联。

2. 标称电压 3kV 的单极母线结构的直流配电网与标称电压±1.5kV 的对称单极结构的直流配电网均可与 1.5kV 交流配电网互联。

3. 标称电压 400V 的直流配电网可与单相 220V 交流配电网互联。

4. 标称电压±50kV 的直流配电网推荐采用降压变压器与标称电压 35kV 的交流配电网互联，也推荐采用升变压器与标称电压 66kV 的交流配电网互联。

816. 交直流混合微电网有什么特点？

交直流混合微电网具有如下特点：

（1）分布式电源及电力储能装置以交流、直流形式输出电能，采用交直流混合微网，将交流电源接入交流母线，直流电源接入直流母线，可以减少 AC/DC 或 DC/AC 等变换环节，减少电力电子器件的使用。

（2）某些负荷如荧光灯、风扇、冰箱、普通空调等只能用交流供电，某些新型的负荷如计算机、家用电器、变频器、开关电源、通信设备和电动汽车等或可采用直流供电，或者具备交直流转换装置，采用交直流混合微网供电的形式，可以减少用户设备内变频装置，降低设备的制造成本。

817. 交直流混合微电网的典型结构是什么？

交直流混合微电网的典型结构包括各自独立连接运行的直流微电网系统和交流微电网系统以及双向变流器。如图 15-12 所示，DG 代表各类分布式电源，如光伏、风机、燃料电池、微型同步电机等；ESS 代表储能装置，如蓄电池、超级电容器等，各电力电子装置根据母线类型和控制要求选择类型。该交直流混合微电网内部由各单元在其交流子微网或直流子微网内按照各自原则并联构成，外部由四象限运行的换流器连接，整个混合微电网由交流母线通过馈线并入电网。本质上，交直流混合微电网结构是在交流微电网的基础上发展而来，其核心为交流微电网系统中的交流母线，承担整个系统的连接反馈作用。而直流微电网子系统可视为逆变器作用下的特殊 DG，其重点是维持直流母线电压稳定，以确保供电可靠。

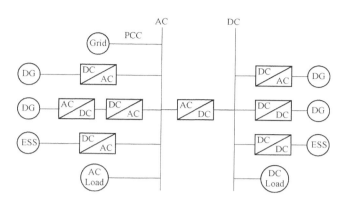

图 15-12　交直流混合微电网的典型结构

818. 交直流混合微电网的关键设备有哪些?

（1）直流开关。直流母线由于没有电流过零点，在发生断路故障时，断路故障电流是额定电流的几倍或几十倍；再则，当大电网或微电网内故障时，需要根据故障保护及控制系统要求，迅速隔离故障，以确保微网系统安全性和稳定性，因此需要研究带通信功能的快速开断的直流开关。

（2）电力电子变压器。电力电子变压器具有体积小、重量轻、空载损耗小、不需要绝缘油等优点，不仅有变换电压、传递能量的作用，而且兼具限制故障电流、无功功率补偿、改善电能质量以及能量双向流动的功能，因此可将电力电子变压器作为微电网系统与大电网接入设备，使微电网与大电网的连接和控制更加容易，但是电力电子变压器采用电力电子元器件较多，需要对其拓扑结构，损耗、可靠性进行分析和设计，并需研究其本体控制器及与主控制器的协调控制功能，以充分发挥电力电子变压器在微电网能量管理、无功补偿、并网和离网运行时的独特优势。

（3）控制和保护装置。交直流混合微电网内能量流动路径较单一，交流或直流微电网能量流动路径较多，采用微电网中心控制器和本地控制器对系统进行分布式和集中式相结合之间的自组织和自协调控制，使微电网系统内发电、用电功率平衡，同时在故障时，对系统及单个分布式电源进行保护。因此需要研究适合交直流混合微电网用的控制保护设备：①中心控制器；②分布式能源、负荷等的本地控制器；③就地控制器的通信接口和接口标准；④微电网就地和系统保护设备。

819. 交直流混合微电网未来研究方向是什么?

我国在交直流混合微电网的研究方面尚处于起步阶段，在拓扑设计、协调控制、故障保护以及关键设备研制方面需要进一步研究，具体包括：

（1）微电网群之间的互联。未来微电网的发展方向是实现交流微电网、直流微电网和交直流混合微电网之间的互联，实现集中式或分布式能源消耗、转换和存储等单元互联，提高可再生能源的稳定性、可调性及消纳量，经济效益显著提升。

（2）互联变流器容量的选取。互联变流器容量的大小关系到交直流两侧交换功率的规模，选取容量时，应综合考虑交直流两侧的负荷日曲线及分布式电源发电的日曲线。

（3）互联变流器最优控制策略设计。互联变流器是连接交直流微电网之间的桥梁，控制性能的优劣关系到交直流微电网之间的能量交换能否顺利进行。未来互联变流器的控制策略设计应充分考虑微电网的拓扑、内部特性转换效率等因素。

（4）互联变流器新型电路结构的设计。随着微电网容量的不断增大，互联母线的电压等级不断升高，必须对已有的电路结构进行串并联设计，提高互联变流器的容量和耐压等级。

（5）混合微电网的并离网切换技术。已有研究分别对交流微电网和直流微电网进行了详尽且深入的分析，而对于混合微电网的并离网切换技术尚未有较为深入的研究。尤其在考虑互联变流器多种运行模式的情况下，与单纯交直流微电网相比，混合微电网的分布式电源和负荷更加多样化、运行状态更加复杂，因此需要更加深入的研究混合微电网的并离网切换技术。

第三节　虚　拟　电　厂

820. 什么是虚拟电厂？

虚拟电厂（virtual power plants，VPP）指通过先进信息通信技术和软件系统，将不同地理空间的新能源发电厂、可调可中断负荷、储能、微电网、电动汽车、分布式电源等一种或多种资源聚合起来，实现自主协调优化控制，参与电力系统运行和电力市场交易的智慧能源系统。它打破了传统上物理电厂之间、发电和用电侧之间以及地域间的界限，是一种非实体存在的电厂形式。具有优化资源利用、促进新能源消纳、提高供电可靠性、节约投资、降低用户用能成本的作用。

821. 虚拟电厂和传统电厂的区别是什么？

虚拟电厂作为一类特殊的电厂参与电力系统的运行，具备传统电厂的功能，能够实现精准的自动响应，机组特性曲线也可模拟常规发电机组，但与传统电厂仍存在较大区别，归结为几点：一是形式不同。传统电厂指具有传统物理生产流程的集中式大型电厂。虚拟电厂不具有实体存在的电厂形式，相当于一个电力"智能管家"，由多种不同地理空间上的新能源发电厂或者分布式电源聚合而成，等同于独立的"电厂"在运营。二是电厂能量流动方向不同。传统电厂能量流动是单向的，即电厂—输电网—配电网—用户。而虚拟电厂能量流动是双向的，也就是说 VPP 市场主体可以与电力市场实现实时互动。三是负荷特征不同。传统电厂的负荷通常是静态可预测的，而虚拟电厂的需求端是动态可调整的，负荷可根据电网的运行状态灵活调整，在高峰时段可缓解尖峰负荷。四是生产与消费的关系不同。传统电厂的电力生产须遵循负荷端的波动变化，并通过调度集中统一调控。虚拟电厂参与主体的负荷端负荷可去适应电力生产，采用的是需求侧管理模式。

822. 虚拟电厂的技术架构是什么？

虚拟电厂以先进的量测技术、信息通信技术及调节控制技术为基础，将分布式能源、储能、电动汽车、可控可中断负荷等资源，参与电力调度运行和市场交易。虚拟电厂要求内部各终端用户需要具有对自身可控资源的监控管理能力，可以执行电力调度和交易出清等任务，虚拟电厂可以视为由监测控制及市场交易两部分结合而成，就监测控制而言，其典型的技术架构可分为以下 3 个部分。

（1）用户层。用户层主要由部署在虚拟电厂系统重要节点的量测单元构成，其负责收集传输节点发电曲线、负荷变化、电压电流、设备状态及内部用户的用电计划等情况，支持虚拟电厂对于分布式发电及可控资源的状态感知、预测及控制。

（2）通信层。通信层负责决策层及用户层之间的信息传输，包括不同设备通信协议之间的处理，其需要具有一定的扩展性和即插即用能力，是虚拟电厂系统的基础支撑。

（3）决策层。决策层具有区域潮流分布计算、可控负荷管理、发电与负荷预测、费用结算等功能。决策层接受用户层量测单元发送的信息，通过汇总分析虚拟电厂状态，实现内部发电预测及负荷预测，并依据系统电力潮流、供需形势及外部电力价格，生成内部能源管理方案，并依据方案下达操作指令，合理调配可控资源，以实现社会效益和经济效益的最大化。

823. 虚拟电厂的资源主体有哪些？

虚拟电厂的发展是以三类可控资源的发展为前提的，分别是可调（可中断）负荷、分布式电源、储能。这是三类基础资源，在现实中往往会糅合在一起，特别是可调负荷中间越来越多地包含自用型分布式能源和储能，或者三类基础资源经过组合发展出微网、局域能源互联网等形态，同样可以作为虚拟电厂下的一个控制单元。

虚拟电厂按照主体资源的不同，可以分为需求侧资源型、供给侧资源型和混合资源型三种。需求侧资源型虚拟电厂以可调负荷以及用户侧储能、自用型分布式电源等资源为主。供给侧资源型虚拟电厂以公用型分布式发电、电网侧和发电侧储能等资源为主。混合资源型虚拟电厂则由前两者共同组成，通过能量管理系统的优化控制，实现能源利用的最大化和供用电整体效益的最大化。

824. 虚拟电厂的控制方式有哪些？

虚拟电厂有如下几种控制方式：

（1）集中控制的虚拟电厂（centralized controlled VPP，CCVPP）。这一结构下的虚拟电厂，要求电厂可以完整掌握涉及分布式运行的每一个单位的信息，同时，其操作设置需要满足当地电力系统的不同需求。这一类型的虚拟电厂，在达到最佳运行模式时会有很大的潜力。但是，往往由于具体的运行实际的限制，可扩展性和兼容性较为有限。

（2）分散控制的虚拟电厂（decentralized controlled VPP，DCVPP）。这是指本地控制的分布式运行模式，在本地控制的系统中，构成一个整体的层次结构。针对上一种集中控制模式中的弱点，DCVPP 模式通过模块化的本地运行模式和信息收集模式有效地改进了缺陷。然而，中央控制系统在运行时仍然需要位于整个分散控制的虚拟发电系统的最顶端，以确保系统运行时的安全性和整体运行的经济性。

（3）完全分散控制的虚拟电厂（fully decentralized controlled VPP，FD-CVPP）。该运行模式可以认为是 DCVPP 的一种延伸。分散式控制模式中的中央控制系统由数据交换处理器代替，这些数据交换代理提供如市场价格、天气预报以及数据记录等有价值的信息。对于分散控制模式中的小单位来说，由于 FDCVPP 模式下的即插即用能力（plug and play ability），在此模式下运行，相比前两种模式，会具有很好的可扩展性和开放性。

基于以上三种模式的运行特点，完全分散控制的虚拟电厂虚拟电站更适合于在市场中投入运行的模式。在欧盟研究委员会规划设计的一个未来电力系统网络模型中，将一个完全分散控制的虚拟电厂视为分布式发电成功迈向全面运营的基础，在这个规划中，电网中的每一个节点都被激活，反应灵敏，对于周围环境的变化敏感，并且可以智能调控价格。

825. 虚拟电厂投入运行需要哪些辅助体系？

（1）数字化的量测体系。

在虚拟电厂的发电侧及用户侧都引入数字化仪表（advanced metering infrastructure，AMI）。AMI 相对于现行的测量仪表的一大特点是授权于用户，将电网和用户联系起来，让用户可以支撑电网的运行。AMI 的组成和特点具体包括：

1）高级智能仪表。

高级智能仪表相对于现有的电表的区别在于，它们类似于电网上的传感器，可以将用户端的实时数据，如电量、电压、电流、用电功率等信息及时传送到发电端。这样可以为电网的运行、调度和规划提供大量准确信息，方便运行人员精确把握电网的运行状态。尤其是针对分布式电源的管理，更需要通过高级智能仪表，精确掌握和预测分布式能源的状态信息。

2）供用电服务。

在用户端引入智能仪表后，系统可以根据电网的用电信息，对用户的用电量实行实时计价，不同时段不同电价，鼓励用户在电价高时少用电，电价低时多用电，实现负荷的平衡和优化控制。这样不仅可以大大降低用户的用电成本，同时也大大提高了电能的利用效率，并且实现与用户互动的负荷侧管理。

3）用户室内网（HAN）。

一旦智能电网得到完善和普及后，用户端将不再仅仅担当负荷侧这一种角色，在一定情况下，用户本身也可以成为一个小型的虚拟电厂，参与电网的运行。通过网关或用户入口把智能电表和用户室内可控的电气或装置连接起来，让用户能根据电网公司的需要，积极参与需求、响应电力市场的功能。

4）远程接通或断开。

AMI 将为虚拟电厂提供系统故障快速检测功能，一旦故障发生，系统将立刻切断故障区域，等待故障修复之后自动合闸。

（2）广域测量系统。

目前的广域测量系统（WAMS）的电源管理单位（PMU）装置以 GPS 为采样基准的，它能实现全网同步采集机组和线路的电压、电流以及重要的开关保护信号；并且能够计算出相应的电压和电流相量、频率和频率变化率、机组和线路功率、发电机内电势（功角）以及根据机组键相信号实测机组功角；同时还能提供扰动触发的暂态记录。

广域测量系统能实现对电力系统动态过程的监测，其测量的数据能反映系统的动态行为特征。广域测量系统为电力系统提供了新的测量和监控手段，其突出优点是：广域测量可以实现在时间/空间/幅值三维坐标下，同时观察电力系统全局的电力动态过程全貌。

（3）先进的监控软件和辅助决策体系。

目前电网的调度和监控采用的大多是 EMS，SCADA 系统或者其扩展功能，这些系统的弊端存在处理问题速度慢，系统储存的信息量十分有限，并且系统的在线分析能力较差，在多数时间需要人脑经验来解决问题，而这些弊端使得这一系统已经无法使用如今日益复杂多变的电力系统。而智能电网在运行时，需要实施监控网内所有节点、线路和设备上的所有数据，这是传统的监控软件和决策系统无法完成的任务。虚拟电厂需要依靠最先进的计算机优化算法来实现采集、组织、分类和处理智能电网中的海量信息，并基于数据和分析为运行人员提供辅助决策。实现符合虚拟电厂运行要求的监控软件，可以通过将分布式监控系统与集中式监控系统相结合的方式实现。目前电力系统的调度方式是采用将所有信息在电网调度中心进行统一处理，然后向相应的下级发电厂发布处理决定的模式。而在智能电网中，随着负荷侧管理数字化仪表的应用，分布式的监控系统不仅能够采集、分析本地的数据，并且筛选出需要与上级或其他分布式系统通行的数据，分布式的监控系统还能根据计算的结果决定采取必要的本地控制措施，而不是通过控制中心下达命令。在智能电网中，虚拟电厂可以引入多代理系统，将信息发布至相应等级的代理来处理，而集中式的监控层主要负责统筹和协调各个代理之间的信息通信和交流。

在辅助决策层面，虚拟电站可引入高级的可视化界面和运行决策支持。通过数据过滤和分析，高级的可视化界面能够将大量数据分层次，具体而清晰地呈现出来，从整体到局部地向运行人员展示精确、实时的电网运行状态，并且提供相应的辅助决策支持，包括预警工具、事故预想（what-if）工具和行动方案工具，这样较为完善的辅助决策系统便可成型。同时，系统也可通过内部储存的数据，对电网可能出现的问题进行预测，方便虚拟电厂对潜在危险采取一定的预防措施。

（4）快速仿真和模拟。

快速仿真和模拟包括风险评估、自愈控制与优化等高级软件系统，可实时监测和分析系统目前状态，帮助虚拟电厂做出快速响应和预测。通过其数字运算和预测功能，应用于虚拟电厂的配电快速仿真模拟（DFSM）可支持四个主要的自愈功能：网络重构、电压与无功控制、故障定位、隔离和恢复供电以及当系统拓扑结构发生变化时继保再整定，提高了智能电网的稳定性、安全性和可靠性。

826. 虚拟电厂的应用现状是什么？

目前虚拟电厂的理论和实践在发达国家已成熟，各国各有侧重。其中美国以可调负荷为主，规模已超 30GW，占尖峰负荷的 4% 以上；以德国为代表的欧洲国家则以分布式电源为主，德国一家公司整合了 9516 个发用电单元，总容量 8170MW，提供了全德二次调频服务的 10% 市场份额；日本以用户侧储能和分布式电源为主，计划到 2030 年超过 25GW；澳大利亚以用户侧储能为主，特斯拉公司在南澳建成了号称世界上最大的以电池组为支撑的虚拟电厂。

"十三五"期间，我国江苏、上海、河北、广东等地开展了电力需求响应和虚拟电厂的试点。如江苏省于 2015 年率先出台了《江苏省电力需求响应实施细则》，

2016 年开展了全球单次规模最大的需求响应,削减负荷 3520MW,2019 年再次刷新纪录达到 4020MW,削峰能力基本达到最高负荷的 3%～5%。

827. 简述虚拟电厂和需求侧响应的关系。

虚拟电厂与需求响应既有联系,又有区别。虚拟电厂是基于互联网的能源高度聚合(其聚合对象不仅包括参与需求影响的负荷,还包括分布式电源、储能等元素),以及以此为基础拓展出的多样化的衍生服务,其核心是"聚合"和"通信"。将资源进行聚合的最终目的是要将接入的资源参与电网互动,互动内容包括需求响应、辅助服务、电力现货交易等。而需求响应(或称为需求侧响应/电力需求响应)则更侧重于可调负荷,主要目的是以价格信号或补贴激励的形式,引导负荷侧用户调节自身的用电负荷(削峰需求时削减负荷、填谷需求时拉升负荷),实现电网供需平衡、稳定安全运行,即需求响应侧重于负荷侧用户调节自身用电增减。另外,与需求响应的调节方式相比,虚拟电厂由于接入了更多元的用户,如储能、分布式电源,在用户参与调节时,不仅负荷侧用户可以调节自身用电增减,还可以召集储能侧、电源侧用户调节电能输出,相比于需求响应的这一单一调节机制,虚拟电厂的调节范围更广、手段更丰富。虚拟电厂的侧重点在于增加供给,会产生逆向潮流现象,是否会造成电力系统产生逆向潮流是虚拟电厂和需求响应两者最主要区别之一。

828. 发展虚拟电厂有什么意义?

(1)可以提高电网安全保障水平。当前我国中东部地区受电比例上升、大规模新能源接入、电力电子装备增加,对电力系统平衡、调节和支撑能力形成巨大压力。将需求侧分散资源聚沙成塔,发展虚拟电厂,与电网进行灵活、精准、智能化互动响应,有助于平抑电网峰谷差,提升电网安全保障水平。

(2)可以降低用户用能成本。从江苏等地试点看,参与虚拟电厂后用户用能效率大幅提升,在降低电费的同时,还可以获取需求响应收益。如江苏南京试点项目平均提升用户能效 20%;无锡试点项目提高园区整体综合能源利用率约 3 个百分点,降低用能成本 2%,年收益约 300 万元。

(3)可以促进新能源消纳。近年来,我国新能源装机快速增长,2019 年新增风电、光伏装机 52.55GW,占全国新增装机的 62.8%,但部分地区、部分时段弃风弃光弃水现象仍比较严重。发展虚拟电厂,将大大提升系统调节能力,降低"三弃"电量。

(4)可以节约电厂和电网投资。我国电力峰谷差矛盾日益突出,各地年最高负荷 95%以上峰值负荷的时间累计不足 50h。据国家电网测算,若通过建设煤电机组满足其经营区 5%的峰值负荷需求,电厂及配套电网投资约 4000 亿元;若建设虚拟电厂，建设、运维和激励的资金规模仅为 400 亿～570 亿元。

829. 虚拟电厂参与调峰调频服务的市场机制是什么？

（1）虚拟电厂参与调峰服务。虚拟电厂可作为独立主体参加调峰市场提供调峰服务。虚拟电厂调峰是指虚拟电厂在电网调峰能力不足时段，调整自身用电曲线（包括减少出力、增加负荷等）。此外，虚拟电厂可利用用户用电弹性缓解峰谷时段供应与消耗不平衡的情况参加需求响应。然而虚拟电厂并不等同于需求侧管理，需求侧管理的重点在于优化用电曲线，而虚拟电厂的重点在于其通过聚合 DER 呈现可观、可控、可信的外特性。当前，江苏等地已明确工业用户、储能与充电桩运营商可直接参与需求响应，也可以通过负荷聚合商集成参与；居民用户必须通过负荷聚合商集成参加。因此，聚合可控负荷、储能、充电桩设备的虚拟电厂可作为负荷聚合商参与需求响应。

（2）虚拟电厂参与调频服务。虚拟电厂可通过灵活调控其内部 DER 使其整体外特性追踪调度机构下达的自动发电控制信号（automatic generation control, AGC）以提供调频服务。例如，虚拟电厂可通过控制策略安排电动汽车参加电网调频，不仅自身能够获得较好的经济效益，并且能显著提高系统的频率控制性能。此外，将光伏或风电与储能结合构成联合系统参加电网调频，具有协同增效优势，能有效改善电网经济效益与调频性能。

第四节　储　能　和　超　导

830. 共享储能是什么？

共享储能是单一实体储能电站通过市场化交易在同一时刻为两个及两个以上发电企业、电网企业或电力用户提供储能服务的商业模式，该模式可充分利用多个发电企业、电网企业或电力用户的发用电时空互补性，提升储能电站的利用率，提升电力系统灵活性，实现储能降本增效。是在能源互联网背景下产生的新一代储能理念，具有分布广泛、应用灵活的优点，可以有效提升高渗透率下电网的稳定特性和对新能源的消纳能力，已成为能源互联网框架中储能应用的重要研究方向之一。

831. 能源共享的形式是什么？

能源共享分为直接共享和缓存共享两种形式，其中直接共享有较高的优先级。卖家的卖电总量和买家的买电总量匹配的那部分电能可以直接共享，卖家将这部分电能卖给共享储能提供者，共享储能提供者直接转卖给买家，效率较高。卖家的卖电总量和买家的买电总量不完全匹配的那部分电能，将由共享储能弥补，如果卖电总量较多，则将其存储至共享储能；如果买电总量较多，则从共享储能中取电，效率较低。尽管具有优先级差别，这两种形式将同时进行。由于共享储能容量、充放电速率、电网电价等因素制约，共享储能将适时地与公共电网进行交易。

832. 能源共享分为哪几个阶段？

能源共享分为如下阶段：

（1）协商阶段。协商阶段内部市场参与者协商决定下一个时隙内部共享电能、共享储能的储能行为和与电网的交易量。共享储能提供者根据共享储能的状态、产销者愿意共享的电能、公共电网电价制定合理的社区内部电价；产销者预测下一个时隙的光伏发电量和负载需求，根据社区内部电价和电网电价确定内部能源共享量。

（2）执行阶段。执行阶段进行电能的实际交易。协商之后，社区内部的电价和能源共享量已经确定，但是产销者实际发电量和用电量与预测值有偏差，这部分偏差将在执行阶段直接由公共电网进行弥补。

（3）维护阶段。为了更好地提供储能共享服务，共享储能在公共电网负荷较少、公共电网电价较低、社区微电网可再生能源发电量较少的时候进行维护，维护期间共享储能不与产销者进行电能交易，相反，会按照一定的维护机制从公共电网取电，保证维护后的储能共享服务。

833. 共享储能方案，从应用场景来看，有哪些实现方式？

共享储能实现方式主要有以下几种：

（1）源端共享储能。共享电源侧储能电站，主要用于储存新能源电力，减少弃风弃光，实现源端"储能于厂"。

（2）网端共享储能。整合电网现有资源，可在变电站内增设储能接口，也可利用各类储能企业的储能资源，吸收弃风弃光电能和其他富余电能，削峰填谷，实现网端"储能于站"。

（3）荷端共享储能。利用电动汽车或智能楼宇中的储能设备，在用电低谷期储能，高峰期放电，实现荷端"储能于民"。可见，通过在电力系统源、网、荷各个环节配置合适的共享储能设备，能够改善整个系统的运行效率。

834. 电氢综合能源系统是什么？

电氢综合能源系统是以电、氢为二次能源载体的综合能源系统，贯穿发（制）、储、输、配、用等各环节，以零碳化为核心目标，实现碳中和目标下的电、热、冷、氢等终端能源需求的良好满足。

835. 目前电解水制氢技术及其区别是什么？

目前碱性电解、质子交换膜（PEM）电解、固体氧化物（SOEC）等技术路线被广泛应用与研究，根据各自技术特点的不同，与可再生能源结合的应用领域有所差异。

碱性电解技术已经实现大规模工业应用，国内关键设备主要性能指标均接近国际先进水平，设备成本较低，单槽电解制氢产量较大，适用于电网电解制氢。

PEM 电解技术国内较国际先进水平差距较大，体现在技术成熟度、装置规模、使用寿命、经济性等方面，国外已有通过多模块集成实现百兆瓦级 PEM 电解水制氢系统应用的项目案例。其运行灵活性和反应效率较高，能够以最低功率保持待机模式，与波动性和随机性较大的风电和光伏具有良好的匹配性。

SOEC 电解技术的电耗低于碱性和 PEM 电解技术，但尚未广泛商业化，国内仅在实验室规模上完成验证示范。由于 SOEC 电解水制氢需要高温环境，其较为适合产生高温、高压蒸汽的光热发电等系统。

836. 目前国内氢能储运普遍应用情况是什么？

现阶段，国内普遍采用 20MPa 气态高压储氢与集束管车运输的方式。在加氢站日需求量 500kg 以下的情况下，气氢拖车运输节省了液化成本与管道建设前期投资成本，在一定储运距离以内经济性较高。当用氢规模扩大、运输距离增长后，提高气氢运输压力或采用液氢槽车、输氢管道等运输方案才能满足高效经济的要求。氢能储运技术应用情况见表 15-4。

表 15-4　　　　　　　　氢能储运技术应用情况

输运方式		运输量	应用情况	优缺点	经济距离（km）
气态	长管拖车	250~480kg/车	广泛用于商品氢运输	技术成熟，运输量小，适用于短距离运输	≤150
	管道	310~8900kg/h	主要用于化工厂，小规模发展阶段	一次性投资高，管道材质要求高，运输效率高，适合长距离运输	≥500
液态	槽车	360~4300kg/车	国外应用广泛，国内仍仅用于航天及军事领域	液化氢成本和能耗高，设备要求高，适合中远距离运输	≥200
	有机液体	2600kg/车	试验阶段，较少应用	运输量较高，难以保证释放氢气纯度，充放氢气的设备要求高	≥200
固态	储氢金属	24000kg/车	试验阶段，少量用于燃料电池	运输容易，不存在逃逸问题，运输能量密度较低	≤150

837. 超导输电的优势是什么？

超导输电具有如下优势：

（1）容量大。一条±800kV 的超导直流输电线路的传输电流可达 10～50kA，输送容量可达 1600 万～8000 万 kW，是普通特高压直流输电的 2～10 倍。

（2）损耗低。由于超导输电系统几乎没有输电损耗（交流输电时存在一定的交流损耗），其损耗主要来自循环冷却系统（对于交流输电也是如此），因此其输电总损耗可降到常规电缆的 25％～50％。

（3）体积小。由于载流密度高，超导输电系统的安装占地空间小，土地开挖和占用减少，征地需求小，使利用现有输电廊道及基础设施敷设超导电缆成为可能。

（4）重量轻。由于导线截面积较普通铜电缆或铝电缆大大减少，因此，输电系统的总重量可大大降低。

（5）增加系统灵活性。由于超导体的载流能力与运行温度有关，可通过降低运行温度来增加容量，因而有更大的运行灵活性。

如果采用液氢或液化天然气等燃料作为冷却介质，则超导输电系统就可变成“超导能源管道”（superconducting energy pipeline），从而在未来能源输送中具有更大的应用价值。例如，从新疆向中东部地区供应液化天然气和可再生能源电力，就可采用这样的“超导能源管道”。

838. 超导储能系统的原理及优点是什么？

在各种储能方式中，超导储能（superconducting magnetic energy storage，SMES）系统具有效率高、功率密度高、响应速度快、循环次数无限、系统寿命长等优点，有望在可再生能源领域发挥重要作用。SMES 的优点取决于其基本原理，将能量以电磁能的形式存储在由超导带材绕制的超导磁体中，并在需要的时候通过功率调节系统释放出来。超导带材零电阻的特性决定了 SMES 具有效率高的优点；超导带材电流密度高的特点决定了 SMES 具有高功率密度的优点；其以电磁能直接存储能量的形式决定了 SMES 无须能量转换的环节，具有响应速度快的优点；而 SMES 在运行过程中，无任何电化学反应和机械磨损的特点决定了其具有循环次数无限的优点。利用 SMES 效率高的优点，可以将其用于对可再生能源进行削峰填谷；而利用其功率密度高、响应速度快、循环次数无限的优点，可以将其应用于解决可再生能源引发的电网暂态稳定性问题。

839. 超导直流限流器的原理及作用是什么？

超导直流限流器利用超导体特有的零电阻和超导态——正常态转变特性，由大量无感绕组串并联组成，可以等效为一个串接在电网中、浸泡在液氮内的可变电阻。当线路处于正常状态时，无感绕组处于超导态，电流可以无阻通过超导限流器；当短路故障发生后，短路电流瞬间超过无感绕组临界电流而失超，超导限流器很快呈现出一个合适的电阻，并有效地限制短路电流的大小和上升速度。

第五节 综合能源和能源互联网

840. 综合能源服务有哪些应用？

综合能源服务有如下应用：

（1）综合能源系统规划。在给定电、热、冷、气负荷、外部能源资源以及待选设备情况，面向经济、效率、排放等目标，采用冷热电耦合仿真、协同优化、评估评价等方法和技术，优化能源系统整体规划及能量流，横向实现多种能源的互补协调优化，纵向实现源网荷储的分层有序梯级优化。

（2）一站多能的能源站。能源站是区域综合能源系统的核心，一站多能的能源综合体是将能源供应站、能源服务站、储能站、电动汽车充电站、数据中心、5G 基站等进行统一建设、管理和运营，实现多站分布式逻辑融合、结构式相辅相成、数据式横向贯通，满足能源用户的不同需求，形成综合能源服务新业态和新模式。

（3）用电行为感知技术。基于智能表的用户用电行为感知技术通过采集用户总进线的电压和电流来辨识用户的电器种类、启停状态、耗电量等信息，能够实现全时段、精细化的用户用电行为感知以及用电电器工况监测，支撑节能设备改造和优化错峰用电等业务的开展，提升精准营销能力。且不需要进入用户内部施工，可大幅减少协调、施工和维护成本。

（4）边缘智能和 5G 通信。边缘智能技术通过结合协同终端设备计算本地性与边缘服务器强计算能力的互补性优势，实现支持视频分析、文字识别、图像识别、大数据流处理等功能。5G 通信网络具有超高速率、超低时延和超大连接的特点，将其与边缘智能相结合，可以为系统提供更智能、更高效、更可靠的智能信息服务。

（5）设备、管廊等智能运维。采用智能化量测和传感技术，将设备连接到云端，通过对数据的云处理，基于大数据分析的运维决策系统，实现设备故障的快速识别和缺陷诊断，并利用可穿戴设备与巡视机器人开展运维，提升设备及管廊的安全可靠性和精益化管理水平，为开展设备托管、设备代维、用能监测、节能降耗等多元化客户服务提供技术支撑。

（6）智慧融合的公共服务设施。通过先进的信息感知技术。数据通信传输技术，计算机处理技术等的应用，城市公共基础设施走向信息化、互联化，智慧路灯、智慧垃圾桶、智慧井盖、电子水尺等智慧城市产物的逐渐普及。通过建设能源优化配置网络和智慧公共服务网络，实现能源互联与服务互动、资源共享，构建智慧城市能源融合生态体系。

（7）VGI 车网融合系统。应用用户在线协作方式，以普通手持终端、开放获取的高分辨率遥感影像以及个人空间认知的地理知识为基础参考，创建、编辑、管理、维护的地理信息，链接广泛存在的电动汽车资源，促进电动汽车与源、网、荷资源的联动，为电网的双侧随机性提供大量灵活便宜、泛在互联的灵活性调度资源。

（8）云储能。一种分布式储能的替代方案，将原本分散在用户侧的储能装置集中到云端，用云端的虚拟储能容量来替代用户侧的实体储能，实现储能容量在不同时间与空间上的复用，可以满足海量用户随时、随地、按需使用共享储能资源的需求，免去用户安装和维护的麻烦，同时显著降低提供储能服务的成本，最大化储能效益。

（9）面向智能终端的需求响应。需求响应为调度电能供需平衡的技术手段，能够有效地发掘用户侧的潜力，在激励型互动机制、边缘计算下的账单管理和能效分析应用等技术的支持下，开展考虑相变储能、分布式三联供、制氢等用户侧设备的多能融合需求响应，增加电网调度的灵活性，对稳定电网运行起到了重要作用。

（10）综合能源服务平台。采用云计算、大数据、物联网、智能控制等先进技术，覆盖功能服务方、能源中间商、能源消费者和能源市场监管方，向用户提供用电管理、智能家居、分布式发电、储能、电动汽车等能源整合解决方案，打造集网络化、信息化、智能化一体的综合能源服务平台，打破现有能源体系的封闭、垄断结构，从以供给主体为中心彻底转向以用户需求为中心。

841. 综合能源系统规划优化的建模有哪些内容？ 需要用到哪些算法？ 求解有哪些步骤？

综合能源系统的典型设备建模包括光伏发电功率模型、风力发电机功率模型、燃气锅炉功率模型、储能电池模型、CCHP 系统模型、冰蓄冷系统模型、热泵系统模型以及能源路由器（energy hub）模型等。

综合能源系统规划与运行调度涉及设备间的相互耦合，属于非线性求解问题。数学模型相互之间的约束比较复杂，求解维度较高，求解此类问题的常用数学算法有动态规划、禁忌搜索算法、遗传算法和粒子群算法等。

综合能源系统规划的求解步骤如下：

（1）综合分析综合能源系统区域现状。现阶段国内综合能源系统多数为示范性，需要全面了解该区域的法规政策、人口、基础设施建设、能源利用情况、建筑面积等有效信息。

（2）分析供能侧处理特性。供能侧是以风电、光伏、燃机、储能等分布式设备结合配电网为主要出力能源，应结合经济、气候、政策与环境等条件总结供能侧特点与规划约束。

（3）预测负荷侧的用能特性。通过采集区域内的用电数据，进行历史数据与系统参数读取，采用多种负荷预测及估算方法，多方位预测负荷侧的用能特点，为下一步构建模型做准备。

（4）建立综合能源系统模型。为满足对区域内多种能源的协同规划，直接表示多种能流的耦合关系，需要建立多能源耦合设备数学模型。

（5）建立优化目标函数。根据规划区的资源禀赋制定出拟规划的分布式设备方案，合理选取决策变量，并根据优化目标建立目标函数数学表达式。

（6）系统模型求解。建立系统模型后，进行初始化迭代求解。选用智能算法，依此判断是否满足资金和网络的限制、能流约束以及设备运行约束。最后判断是否已经达到目标的最优，若要达到输出结果，否则继续循环。

（7）规划方案。通过以上步骤的求解，合理规划设备单元的选址，找到符合约束条件、最接近目标函数的综合能源系统的最优方案。

842. 能量路由器是什么?

能量路由器是以电能为中心，可汇集和管理电、冷、热、燃气及其他形式的能源，具备能量灵活转化、变换、传递和路由功能，并实现能源物理系统和信息系统的融合，是支撑能源互联网的核心装置。

843. 能量路由器的基本功能有什么?

能量路由器有如下基本功能：

（1）电能变换：含有三个及以上的电能端口，具备交流、直流电能形式的变换，幅值、相位、频率等电气参数的调整能力。

（2）电能路由：能在三个及以上电能端口之间，根据外部控制指令或依据实际工况进行电能的传输分配和路径选择。

（3）能量转换：可利用各种电热、电冷转换及储能设备，实现冷、热、电三种能量间的灵活转换及存储。

（4）信息交互：具备一次设备与二次设备之间、各能量端口之间、能量路由器与上层管理系统之间的双向信息交互功能，保证信息交互的可靠性和安全性。

（5）分布式能源接入：具备分布式能源、储能和负荷等接入和管理功能，具备并网运行、离网运行和孤岛运行能力。

（6）能量管理：以多端口、多类型能量的转换和优化配置为目标，维持各端口能量供需平衡，通过各端口的协调控制和功率分配，实现能量路由器及其系统的安全、可靠、绿色和高效运行。

（7）电能质量控制：具备电能质量控制和治理能力。

（8）安全与保护：具备安全运行能力，具备内、外部故障感知、故障隔离和自保护功能，能够与电力系统继电保护装置配合。

844. 能量路由器效率是什么？

能量路由器效率是指单位时间内，输出能量总和与输入能量总和的比值。能量路由器效率分为能量效率和电能效率：

$$\eta_e = \frac{\Sigma E_{out}}{\Sigma E_{in}} \times 100\% \tag{15-1}$$

式中 η_e——能量效率；

    ΣE_{out}——单位时间输出能量总和；

    ΣE_{in}——单位时间输入能量总和。

$$\eta_p = \frac{\Sigma P_{out}}{\Sigma P_{in}} \times 100\% \tag{15-2}$$

式中 η_p——电能效率；

    ΣP_{out}——输出有功功率总和；

    ΣP_{in}——输入有功功率总和。

845. 配电物联网是什么？

配电物联网是传统工业技术与物联网技术深度融合的信息物理系统，通过配电网设备间的全面互联、互通、互操作，实现配电网的全面感知、数据融合和智能应用，满足配电网精益化管理需求，支撑能源互联网快速发展。从应用形式上，配电物联网具有终端即插即用、设备广泛互联、状态全面感知、应用模式升级、业务快速迭代、资源高效利用等特点。

846. 能源互联网数字孪生是什么？

能源互联网数字孪生是充分利用能源互联网的物理模型、先进计量基础设施的在线量测数据、能源互联网的历史运行数据，并集成电气、流体、热力、计算机、通信、气候、经济等多学科知识，进行的多物理量、多时空尺度、多概率的仿真过程，通过在虚拟空间中完成对能源互联网的映射，反映能源互联网的全生命周期过程。

847. 能源互联网数字孪生的关键技术有哪些？

能源互联网数字孪生具有几大关键技术环节，即对物理系统的量测感知、数字空间建模、仿真分析决策，而以上几个环节又离不开云计算环境的支撑。

（1）量测感知是对能源互联网物理实体进行分析控制的前提，不同的应用对量测量的多少、量测的频率以及量测的精度可能有不同的要求。对实时控制而言，量测的对象包括能量系统和辅助调控系统（调控的对象为电、气、热/冷等子系统）。为此，需要在物理系统中布置众多传感器，并且还需解决与数据量测、传输、处理、存储、搜索、建模相关的一系列技术问题。对能源互联网规划而言，当前系统的设备构成、网络拓扑和运行参数是规划的基础，通过资料收集或者简单量测即可。

（2）在数字空间中如何对能源互联网进行建模取决于应用的需求。考虑到电力系统以及以电力系统为核心的能源互联网，其规划、建设、运行和控制的时间常数跨度非常大，没有必要也很难用同一个数学模型加以准确描绘。因此，可以通过不同类型的数学模型反映物理实体不同时间尺度和空间尺度的特征，只要这些特征和物理实体当前状态是同步的即可。例如，如果要利用数字孪生对能源互联网中的电气部分进行在线控制，可能需要建立毫秒级甚至微秒级的电力系统动态模型；而如果要利用数字孪生技术对能源互联网进行规划，则只需要建立能源互联网各设备及管网的稳态或者长时间尺度的动态模型即可。需要强调的是，能源互联网模型的形式并不仅仅局限于描述实体对象物理规律的数学方程，也可以包括基于量测数据构建的统计相关性模型。

（3）仿真分析决策环节首先对数字空间的能源互联网进行优化计算，然后通过仿真验证决策的合理性和有效性，再对数字能源互联网进行多场景、多假设的沙盘推演，最终得到合理决策指令并下发至物理系统。

云计算环境是连接物理系统和数字空间的桥梁。在云计算环境中，可以利用已经掌握的能源互联网物理规律和传感器量测数据，再借助大数据分析和高性能仿真技术，实现对能源互联网的数字建模和仿真模拟，计算结果可实时反馈至物理系统，传感器数据同样可实时传递给数字镜像以实现同步。之所以要利用云计算技术构建能源互联网的数字孪生主要有以下几方面的考虑：云计算环境网络可扩展性强；云端的 IT 资源丰富；能源互联网参与者众多，各参与方可以自助的方式获得所需 IT 资源；便于众多参与者贡献或者共享资源。

848. 数字孪生在能源互联网规划中的作用有哪些？

在能源互联网规划中，数字孪生参与其中的主要作用是对规划系统建模仿真，并将结果反馈给规划主体以指导规划决策。数字孪生可以检验运行方案的可行性，计算运行成本、资源短缺量、碳排放量等指标评估运行方案的效果，并提供系统工作点详细信息。利用摄动参数后的多次仿真，能够帮助运行优化寻找搜索方向，数字孪生可以准确地考虑能源互联网中网络和设备的模型，包括各种含有非线性、离散量和动态的模型，以应对前述能源互联网规划面临的困难。

在能源互联网规划中使用数字孪生，一方面能通过数字孪生仿真推演得到能源互联网在各种工况下的运行状态，从而精确地获取上述优化模型中需要的信息；另一方面，由于模型本身没有被简化或修改，因此能较为贴近真实地评估运行方案的可行性和效果，并反馈到规划主体中考虑。相比之下，常用的线性化等简化方法，虽然使得规划能够转化成易于求出最优解的问题，但其结果对于原规划问题的有效性无法保证。此外，采用数字孪生的能源互联网规划可扩展性较强，新增设备或能源形式可通过类似方式在数字孪生中建模仿真，此外，数字孪生有助于处理能源互联网规划中存在的不确定性，如可再生能源发电、电动汽车充电功率等。借助不确定性建模、场景生成等技术，数字孪生可以对不同规划方案进行多概率、多场景的仿真模拟，从中选取最优方案。

第十六章 配电网价值拓展

第一节 概述

849. 什么是配电网价值拓展？ 开展配电网价值拓展的目的是什么？

配电网价值拓展是在深度融合配电网物理网架的基础上，开展的各类业务活动和价值创造行为。配电网价值拓展包含传统价值和新兴价值两部分，按照深化传统价值、拓展新兴价值、创新商业模式的总体框架实施，以能源生产清洁化、能源消费电气化、能源利用高效化、基础资源共享化为重点实现价值的共创和共享。

开展配电网价值拓展的目的主要有以下四点：

（1）降低能源对外依存度，提高能源安全保障水平，要求扩大配电网能源生产清洁替代规模、能源消费电能替代规模。

（2）满足人民对美好生活的向往，要求配电网提供更加高效、便捷的能源服务，拓展综合化、一体化的增值业务。

（3）提高用能效率，降低用能成本，要求充分发挥配电网的资源配置价值和行业全方位带动作用，促进形成良好的发展生态，同时为用户提供节电节能咨询方案。

（4）打造企业可持续发展新动能，要求进一步挖掘配电网基础设施和数据资源价值，形成系列产品，有效服务政府决策、行业发展、居民个性化需求。

850. 配电网价值拓展思路是什么？ 包含哪些重点内容？

配电网价值拓展聚焦能源互联网价值创造，围绕能源生产清洁化、能源消费电气化、能源利用高效化、基础资源共享化等方面，通过综合能源、虚拟电厂、电能替代、杆塔共享、大数据分析等技术，深化传统价值、拓展新兴价值。总体思路如图 16-1 所示。

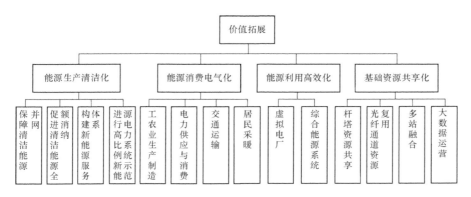

图 16-1　价值拓展总体思路

配电网价值拓展包含以下四方面重点内容：

（1）推进能源生产清洁化，加强配电网互联互通和智能控制，持续提高双向互动、转供、调峰能力，促进清洁能源健康发展和就地消纳，推动能源结构转型，助力实现能源领域碳达峰和碳中和。

（2）推进能源消费电气化，结合配电网的网架延伸，在工农业生产制造、交通运输、居民采暖、家庭电气化等重点领域，稳步拓展电能替代深度和广度，加快社会电气化进程。

（3）推进能源利用高效化，构建覆盖所有耦合能源的局域能量管理系统，推动电、气、热、冷等多能融合互补，实现能源按需灵活转换、优势互补，提升能源利用效率；依托车辆到电网（V2G）、虚拟电厂等技术，接入电动汽车、用能终端、储能等多元主体，推动各类主体多元聚合互动，提升源网荷储运行效率。

（4）推进基础资源共享化，通过共享电力杆塔、电缆管沟、通信光纤等电网基础设施资源，进一步开展多站融合、大数据运营等业务，深入挖掘共享渠道与商业化潜能，释放电网资源价值。

851. 配电网价值拓展应该遵循哪些原则？

配电网价值拓展应依托配电网特性和资源优势，坚持效益优先、创新驱动、市场主导、协调互济和开放共赢，统筹外延式发展与内涵式发展，实现以价值拓展驱动配电网功能升级，一般遵循以下原则：

（1）坚持效益优先。全面考虑各类新兴业务的社会效益、环境效益和生态效益，实现利益最大化。

（2）坚持创新驱动。推广应用先进技术，创新体制机制和业务模式，提升业务市场竞争力，实现可持续发展。

（3）坚持市场主导。聚焦市场需求，拓展新业务，实现业务功能、规模等与市场全面匹配。

（4）坚持协调互济。加强各类业务统筹协调、优势互补，提升业务市场推广能力和品牌效应，打造业务集群。

（5）坚持开放共赢。结合业务特性，充分调动各类社会资本积极性，鼓励参与业务投资，实现共建共享共赢。

第二节　能源生产清洁化

852. 什么是清洁能源？ 清洁能源主要包括哪些能源形式？ 清洁能源与非化石能源、 可再生能源、 新能源之间有什么区别和联系？

清洁能源即绿色能源，是指生产及使用过程中不排放污染物、能够直接用于生产生活的能源，狭义的清洁能源主要包括水能、风能、太阳能、地热能、海洋能、生物质能等可再生能源和核能，广义的清洁能源还包括天然气。

非化石能源指非煤炭、石油、天然气等经长时间地质变化形成、只供一次性使用的能源类型外的能源，主要包括水能、风能、太阳能、地热能、海洋能、生物质能等可再生能源和核能。

可再生能源是在自然界可以循环再生，取之不尽、用之不竭的能源，包括水能、风能、太阳能、地热能、海洋能、生物质能等。

新能源又称非常规能源，是指传统能源之外的各种刚开始开发利用或正在积极研究、有待推广的能源形式，如风能、太阳能、地热能、海洋能、生物质能等。

水能属于清洁能源、非化石能源、可再生能源，不属于新能源。核能属于清洁能源、非化石能源、新能源，不属于可再生能源。天然气属于广义的清洁能源，不属于非化石能源、可再生能源、新能源。

853. 分布式清洁能源有哪些主要的技术类型？

分布式清洁能源的技术类型主要包括分布式光伏发电、分布式生物质发电、分散式风电和小型水电。

（1）分布式光伏发电。分布式光伏发电项目的特征明显：项目规模大小可根据本地资源和电力需求进行灵活调整；接近电力负荷，多为就地接入电网消纳，无需长距离输送和大规模的输电网投资，线损少；单个项目投资额小，中小企业甚至家庭用户都可成为分布式光伏项目的投资者。

（2）分布式生物质发电。主要包括垃圾焚烧发电、垃圾填埋气发电、农林剩余物气化发电、养殖场沼气发电等。其中，垃圾焚烧发电和垃圾填埋气发电可实现城市垃圾的减量化，在经营方式和投融资模式方面具有自身特点。农林剩余物气化项目和养殖场沼气项目的规模普遍较小，产气量不高，直接利用气体要比其应用于发电的经济效益更高，因此分布式生物质发电的应用较少。

（3）分散式风电。分散式风电的主要特点是：布局在负荷中心附近，利用低风速资源，不以大规模远距离输送电力为目的，所产生的电力就近接入当地电网消纳。由于分散式风电容易受当地电网和负荷消纳条件、环保政策和土地所有权等影响，目前尚处于探索阶段。

（4）小型水电。小型水电具有技术成熟、经济性好的特点。目前开发利用程度较高，但受限于当地资源条件和生态环境约束，未来发展空间不大。

854. 如何衡量能源生产清洁化水平？相关指标计算有哪些方法？

可采用"非化石能源占一次能源消费比重"指标衡量能源生产清洁化水平，即非化石能源消费量与一次能源（化石能源＋非化石能源）消费量的比值。为了便于统计和比较，非化石能源占一次能源消费比重的计算，需要将不同能源品种折算成一次能源。由于水电、风电、太阳能发电等非化石能源发电并没有发生像化石能源发电那样的燃料燃烧和能源转换过程，因此各个国家和机构在将非化石能源电力转换成一次能源方面，出现了不同的做法，目前主要有化石燃料替代法和物理能量含量法。

（1）化石燃料替代法。将生产相同电量所需要消耗的化石能源消费量作为非化石能源电量所对应的一次能源消费量，也就是用化石燃料发电热效率当作非化石能源发电效率，在我国通常被称为"发电煤耗法"。采用这种折算方法意在关注非化石能源对于非化石能源的替代效应。长期以来，化石能源消费大国，如美国、德国（1995 年以前）、英国、我国都是采用这种折算方式。由于随着技术的进步，化石燃料发电热效率也在不断提高，折算系数需要逐年调整。

（2）物理能量含量法。也被称为电热当量法，假定非化石能源发电的转换效率是 100%。采用此法的基本逻辑是，非化石能源发电并不实际消耗化石能源，化石燃料替代法对于水电比例较大的国家没有意义。此外，随着可再生能源比例的提高，某种非化石能源并不完全是替代化石能源，也有可能替代其他类型可再生能源。基于上述考虑，一些国家和机构选择采用此法。如德国（从 1995 年开始至今）、日本和国际能源署（IEA）均采用电热当量法。在各种非化石能源中，核电和地热发电较为特殊，IEA 等机构认为电并不是一次能源，而核反应堆和地热中的热能才是一次能源，因而从电能热当量折算到热能还需要除以一个转换效率。核电站输入热量的 33% 转化为电力，因此国外普遍采用 33% 这一转换效率。对于地热发电，一般也是根据输入热量与发电量之间的转换关系确定，美国地热电站的平均转换效率是 16%，而国际能源署则是采用 10%。

与化石燃料替代法相比，采用物理能量含量法所计算得到的非化石能源消费量和能源消费总量较小，非化石能源消费量所占比例也更低。

855. 如何在配电网层面推动能源生产清洁化？

通过加强配电网互联互通和智能控制，持续提高双向互动、转供能力、调峰能力，着力提升配电网范围内清洁能源占比，促进清洁能源健康发展和就地消纳，推动能源结构转型，具体如下：

（1）保障清洁能源并网。确保配套电网和清洁能源项目有效衔接，保障分布式清洁能源可靠接入。

（2）促进清洁能源全额消纳。平抑间歇性分布式能源的出力波动，提高配电网的能量调度能力，提升电源可控性，实现灵活友好并网，提高配电网接纳能力。

（3）构建新能源服务体系。提供新能源场站规划设计、并网报装、补贴结算、运行维护和新能源数据共享等一站式服务。聚焦优质客户，开展一体化分布式光伏发电项目，推广光伏发电与鱼塘、农业大棚、山体修复等有机结合新模式。

（4）进行高比例新能源电力系统示范。解决高比例新能源电力系统的系统安全和运行机制问题，推动高比例新能源电力系统从局部地区向全国扩展。

856. 如何建设适应新能源高比例接入的配电网？ 有哪些典型示范？

为落实"双碳"目标，建设适应新能源高比例接入的配电网势在必行。在城市地区，支撑各类分布式新能源灵活接入，创新商业模式，创造新兴价值，提升清洁能源利用效率；在农村地区，立足本地资源禀赋、产业特色，保障"三农"用能需求，推动清洁能源转换利用。

建设适应新能源高比例接入的配电网，具体需要从加快新技术在配电网中的应用，推动电网向能源互联网升级这两个方面开展工作，通过示范工程建设引领带动配电网发展，具体如下。

（1）加快新技术在配电网中的应用。

1）安徽金寨分布式发电集群灵活并网示范工程。系统集成调容调压变压器、智能测控保护装置、集中和分散式光伏储能、小型气象监测装置、智能并网装置，整体实现了可观测、可控制、可治理，确保高渗透率分布式发电集群"发得出、并得上、用得掉"。

2）柔性变电站技术与张北柔性变电站示范工程。以电力电子变压器为核心，打造具有多电压等级交直流端口，集成潮流柔性控制、多形态能源接入、故障隔离、电能质量治理等功能的柔性变电站，支撑灵活接入可再生能源、分散式储能装置及交直流负载，实现清洁能源高品质消纳、柔性接入和灵活调配。

（2）推动电网向能源互联网升级。

1）北京（园区级）能源互联网示范区。以用户需求为导向，主打绿色低碳牌，在北京谋划打造石景山新首钢、大兴临空经济区能源互联网示范区，着力实现绿色低碳发展、电气化水平提升、社会降本增效三大目标。

2）河南兰考（县级）能源互联示范区。立足兰考能源资源禀赋，推动兰考农村资源能源化、用能低碳化、能源智慧化、发展普惠化，达到县域电力生产"全绿色"、清洁能源消送"全贯通"、终端用能替代"全聚合"、能源互联管理"高数智"、能源价值服务"高质效"的发展目标。

857. 电网企业应该采取哪些措施来保障可再生能源消纳？

电网企业应全额保障性收购按照可再生能源开发利用规划建设、依法取得行政许可或者报送备案、符合并网技术标准并依法取得《电力业务许可证》（按规定豁免的除外）的可再生能源发电企业除市场交易电量外的所有上网电量。具体包括以下几方面内容：

（1）电网企业应当按照相关规划和规定要求，规划建设或者改造可再生能源发电配套电网设施，按期完成可再生能源发电项目接入工程的建设、调试、验收和投入使用，保证可再生能源并网发电机组电力送出的必要网络条件。

（2）电网企业应当为可再生能源发电企业提供规范便捷的并网服务。可再生能源发电机组并网应当符合国家规定的可再生能源电力并网技术标准。可再生能源发电企业和电网企业应当签订购售电合同和并网调度协议。

（3）电力企业应当加强安全生产管理，加强电力可靠性管理，保障设备安全，避免或减少因设备原因导致可再生能源发电不能全额上网。

（4）电力调度机构应当按照国家有关规定和保证可再生能源发电全额保障性上网的要求，根据可再生能源优先发电电量计划和市场交易电量计划，编制发电调度计划并组织实施。

（5）电力调度机构应当根据国家有关规定，制定符合可再生能源发电机组特性、保证可再生能源发电全额保障性上网的具体操作规则，并按对应级别分别报国家能源局及其派出机构备案。

（6）电力企业、电力交易机构应当真实、完整地记载和保存可再生能源发电的有关资料。

（7）电网企业应按照国家电价政策及有关规定对优先发电电量及时、足额结算电费；按照合同约定或市场形成的交易电价对市场交易电量及时、足额结算电费。

858. 电网企业在构建新能源服务体系方面应该采取哪些举措？

（1）电网建设方面。

1）服务新能源并网。按要求开展风电、光伏发电新增消纳能力测算论证以及配电网可开放容量计算工作，并及时对社会发布，引导新能源合理有序发展；积极服务新能源竞价、平价项目申报，按要求积极开展新增项目接网和消纳能力滚动测算并出具意见。按照"能并尽并"要求，主动对接项目业主，高效、规范保障符合并网技术条件的新能源电站及时并网。依托"新能源云"等线上平台，打造户用光伏建站并网结算全流程一站式服务，提升客户服务能力，构建分布式光伏服务生态圈。

2）加快重点工程建设。建成投运一批输电通道，建设适应新能源高比例接入的配电网，推进抽水蓄能电站建设。

3）推进特高压等工程建设。加快建设特高压输电工程，在运特高压输送能力进一步提升。

（2）调度运行方面。

1）提升电网平衡调节能力。加快推进辅助服务市场建设，深挖火电调峰能力，充分利用抽水蓄能，开展源网荷储协同互动。

2）加强全网统一调度。加强省间电网调峰互济，持续完善分布式调度运行管理，保障电网安全稳定运行，提升清洁能源发电利用水平。

3）完善调度支持手段。开展多元智能协同调度，搭建转动惯量监视与预警平台，提升新能源功率预测精度，开发广域分布式光伏发电监测与功率预测系统，提升新能源涉网性能。

（3）市场交易方面。

1）完善市场交易制度。完善中长期交易机制，加快推进现货市场建设，落实可再生能源电力消纳保障机制，开展省间可再生能源电力超额消纳量交易，建成可再生能源消纳凭证交易系统。

2）积极组织省间交易。扩大省间交易规模，充分发挥跨区通道输送能力，持续推动绿电交易，开展新能源打捆外送交易，创新省间双边协商交易方式，积极开展电力扶贫交易。

3）创新开展省内交易。扩大省内新能源市场，创新新能源交易品种，开展源网荷储互动市场化交易，拓展虚拟电厂市场化交易试点，持续创新需求侧响应，推动实施电能替代。

859. 高比例新能源电力系统有何典型示范项目？

全国首个"清洁能源高比例消纳"综合示范典型项目为盐城高比例新能源电力系统示范工程，工程致力打造标杆示范，对安全、可靠提升配电网的就地消纳能力、助推新能源产业发展具有重大意义。

该项目集自同步电压源并网控制、集群优化协调控制等 5 项电网前沿技术应用于一体，深化五大场景建设，让新能源"可靠接进来，科学消纳掉"，成为真正的能源"大管家"。工程首次综合应用智能分布式一二次融合设备、增强型台区智慧网关、V2G 直流充电桩等 7 种新型设备，综合运用虚拟同步、边缘计算等多种前沿分析方法，对线路上的 17 个分布式光伏用户电源点进行精准改造和技术验证。工程将实现改造线路新能源 100％可靠并网和就地灵活消纳。

项目的实施对优化区域内电力营商环境、服务地方经济发展起到重要的促进作用。一方面，将加强新能源资源优势和消纳优势，吸引更多新能源产业研发单位进驻。同时新能源新技术、新设备的应用需求有利于吸引能源装备制造的研发人才、研发基地、试验基地入驻。另一方面，有助于推动区域能源供应体系转型升级，促进清洁能源的布局优化和有序建设，引导高载能行业向新能源资源丰富地区聚焦发展，促进"源网荷储"各方主动参与市场调节，保障可再生能源发电就地高效消纳。此外，为社会公众提供优质电能产品，保障电网具备对于工业用热、电动汽车、建筑采暖等新兴项目的支撑能力。

860. 什么是分散式风电项目？

分散式风电项目是指所产生电力可自用，也可上网且在配电系统平衡调节的风电项目。项目建设应满足以下技术要求：

（1）接入电压等级应为 110kV 及以下，并在 110kV 及以下电压等级内消纳，不向 110kV 的上一级电压等级电网反送电。

（2）35kV 及以下电压等级接入的分散式风电项目，应充分利用电网现有变电站和配电系统设施，优先以 T 或者Π接的方式接入电网。

（3）110（66）kV 电压等级接入的分散式风电项目只能有 1 个并网点，且总容量不应超过 50MW。

（4）在一个并网点接入的风电容量上限以不影响电网安全运行为前提，统筹考虑各电压等级的接入总容量。

861. 电网企业应如何实现分散式风电项目的便捷接入？

国家关于分布式发电的政策和管理规定均适用于分散式风电项目，110（66）kV 电压等级接入的分散式风电项目，接入系统设计和管理按照集中式风电场执行。

为实现分散式风电项目的便捷接入，电网企业应采取以下措施：

（1）电网企业应为纳入专项规划的 35kV 及以下电压等级的分散式风电项目接入电网提供便利条件，为接入系统工程建设开辟绿色通道。

（2）电网企业应完善 35kV 及以下电压等级接入分散式风电项目接网和并网运行服务。由地市或县级电网企业设立分散式风电项目"一站式"并网服务窗口，按照简化程序办理电网接入，提供相应并网服务，并及时向社会公布配电网可接入容量信息。

（3）35kV 及以下电压等级接入分散式风电项目办理并网手续的工作流程、办理时限，参照以下要求执行：

1) 地市或县级电网企业客户服务中心为分散式风电项目业主提供并网申请受理服务，向项目业主填写并网申请表提供咨询指导，接受相关支持性文件。

2) 电网企业为分散式风电项目业主提供接入系统方案制订和咨询服务，并在受理并网申请后 20 个工作日内，由客户服务中心将接入系统方案送达项目业主，经项目业主确认后实施。

3) 分散式风电项目主体工程和接入系统工程竣工后，客户服务中心受理项目业主并网调试申请，接收相关材料。

4) 电网企业在受理并网调试申请后，10 个工作日内完成关口电能计量装置安装服务，并与项目业主（或电力用户）签署购售电合同和并网调度协议。合同和协议内容参照有关部门制订的示范文本内容。

5) 电网企业在关口电能计量装置安装完成后，10 个工作日内组织并网调试，调试通过后直接转入并网运行。

6) 电网企业在并网申请受理、接入系统方案制订、合同和协议签署、并网调试全过程服务中，不收取任何费用。

7) 电网企业应按规定的并网点及时完成应承担的接网工程，在符合电网运行安全以及网络与信息安全技术要求的前提下，尽可能在用户侧以较低电压等级接入，允许内部多点接入配电系统，避免安装不必要的升压设备。

8) 电网企业应根据分散式风电接入方式、电量使用范围，本着安全、简便、及时、高效的原则做好并网管理，提供相关服务。

9) 分散式风电与电网的产权分界点为风电机组集电线路最靠近电网的最后一台风电机组处，电量计量点原则上尽可能接近产权分界点，在技术条件复杂时可由开发企业与当地电网企业协商确定。电网企业提供的电能计量表应可明确区分项目总发电量、"自发自用"电量和上网电量。

862. 什么是分布式光伏发电项目？ 分布式光伏发电有哪些主要类型？

分布式光伏发电项目是指自发自用或少量余电就近利用，且以配电网系统平衡调节为特征，在用户侧分散式开发的小型光伏发电系统。主要包括小型分布式光伏发电设施和小型分布式光伏电站两类：

（1）小型分布式光伏发电设施指自用为主、余量可上网（上网电量不超过50%）且单点接并网，总装机容量不超过 6MW 的小型光伏发电设施。包括在居民固定建筑物、构筑物及附属场所由业主自建的不超过 50kW 的户用光伏发电系统，以及在固定建筑物、构筑物及附属场所安装的不超过 6MW 的光伏发电系统。

（2）小型分布式光伏电站指全部自发自用、总装机容量大于 6MW 但不超过20MW 的小型光伏电站。

863. 完善分布式光伏发电接网和并网运行服务，对电网企业提出哪些要求？

在市县（区）电网企业设立分布式光伏发电"一站式"并网服务窗口，明确办理并网手续的申请条件、工作流程、办理时限，并在电网企业相关网站公布。对法人单位申请并网的光伏发电项目，电网企业应及时出具项目接入电网意见函，在项目完成备案后开展相关配套并网工作，对个人利用住宅（或个人所有的营业性建筑）建设的分布式光伏发电项目，电网企业直接受理并及时开展相关并网服务。电网企业应按规定的并网点及时完成应承担的接网工程，满足电网运行安全技术要求。电网企业提供的电能计量表应可明确区分项目总发电量、"自发自用"电量（包括合同能源服务方式中光伏企业向电力用户的供电量）和上网电量，并具备向电力运行调度机构传送项目运行信息的功能。

864. 如何为分布式光伏并网提供全流程一站式服务？

依托网上国网、新能源云等线上平台，打造户用光伏建站并网结算全流程一站式服务，提升客户服务能力，构建分布式光伏服务生态圈。

（1）电站建设智能服务。提供"一网通办"服务，建立标准化设计方案库，为客户提供建站咨询、设计、并网、收益、运维、政策等服务，满足差异化服务需求。

（2）电站并网结算服务。向客户提供分布式光伏电站的线上全流程服务，实现户用建站"一次都不跑"、工商业"最多跑一次"。通过线上渠道结算上网电费及补贴，实现光伏服务生态圈"市场化、透明度、高效率"。

（3）电站监测运维服务。实时远程动态监测电站运行状况，保障电站安全稳定运行。实现"互联网＋"运维服务新模式，打造智慧运维体系。

（4）电站运维培训服务。打造线上线下分布式光伏专业培训服务，聚合光伏行业优质企业、高校、科研机构等资源，共同推进产业标准制定。

（5）电站委托还款服务。依托线上电费结算服务优势，为客户提供委托还款一站式服务，解决电费回收、投资保障等痛点问题，降低用户成本，提高资金回流效率。

（6）电站设备采购服务。针对工商业和居民住宅，打造"多样式＋多组合＋多品牌"套餐式采购服务，满足客户差异化需求；同时推出金融产品，带动清洁能源产业发展。

第三节　能源消费电气化

865. 我国新时期电气化发展具有哪些内涵与特征？

新时期电气化发展是传统电气化转向清洁低碳、安全高效的发展与升级。在国民经济各部门和人民生活广泛使用电力的基础上，通过电力与新技术的深度融合，促进更多清洁能源通过转化为电力得以大规模利用，清洁低碳电力以智能电网为载体、实现更大范围内的配置和使用；利用电能替代传统化石能源的消费升级，进一步提高终端用能的电气化水平，实行多种节能节电措施，引导全社会高效、节约用电；通过提升电力安全供应能力、开展电力普遍服务与现代电力营销服务、推进电力市场建设，形成激发生产、惠及民生的可靠电力供应；以电力为核心，融合多种能源协同高效运行。通过在电力供应侧、电力消费侧与可持续发展层面协同推进电气化进程，推动能源生产与消费革命、支撑经济社会协调发展、促进生态环境持续改善、助力人民生活品质不断提升。

新时期电气化发展呈现出清洁能源电力化、终端用能电气化、电力系统智慧化、多种能源融合化、电力服务普适化、电力供应低碳化六个方面的新特征。

866. 在能源消费侧，全面推进电气化和节能提效，具体措施有哪些？

（1）强化能耗双控，把节能指标纳入生态文明、绿色发展等绩效评价体系，重点控制化石能源消费。

（2）加强能效管理，加快冶金、化工等高耗能行业用能转型，提高建筑节能标。

（3）加快电能替代，支持"以电代煤""以电代油"，加快工业、建筑、交通等重点行业电能替代，持续推进乡村电气化，推动电制氢技术应用。

（4）挖掘需求侧响应潜力，构建可中断、可调节多元负荷资源。

867. 实施电能替代有什么重要意义？如何拓展电能替代的广度和深度？

当前，我国电煤比重与电气化水平偏低，大量的散烧煤与燃油消费是造成严重雾霾的主要因素之一。电能具有清洁、安全、便捷等优势，实施电能替代对于推动能源消费革命、落实国家能源战略、促进能源清洁化发展意义重大，是提高电煤比重、控制煤炭消费总量、减少大气污染的重要举措。稳步推进电能替代有利于构建层次更高、范围更广的新型电力消费市场，扩大电力消费，提升我国电气化水平，提高人民群众生活质量。同时，带动相关设备制造行业发展，拓展新的经济增长点。

为拓展电能替代的广度和深度，应当进一步推动电动汽车、港口岸电、纯电动船、公路和铁路电气化发展。深挖工业生产窑炉、锅炉替代潜力。推进电供冷热，实现绿色建筑电能替代。加快乡村电气化提升工程建设，推进清洁取暖"煤改电"。积极参与用能标准建设，推进电能替代技术发展和应用。

868. 在居民采暖、交通运输、电力供应与消费等重点领域，如何开展电能替代？

（1）居民采暖领域。在存在采暖刚性需求的北方地区和有采暖需求的长江沿线地区，重点对燃气（热力）管网覆盖范围以外的学校、商场、办公楼等热负荷不连续的公共建筑，大力推广碳晶、石墨烯发热器件、发热电缆、电热膜等分散电采暖替代燃煤采暖，同时在光伏、风力资源丰富的北方地区，在当地探索光伏、风电与电采暖的联动模式。

（2）交通运输领域。支持电动汽车充换电基础设施建设，推动电动汽车普及应用。在沿海、沿江、沿河港口码头，推广靠港船舶使用岸电和电驱动货物装卸。支持空港陆电等新兴项目推广，应用桥载设备，推动机场运行车辆和装备"油改电"工程。

（3）电力供应与消费领域。在可再生能源装机比重较大的地区，推广应用储能装置，提高系统调峰调频能力，更多消纳可再生能源。在城市大型商场、办公楼、酒店、机场航站楼等建筑推广应用热泵、电蓄冷空调、蓄热电锅炉等，促进电力负荷移峰填谷，提高社会用能效率。

869. 如何提高城镇和农村地区的终端电气化水平？

（1）在城市地区，实施终端用能侧的清洁电能替代，大力推进城镇以电代煤、以电代油。加快制造设备电气化改造，提高城镇产业电气化水平。提高铁路电气化率，超前建设汽车充电设施，完善电动汽车及充电设施技术标准，加快全社会普及应用，大幅提高电动汽车市场销量占比。淘汰煤炭在建筑终端的直接燃烧，鼓励利用可再生电力实现建筑供热（冷）、炊事、热水，逐步普及太阳能发电与建筑一体化。

（2）在农村地区，切实提升农村电力普遍服务水平，完善农村电网建设及电力接入设施、农业生产配套供电设施，切实提高供电可靠性与电能质量，缩小城乡生活用电差距。加快转变农业发展方式，推进农业生产电气化。实施光伏（热）扶贫工程，探索能源资源开发中的资产收益扶贫模式，助推脱贫致富。结合农村资源条件和用能习惯，大力发展太阳能、浅层地热能、生物质能等，推进用能形态转型，使农村成为新能源发展的"沃土"，建设美丽宜居乡村。

870. 电能替代项目的能耗和排放有哪些类型？

电能替代项目的能耗和排放类型按照基准期和统计报告期分别描述。

（1）基准期（核定电能替代项目实施前能源消耗量、二氧化碳及大气污染物排放量的时间段）。燃煤（炭）项目能耗及排放类型包括燃煤（炭）能源消耗、烟尘、二氧化硫、氮氧化物和二氧化碳等，燃油项目能耗及排放类型包括燃油能源消耗、二氧化硫、氮氧化物和二氧化碳等，燃气项目能耗及排放类型包括燃气能源消耗、氮氧化物和二氧化碳等。

（2）统计报告期（电能替代项目完成后，核定能源消耗量、二氧化碳及大气污染物排放量的时间段，一般与基准期时间长度相同）。电能替代后能耗及排放类型应将电能溯源至区域内外化石能源发电、生物质发电、垃圾发电等发电侧进行识别。

871. 电能替代项目节能减排量化计算有哪些步骤？

电能替代项目节约化石能源、减少二氧化碳及大气污染物排放，按照以下步骤进行计算：

（1）调查和统计电能替代项目基准期化石能源消耗情况，包括消耗的能源类型、数量和质量，识别电能替代项目实施前使用化石能源排放大气污染物种类及二氧化碳。

（2）确定电能替代项目边界和统计报告期。

（3）确定项目在统计报告期内的电能消耗量，并计算其中由化石能源发电部分而产生的能耗及排放量。

（4）根据统计报告期电能消费量或基准期化石能源消费量，来计算统计报告期的折算化石能源消费量以及相应的能耗及排放量。

（5）计算电能替代项目节能量、减少大气污染物及二氧化碳排放量。

872. 进行电能替代项目节能减排量化计算时，如何计算基准期化石能源能耗及排放系数？

以燃煤（炭）项目为例，基准期燃煤（炭）项目能耗及排放类型包括燃煤（炭）能源消耗、烟尘、二氧化硫、氮氧化物和二氧化碳等。

（1）能耗折标系数。

燃煤（炭）项目的能耗折标系数计算方法见式（16-1）。

$$\alpha_{ec} = \frac{q_c}{Q_{ce}} \qquad (16-1)$$

式中　α_{ec}——燃煤（炭）项目的能耗折标系数；

　　　q_c——燃煤（炭）项目所使用不同类型煤、焦炭的低位发热值，kJ/kg；

　　　Q_{ce}——标煤热值，kJ/kg。

（2）烟尘排放系数。

燃煤（炭）项目烟尘排放系数宜采用实测法确定，测试方法按照 GB/T 16157《固定污染源排气中颗粒物测定与气态污染物采样方法》执行。对于不具备测试条件的燃煤（炭）项目，烟尘排放系数可采用物料平衡法估算得到，估算方法见式（16-2）。

$$m_{yc} = \left(W_{cA} + \frac{Q_1 + q_1}{32700}\right) \times \alpha_{fh} \times (1 - \eta_c) \qquad (16\text{-}2)$$

式中　m_{yc}——燃烧单位质量煤（炭）排放的烟尘量，kg/kg；

　　　W_{cA}——燃煤（炭）收到基灰分，%，可取 19.77%；

　　　Q_1——燃煤（炭）收到基低位发热量，kJ/kg；

　　　q_1——燃煤（炭）固体不完全燃烧热损失，%，可取 2%；

　　　α_{fh}——飞灰系数，%；

　　　η_c——除尘器效率，%。

（3）二氧化硫排放系数。

燃煤（炭）项目二氧化硫系数宜采用实测法确定，测试方法可根据实际条件从 HJ/T 56、HJ/T 57、HJ 629 等标准中选取。对于不具备测试条件的燃煤（炭）项目，二氧化硫排放系数可采用物料平衡法估算得到，估算方法见式（16-3）。

$$m_{SO_2} = 2 \times \beta_{SC} \times W_{CS} \times (1 - \eta_S) \qquad (16\text{-}3)$$

式中　m_{SO_2}——燃烧单位质量煤（炭）排放的二氧化硫量，kg/kg；

　　　β_{SC}——燃煤（炭）中硫元素的转化率，%，可取 0.8；

　　　W_{CS}——燃煤（炭）收到基全硫分含量，%，可取 0.63%；

　　　η_S——脱硫装置效率，可取 85%，未设置脱硫装置的可取 0%。

（4）氮氧化物排放系数。

燃煤（炭）项目氮氧化物排放系数宜采用实测法确定，测试方法可根据实际条件从 HJ/T42、HJ/T 43、HJ 693 标准中选取。对于不具备测试条件的燃煤（炭）项目，氮氧化物的排放系数计算可按物料平衡法估算得到，估算方法见式（16-4）。

$$\alpha_{NC} = 1.63 \times (\beta_{NC} \times N_C + 10^{-6} \times V_{NC} \times C_{NO_x}) \qquad (16\text{-}4)$$

式中　α_{NC}——燃烧单位质量煤（炭）排放的氮氧化物，kg/kg；

　　　β_{NC}——燃煤（炭）中氮的转化率，%，一般可取 1；

　　　N_C——燃煤（炭）中收到基全氮分含量，%，一般可取 0.79%；

　　　V_{nC}——燃煤（炭）生成的烟气量，m³/kg；

　　　C_{NO_x}——温度型氮氧化物浓度，mg/m³。

（5）二氧化碳排放系数。

燃煤（炭）项目二氧化碳排放系数计算方法见式（16-5）。

$$\alpha_{CC} = 3.67 \times W_{CC} \qquad (16\text{-}5)$$

式中　α_{CC}——燃烧单位质量煤（炭）排放的二氧化碳，kg/kg；

　　　W_{CC}——燃煤（炭）收到基全碳分含量，%。

873. 进行电能替代项目节能减排量化计算时，如何计算统计报告期电能能耗及排放系数？

统计报告期电能能耗及排放系数应根据区域清洁能源发电（包括水力发电、风力发电、光伏发电、光热发电、核电）及化石等非清洁能源发电（火力发电、天然气发电、燃油发电、生物质发电、垃圾发电）综合占比情况进行计算；如能明确溯源电能来源（如风电直供供暖、分布式光伏微电网），可对电能的能耗系数和排放系数进行相应调整。

（1）能耗折标系数。

电能能耗折标系数计算方法见式（16-6）。

$$\alpha_{ep} = \frac{\sum \alpha_{epi} \times \lambda_i / (1 - L_{xs_i}) + B_g \times (1 - \varepsilon)}{(1 + \sum \lambda_i) \times (1 - L_{xs})} \qquad (16-6)$$

式中　α_{ep}——本区域电能能耗折标系数；

　　　α_{epi}——本区域净输入电能的 i 电厂（或 i 区域）的电能能耗折标系数；

　　　λ_i——i 电厂（或 i 区域）净输入本区域电量与本区域内全部上网电量的比值；

　　　L_{xs_i}——跨区通道线损率，可据实或参考国家发改委发布核定数据；

　　　B_g——本区域内化石等非清洁能源发电加权供电煤耗；

　　　ε——本区域内清洁能源上网电量（不含天然气）占本区域内全部电量的比值；

　　　L_{xs}——本区域电网综合线损率，可参见国家能源局公布或各区域物价部门核定数据。

（2）烟尘排放系数。

电能的烟尘排放系数计算方法见式（16-7）。

$$\alpha_{ap} = \frac{\sum e_{ashi} \times \lambda_i / (1 - L_{xs_i}) + e_{ash} \times (1 - \varepsilon)}{(1 + \sum \lambda_{ashi}) \times (1 - L_{xs})} \qquad (16-7)$$

式中　α_{ap}——电能的烟尘排放系数，kg/kWh；

　　　e_{ashi}——本区域净输入电能的 i 电厂（或 i 区域）的电能烟尘排放系数，kg/kWh，超低排放、超超低排放等机组可取 0；

　　　e_{ash}——本区域内化石等非清洁能源发电加权烟尘排放系数，kg/kWh，超低排放、超超低排放等机组可取 0。

（3）二氧化硫排放系数。

电能的二氧化硫排放系数计算方法见式（16-8）。

$$\alpha_{sp} = \frac{\sum e_{spi} \times \lambda_i /(1 - L_{xs_i}) + e_{SO_2} \times (1 - \varepsilon)}{(1 + \sum \lambda_i) \times (1 - L_{xs})} \qquad (16 - 8)$$

式中　α_{sp}——电能的二氧化硫排放系数，kg/kWh；

e_{spi}——本区域净输入电能的 i 电厂（或 i 区域）的电能二氧化硫排放系数，kg/kWh，超低排放、超超低排放等机组可取 0；

e_{SO_2}——区域内化石等非清洁能源发电加权二氧化硫排放系数，kg/kWh，超低排放、超超低排放等机组可取 0。

（4）氮氧化物排放系数。

电能的氮氧化物排放系数计算方法见式（16 - 9）。

$$\alpha_{Np} = \frac{\sum e_{Npi} \times \lambda_i /(1 - L_{xs_i}) + e_{NO_x} \times (1 - \varepsilon)}{(1 + \sum \lambda_i) \times (1 - L_{xs})} \qquad (16 - 9)$$

式中　α_{Np}——电能的氮氧化物排放系数，kg/kWh；

e_{Npi}——本区域净输入电能的 i 电厂（或 i 区域）的氮氧化物排放系数，kg/kWh，超低排放、超超低排放等机组可取 0；

e_{NO_x}——区域内化石等非清洁能源发电加权氮氧化物排放系数，kg/kWh，超低排放、超超低排放等机组可取 0。

（5）二氧化碳排放系数。

电能的二氧化碳排放系数计算方法见式（16 - 10）。

$$\alpha_{cp} = \frac{\sum e_{cpi} \times \lambda_i /(1 - L_{xs_i}) + e_{CO_2} \times (1 - \varepsilon)}{(1 + \sum \lambda_i) \times (1 - L_{xs})} \qquad (16 - 10)$$

式中　α_{cp}——电能的二氧化碳排放系数，kg/kWh；

e_{cpi}——本区域净输入电能的 i 电厂（或 i 区域）的电能二氧化碳排放系数，kg/kWh；

e_{CO_2}——区域内化石等非清洁能源发电加权二氧化碳排放系数，kg/kWh。

874. 进行电能替代项目节能减排量化计算时，如何计算节能减排量？

计算电能替代项目节能减排量，是以能源消耗量为基础，分别计算节能量、烟尘减排量、二氧化硫减排量、氮氧化物减排量、二氧化碳减排量。统计报告期折算化石能源消耗量计算方法见式（16 - 11）。

$$M(\text{或} V) = \frac{\lambda r}{\lambda b} \times E \qquad (16 - 11)$$

式中　M（或 V）——统计报告期折算化石能源消耗质量（kg）或体积（L、Nm³）；

E——统计报告期电能消耗量（kWh）；

λr——电能转化效果系数，如电锅炉热值（kJ/kWh）、电动汽车单位电耗公里数（km/kWh）、电炉单位能耗产量（t/kWh）；

　　λb——化石能源转化效果系数，如燃煤（炭）锅炉热值（kJ/kg）、燃油车单位油耗公里数（km/L）、焦炭冲天炉单位能耗产量（kg/kg）。

（1）节能量。

电能替代项目节能量的计算方法见式（16-12）。

$$\Delta E = \alpha_{ef} \times M(或 V) - \alpha_{ep} \times E \qquad (16-12)$$

式中　ΔE——电能替代项目节能量；

　　　　α_{ef}——化石能源能耗折标系数，根据能源类型分为燃煤（炭）能耗折标系数、燃油能耗折标系数、燃气能耗折标系数；

　　　　α_{ep}——电能能耗折标系数。

（2）烟尘减排量。

电能替代项目烟尘减排量的计算方法见式（16-13）。

$$\Delta A = \alpha_{af} \times M(或 V) - \alpha_{ap} \times E \qquad (16-13)$$

式中　ΔA——电能替代项目烟尘减排量，kg；

　　　　α_{af}——化石能源烟尘排放系数，根据能源类型分为燃煤（炭）烟尘排放系数、燃油烟尘排放系数、燃气烟尘排放系数；

　　　　α_{ap}——电能烟尘排放系数，kg/kWh。

（3）二氧化硫减排量。

电能替代项目二氧化硫减排量的计算方法见式（16-14）。

$$\Delta S = \alpha_{sf} \times M(或 V) - \alpha_{sp} \times E \qquad (16-14)$$

式中　ΔS——电能替代项目二氧化硫减排量，kg；

　　　　α_{sf}——化石能源二氧化硫排放系数，根据能源类型分为燃煤（炭）二氧化硫排放系数、燃油二氧化硫排放系数、燃气二氧化硫排放系数；

　　　　α_{sp}——电能二氧化硫排放系数，kg/kWh。

（4）氮氧化物减排量。

电能替代项目氮氧化物减排量的计算方法见式（16-15）。

$$\Delta N = \alpha_{Nf} \times M(或 V) - \alpha_{Np} \times E \qquad (16-15)$$

式中　ΔN——电能替代项目氮氧化物减排量，kg；

　　　　α_{Nf}——化石能源二氧化硫排放系数，根据能源类型分为燃煤（炭）氮氧化物排放系数、燃油氮氧化物排放系数、燃气氮氧化物排放系数；

　　　　α_{Np}——电能氮氧化物排放系数，kg/kWh。

（5）二氧化碳减排量。

电能替代项目二氧化碳减排量的计算方法见式（16-16）。

$$\Delta C = \alpha_{Cf} \times M(或 V) - \alpha_{Cp} \times E \qquad (16-16)$$

式中　ΔC——电能替代项目二氧化碳减排量，kg；

　　　α_{Cf}——化石能源二氧化碳排放系数，根据能源类型分为燃煤（炭）二氧化碳排放系数、燃油二氧化碳排放系数、燃气二氧化碳排放系数；

　　　α_{Cp}——电能二氧化碳排放系数，kg/kWh。

875. 电能替代设备主要有哪些类型？

电能替代设备主要包括电制冷/热类和电转动力类。

（1）电制冷/热类。

电制热/冷类电能替代设备按照主要用途不同，可分为以下三大类：

1）建筑供热/冷设备，主要包括电锅炉、分散电采暖（碳晶板、发热电缆、电热膜等）、热泵等建筑用电供热设备与中央空调等建筑用电供冷设备。

2）工/农业生产制热/冷设备，主要包括电窑炉、工业电锅炉、冶金电炉等制热类设备与工业中央空调等制冷类设备。

3）家用电制热类设备，主要包括电磁炉、电热水壶、电热水器等家用电制热类设备。

（2）电转动力类。

电转动力类电能替代设备按照主要用途不同，可分为以下两大类：

1）工/农业生产类设备，主要是指由利用电机驱动的设备，根据应用场景不同可分为辅助电动力设备、矿山采选设备、农业电排灌设备、农业辅助生产设备、油田钻机、油气管线电力加压设备等。

2）交通运输类设备，主要包括电动汽车、轨道交通、港口岸电、机场桥载等设备。

876. 电能替代设备接入电网有哪些技术要求？

（1）一般要求。

1）电能替代设备接入电网应有相应的安全保护措施，不应影响电网的安全运行。

2）接入电网电压等级一般根据当地电网情况、电能替代设备用电容量，并考虑用电设备同时率等因素，经技术经济比较后确定，需满足电网相关标准要求。

（2）电压等级。

电能替代设备接入电网时，应根据用电设备容量和受电变压器总容量参数，确定接入的供电电压等级，所选择的标准电压应符合 GB/T 156—2017《标准电压》的规定，供电电压等级一般可参考表 16-1。

表 16 - 1 接入电压等级参考

供电电压等级	用电设备容量	受电变压器总容量
220V	10kVA（发达地区 16kVA）及以下	—
380V	100kVA 及以下	50kVA 及以下
10kV	—	50kVA～10MVA
35kV	—	5MVA～40MVA

（3）接入方式。

1）220V/380V 供电的电能替代设备，容量不大于 10kVA/30kVA 时，宜接入低压配电箱；大于时宜接入变配电室的配电柜专用回路。

2）接入 10kV 电网的电能替代设备，小于 2000kVA 宜接入环网室（箱）或 T 接到架空线路，2000～4000kVA 的宜接入 10kV 开闭站，容量大于 4000kVA 的宜专线接入。

3）接入 35kV 电网的电能替代设备，宜接入变电站、开关站。

（4）配电设备。

1）配电变压器。

应选择采用节能型变压器，邻近居民区应采取降噪措施（建设配电室、建设隔音墙或吸声屏障等），安装在配电室内的变压器应使用干式变压器；使用独立的变压器时，其容量应为接入电能替代设备额定功率的 1.1～1.5 倍。

2）配电导线。

低压配电导线如采用架空线路方式铺设时，接户线接续后应进行绝缘恢复处理，沿墙铺设时宜选用具有阻燃、耐低温等性能的绝缘线；如采用电缆线路方式铺设时，低压电缆铺设引上电杆应选用户外终端，并加装分支手套及耐候护管。

10kV 配电导线如采用架空线路方式铺设时，一般地区线路绝缘子爬电比距应不低于 GB 50061—2010《66kV 及以下架空电力线路设计规范》规定中的 d 级污秽度的配置要求，额定雷电冲击耐受电压可从高于系统标称电压一个等级中选取，符合 GB/T 311.1—2012《绝缘配合 第 1 部分：通用技术条件》的规定。如采用电缆线路方式铺设时，应根据使用环境采用具有防水、防蚁、阻燃等性能的外护套。电缆载流量、电缆通道与其他管线的距离及相应防护措施应符合 GB 50217—2018《电力工程电缆设计标准》的规定。

35kV 配电导线截面选择宜按远期规划考虑。

877. 电能替代设备接入电网在保护和计量方面有哪些要求？

（1）保护。

电能替代设备应根据其用电特性配置适当的保护措施，其保护要求如下：

1）电能替代设备采用 220、380V 电压等级接入时，配电线路的低压开关设备及保护应符合 GB 50054—2011《低压配电设计规范》的规定，接地型式、接地电阻、接地装置、保护导体等应符合 GB/T 50065—2011《交流电气装置的接地设计规范》的规定。

2）电能替代设备采用 10～35kV 电压等级接入时，保护配置应符合 GB/T 14285—2006《继电保护和安全自动装置技术规程》的规定，接地电阻、接地装置等应符合 GB 50065—2011《交流电气装置的接地设计规范》的规定。

（2）计量。

电能替代设备接入时，计量要求如下：

1）单独供电的电能替代设备，宜配置独立的电能计量装置；非单独供电的电能替代设备，宜跟随设备配置电能计量装置。

2）电能替代设备电能计量装置可按其所计电能量多少和计量重要程度分类，分类类别参照 DL/T 448—2016《电能计量装置技术管理规程》的规定，其中Ⅰ、Ⅱ、Ⅲ类分类可按电能替代设备负荷容量或月平均用电量确定，具体详见表 16-2。

表 16-2 电能替代设备电能量计量装置分类

电能替代设备负荷	电能替代设备月平均用电量	电能量计量装置分类
单相设备	—	Ⅴ类
315kVA 以下	—	Ⅳ类
315kVA 及以上	10 万 kWh 及以上	Ⅲ类
2000kVA 及以上	100 万 kWh 及以上	Ⅱ类
10000kVA 及以上	500 万 kWh 及以上	Ⅰ类

878. 电能替代设备接入电网，对电能替代设备性能有哪些要求？

（1）电能质量。

1）谐波及间谐波。电能替代设备接入后，注入公共电网接入点的谐波电压限值、谐波电流允许值、间谐波限值等应分别符合 GB/T 14549—1993《电能质量 公用电网谐波》，GB/T 24337—2009《电能质量 公用电网间谐波》的规定。

2）功率因数。电能替代设备功率因数不小于 0.85。

3）电压不平衡度。电能替代设备接入后，引起接入点的电压不平衡度应符合 GB/T 15543—2008《电能质量 三相电压不平衡》的规定。

4）电压波动和闪变。电能替代设备接入后，因设备启、停冲击等负荷波动产生的电压波动允许值，应符合 GB/T 12326—2008《电能质量电压波动和闪变》的限值。

（2）电磁兼容。

电能替代设备运行过程对所在环境产生的电磁干扰应符合 GB 4824—2019《工业、科学和医疗设备射频骚扰特性限值和测量方法》的规定；电能替代设备应根据实际情况具备一定的电磁兼容抗扰度，并符合表 16-3 所列标准相应等级的电磁兼容抗扰度要求。

表 16-3   电磁兼容抗扰度测试标准

序号	抗扰度参数	标 准
1	静电放电	GB/T 17626.2—2018《电磁兼容　试验和测量技术　静电放电抗扰度试验》
2	射频电磁场辐射	GB/T 17626.3—2016《电磁兼容　试验和测量技术　射频电磁场辐射抗扰度试验》
3	电快速瞬变脉冲群	GB/T 17626.4—2018《电磁兼容　试验和测量技术　电快速瞬变脉冲群抗扰度试验》
4	浪涌（冲击）	GB/T 17626.5—2019《电磁兼容　试验和测量技术　浪涌（冲击）抗扰度试验》
5	电压暂降、短时中断和电压变化	GB/T 17626.11—2016《电磁兼容　试验和测量技术　电压暂降、短时中断和电压变化》

（3）电气安全。

1）电能替代设备应有可靠的电气绝缘性能，1kV 及以下电压等级设备中带电回路之间以及带电回路与地之间的绝缘电阻一般应不小于 1MΩ，$1kV < U \leqslant 35kV$ 的电压等级设备对地绝缘电阻一般不宜小于 $U(M\Omega)$。

2）电能替代设备的电气安全性能应符合 GB 5226.1—2008《机械电气安全　机械电气设备　第 1 部分：通用技术条件》的规定。

3）电能替代设备金属壳体或可能带电的金属件与接地端之间应具有可靠的电气连接，并与接地装置可靠连接，接地装置的接地电阻及连接形式应符合 GB/T 50065—2011《交流电气装置的接地设计规范》的规定。

4）电能替代设备根据接入情况，应选配过流、漏电、过压、缺相等保护。

（4）效率。

电能替代设备应符合国家现行标准设备/产品效率的规定，推荐采用高效设备以提升电能转换与利用效率，禁止使用国家明文规定的淘汰设备。

879. 在能源消费电气化背景下，如何推动电气化与信息化深度融合？

保障各类新型合理用电，支持新产业、新业态、新模式发展，提高新消费用电水平。通过信息化手段，全面提升终端能源消费智能化、高效化水平，发展智慧能源城市，推广智能楼宇、智能家居、智能家电，发展智能交通、智能物流。

培育基于互联网的能源消费交易市场，推进用能权、碳排放权、可再生能源配额等网络化交易，发展能源分享经济。加强终端用能电气化、信息化安全运行体系建设，保障能源消费安全可靠。

第四节　能源利用高效化

880. 什么是能源利用效率？　能源利用效率如何计算？

能源利用效率是反映能源消耗水平和利用效果，即能源有效利用程度的综合指标。通常用热效率来表示。联合国欧洲经济委员会的定义是：在使用能源（开采、加工转换、贮运和终端利用）的活动中所得到的起作用的能源量与实际消耗的能源量之比。

根据联合国欧洲经济委员会的能源利用效率评价和计算方法，能源利用效率由开采效率、中间环节效率和终端利用效率三部分组成；其中，开采效率即能源储量的采收率；中间环节效率包括加工转换效率和贮运效率，后者用能源输送、分配和贮存过程中的损失来衡量；终端利用效率即终端用户得到的有用能与过程开始时输入的能源量之比。

881. 如何实现在配电网层面实现能源利用高效化？　具体需要开展哪些工作？

配电网是联系各种能源的重要平台，通过能源路由器、多能联合控制、协调互补应用等技术，构建覆盖所有耦合能源的局域能量管理系统，推动电、气、热、冷等多能融合互补，实现能源按需灵活转换、优势互补，提升能源利用效率。依托需求侧响应、V2G、虚拟电厂等技术，接入电动汽车、用能终端、储能等多元主体，推动各类主体多元聚合互动，提升源网荷储运行效率。

实现能源利用高效化，需要开展大量具体工作：一是构建以综合能源站为载体的综合能源系统，形成高效的集团化业务发展格局，深耕重点行业开展系统级综合能效服务，以电为中心全面推进多能供应服务；二是建设智慧能源综合服务平台，包括虚拟电厂智能管控平台和局域能量管理平台；三是建设源网荷储协同互动平台，加强关键技术研究与核心产品研制，建立源网荷储协同产业生态圈，打造储能全产业链能力。

882. 什么是综合能源系统？　综合能源系统的基本内涵是什么？

综合能源系统是指一定区域内的能源系统利用先进的技术和管理模式，整合区域内石油、煤炭、天然气、生物质和电力等多种能源资源，实现多异质能源子系统之间的协调规划、优化运行、协同管理、交互响应和互补互济，在满足多元化用能需求的同时有效提升能源利用效率，进而促进能源可持续发展的新型一体化能源系统。

多能互补、协调优化是综合能源系统的基本内涵。多能互补是指石油、煤炭、天然气和电力等多种能源子系统之间互补协调，突出强调各类能源之间的平等性、可替代性和互补性。协调优化是指实现多种能源子系统在能源生产、运输、转化和综合利用等环节的相互协调，以实现满足多元需求、提高用能效率、降低能量损耗和减少污染排放等目的。

883. 综合能源系统基本架构和特点是什么？

综合能源系统是一种多层次的复杂耦合系统，是多种能源输入、转换及输出集成。因此，其基本架构在于综合能源系统的物理构成，即保障综合能源系统基本运行。实现能源系统优化建模的基础是建立科学、全面、准确的综合能源系统基本框架，其大致分为 4 个子系统：

（1）外部能源供应子系统，主要包括天然气、燃油等一次能源和市政电网供电的二次能源。

（2）能源转换子系统，主要包含三种类型：第一类是小规模可再生能源发电系统，例如光伏发电、小型风力和小水力发电系统等；第二类是热电联产或冷热电三联产系统，其主要代表设备为燃气轮机、微燃机、燃料电池等原动机；第三类是辅助型能源转换系统，其主要设备包括燃气/油锅炉、储能设备等。

（3）能源输送网络，包括电网、热网、冷网、气网。

（4）用户终端子系统，是最终将能源转换子系统产生的能源消耗的系统。

综合能源系统一般有如下特点：可实现多能源系统的有机协调与多能互补；可实现源网荷储协调互动，提高供能系统基础设施的利用率；智能电网是其基础和关键；可实现物理信息的深度融合。

884. 综合能源系统效益评价有哪些典型指标？ 如何构建综合能源系统效益评价体系？

综合能源系统效益评价指标涵盖经济效益、安全效益、环境效益、社会效益等方面。其中，经济效益指标包括系统设备投资费用、系统运行费用、能源经济性水平、设备利用率、装备使用寿命年限、网损率、管网热损失率等；安全效益指标包括设备无故障率、平均故障停电时间、线路越限概率、管道越限概率、切负荷概率；环境效益指标包括能源转换效率系数、清洁能源供能占比、单位能量二氧化硫排放量、单位能量氮氧化物排放量等；社会效益指标包括缓建效益能力、用户端能源质量、用户舒适度、主动削峰负荷量、智能电能表普及度。

目前主要有两种综合能源系统效益评价指标体系的构建思路，一是考虑构建综合能源系统产生效益的类型，涵盖了综合能源系统在经济、社会、环境效益等方面的效益情况；二是考虑构建综合能源系统产生效益的环节，分别从能源环节、装置环节、配电网环节和用户环节建立区域综合能源系统效益评价指标体系，并将反映经济效益、社会效益、环境效益等指标融入各环节中。

885. 什么是综合能源服务？ 如何推动综合能源服务发展？

综合能源服务是一种新型的为满足终端客户多元化能源生产与消费的能源服务方式，涵盖能源规划设计、工程投资建设，多能源运营服务以及投融资服务等方面。

推动综合能源服务发展，应以工业园区、大型公共建筑等为重点，积极拓展用能诊断、能效提升、多能供应等综合能源服务，助力提升全社会终端用能效率。建设线上线下一体化客户服务平台，及时向用户发布用能信息，引导用户主动节约用能。推动智慧能源系统建设，挖掘用户侧资源参与需求侧响应的潜力。具体可开展以下三个方面的工作：

（1）构建高效的集团化业务发展格局。充分发挥综合能源服务企业赋能主体作用，全面推进业务协同，形成"效益共享、风险共担"的利益共同体。依托产业科研金融单位资源支撑优势，全面形成产业链完备、响应高效、服务优秀的集团化业务发展格局，加强资本运作，不断提升综合能源服务核心竞争力、品牌认知度，推动综合能源服务业务规模化、高质量发展。

（2）深耕重点行业开展系统级综合能效服务。在公共建筑领域，重点开展空调冷热源优化、楼宇中央空调系统管控、智能楼宇等能效提升业务；在工业领域，面向冶金、制造、纺织等工业企业，重点开展工业锅（窑）炉、电机拖动、余热余压回收、能源梯次利用等节能业务；在居民领域，重点利用非侵入式量测终端产品，打造智慧小区、智能家居。

（3）以电为中心全面推进多能供应服务。统筹考虑客户需求和地域特点，应用水（地、空气）源热泵、蓄冷蓄热等技术，提供以电为中心、热冷气电一体化的多能供应服务。在国家规划重点区域、国家级园区，积极配合参与区域能源规划，因地制宜利用太阳能、地热能、生物质能等属地化资源，打造区域多种能源协同供应和梯次利用典型示范工程。

886. 综合能源服务有哪些典型商业模式？

由于综合能源服务客户需求多样，项目点多面广，技术类别复杂，服务提供者众多，其服务模式呈现多元化特征。综合能源服务的商业模式需要充分结合不同客户的需求和服务提供者的背景特征，进行灵活选取。目前，主要商业模式可分为非投资类、合同能源管理类、投资建设运营类等，如图16-2所示。

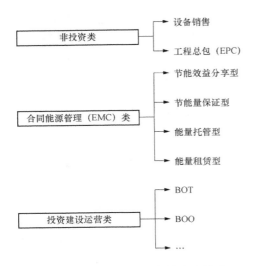

图 16-2　综合能源服务的商业模式

（1）非投资类。

非投资类商业模式主要包括设备销售模式、工程总包（EPC）模式等，主要面向设备制造企业、工程服务公司、规划设计院等。

1）设备销售模式。设备销售模式是综合能源服务公司、设备制造商或项目公司通过生产集成或采购转卖相关设备赚取收益的商业模式。在综合能源服务项目中涉及各类燃气设备、电气设备、储能设备、信息传感设备等多种设备。该模式在涉及设备改造类、建设类项目中广泛使用，参与设备销售项目公司承担的市场风险较小，但需要具备一定的产品优势和销售资源优势。

2）工程总包（EPC）模式。工程总包（engineering procurement construction，EPC）模式是指综合能源服务公司受业主委托，按照合同约定对工程建设项目的设计、采购、施工、试运行等实行全过程或若干阶段的承包，最终向业主提交一个满足使用功能、具备使用条件的工程项目。EPC 模式各主体关系如图 16-3 所示。EPC 模式适用于具备建筑业企业资质、承装（修、试）电力（冷、热）设施许可、安全生产许可等资质的综合能源服务公司，风险较低，可获取一次性稳定收益。

（2）合同能源管理类。

合同能源管理（energy management contracting，EMC）是节能服务公司与用能单位以契约形式约定节能项目的节能目标，节能服务公司为实现节能目标向用能单位提供必要的服务，用能单位以节能效益支付节能服务公司的投入及其合理利润的节能服务机制。

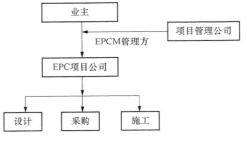

图 16-3　EPC 模式各主体关系示意图

EMC 模式流程图如图 16-4 所示。其实质是以减少的能源费用来支付节能项目全部成本的节能业务方式，允许用户使用未来的节能收益为工厂和设备升级，降低目前的运行成本，提高能源利用效率。

（3）投资建设运营类。

具备投融资能力或资金雄厚的综合能源服务商，适合采用投资建设运营类商业模式开展大型能源站建设、节能改造等投资规模较大、业主资金实力难以满足

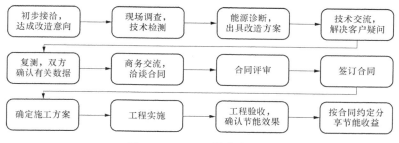

图 16-4　EMC 模式流程图

项目初始投资的综合能源服务项目。该类商业模式根据资产持有方、运营方式等的不同，可分为 BOT（建设—运营—移交）、BOO（建设—拥有—运营）等模式。

1）BOT 模式。BOT 模式即建设—运营—移交（build-operate-transfer）模式。该模式以项目发起者与项目公司达成协议为前提，允许项目公司在一定时期内筹集资金建设基础设施并管理和经营该设施及其相应的产品与服务，通过对综合能源服务项目运营以及当地政府给予的其他优惠来回收资金以还贷，并取得合理的利润。特许期结束，服务商将固定资产移交给项目发起者，如图 16-5 所示。

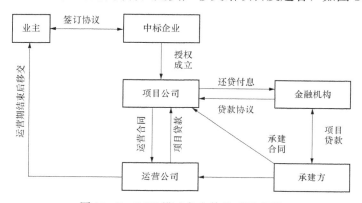

图 16-5　BOT 模式各主体关系示意图

BOT 模式具有资金融通更灵活的优势，可应用于投资量大、业主投资能力欠缺的综合能源服务项目。但 BOT 模式项目运营时间较长，容易产生多种风险，对企业风险控制能力提出了较高要求。

BOT 模式能够实现多方共赢。对于项目发起方而言，其最大的好处是节省大型能源设备的投资；对于管理者而言，可以形成建设、运营的连续性，避免供能质量波动产生的负面影响；对于业主而言，在得到优质能源服务的同时，也避免了设备的运维费用，运营期后可有偿/无偿持有全套设备资产。

2）BOO 模式。BOO 模式即"建设—拥有—运营"（build-own-operate）模式，是 BOT 模式在工程实践过程中逐渐演变的一种形式，其与 BOT 模式的区别在于：BOT 项目中，项目公司在特许期结束后必须将项目设施交还，而在 BOO 项目中，项目公司在建设后即可选择拥有项目设施资源，并拥有不受任何时间限制的长期经营权。

887. 综合能源服务在公共建筑中有哪些典型应用场景与成功实践案例？

我国建筑面积和能耗逐年增长，公共建筑能耗占比大，终端能耗以冷热供应为主，随着生活水平的提高，建筑用能中制冷、照明、家庭电器等能源需求快速增长。

（1）学校。学校能耗水平居中，采暖热指标设计值为 $60\sim80\text{W/m}^2$，教学时间负荷波动较小，寒暑假负荷显著降低。高校建筑能耗密度相对偏高，显著高于中小学校，是学校中的能耗大户。我国高校建设也正处在快速发展阶段，在校生人数、校舍面积、承担科研任务、配套科研设施资产等规模持续扩大，用能总量也呈现增加态势。

典型案例——上海电力学院临港校区微电网示范项目。

项目采用多能互补的综合能源服务整体解决方案，包含公寓楼太阳能＋空气源热水系统、光伏发电系统、风力发电系统、混合储能系统、光电一体化充电站以及一体化智慧路灯系统。项目采用智能化平台实现建筑能效管理，综合节能管理和源网荷储协调运行。

（2）医院。医院能耗水平较高，终端能源形式多样，全天负荷波动小。医院建筑是公共建筑里功能最复杂、用能种类最全面的建筑之一，能耗强度为 $90\sim220\text{kWh/(m}^2\cdot\text{年)}$，采暖热指标和空调冷负荷设计值分别为 $65\sim80\text{W/m}^2$、$70\sim110\text{W/m}^2$。终端用能结构中，电能和天然气占比较大，电能占终端用能比例可达 50％以上，天然气主要用于蒸汽供应。全天医院负荷波动较小，全年负荷随季节变化。医院用能特征受医院类型（综合医院或专科医院）、医院类别（三级、二级等）、住院人数、床位数、日门诊量等因素影响。随着经济的快速发展，医院能耗水平仍将上升。医院普遍缺乏专业能源管理团队，能源托管模式具有应用前景。

典型案例——湖南省胸科医院能源托管项目。

该医院原有照明系统属于传统荧光灯照明，存在能效高、温度高、汞污染等严重缺陷；原有中央空调已达到使用年限；用水存在数据不清晰、设施老化等问题；现有天然气锅炉使用年限较长，出现燃烧不充分等问题。医院迫切需要节能改造服务。

项目针对医院进行综合节能改造，改造范围包括照明改造、中央空调改造、中央空调输配系统、烟气热回收、能耗监管平台等。项目采用能源托管模式，兼顾实现了经济效益和节能环保效益。

（3）办公楼。办公楼建筑面积在公共建筑中占比最大，但能耗水平相对较低。办公楼能耗强度一般为 $50\sim100\text{kWh}/(\text{m}^2\cdot\text{年})$，采暖热指标和空调暖负荷设计值分别为 $60\sim80\text{W}/\text{m}^2$、$80\sim110\text{W}/\text{m}^2$，政府办公楼能耗略低于非政府办公楼。工作时间办公楼负荷波动较小，节假日负荷显著降低，全年办公楼负荷需求随季节变化。办公建筑能耗个体化差异很大，办公建筑能源消耗大部分为电力，其中，空调、照明和动力设备为主要耗能设备，占建筑能耗的 80％ 左右，空调系统占 35％ 以上。

典型案例——北辰商务中心办公大楼综合能源示范工程。

该项目重点包括六项内容：一是利用商务中心屋顶、车棚建设光伏发电系统；二是利用湖岸建设风力发电系统；三是利用磷酸铁锂电池储能单元，打造风光储一体化系统；四是利用地源热泵机组建设供冷供热系统；五是在大楼两侧构建电动汽车充电桩系统，并同步开展电动汽车分时租赁业务；六是搭建综合能源智慧管控平台，统筹商务中心能源生产、储存、配置及利用 4 个环节的能源监测、控制、调度和分析功能，促进清洁能源即插即用、友好接入，实现多种能源互联互补、协同调控、优化运行。

（4）商业综合体。酒店能耗水平高，能耗强度一般为 $150\text{kWh}/(\text{m}^2\cdot\text{年})$，采暖热指标和空调冷负荷设计值分别为 $60\sim70\text{W}/\text{m}^2$、$70\sim120\text{W}/\text{m}^2$。全天酒店负荷波动较小，全年负荷随季节变化。电力是最主要的耗能形式，主要用于空调设备、照明设备、办公设备、洗涤设备等。天然气、燃油等其他燃料主要用于供暖、热水和炊事等。商场能耗水平最高，能耗强度高达 $131\sim209\text{kWh}/(\text{m}^2\cdot\text{年})$，采暖热指标和空调冷负荷设计值分别为 $65\sim80\text{W}/\text{m}^2$、$125\sim180\text{W}/\text{m}^2$。商场日负荷时间长，全年负荷随季节变化。

典型案例——雄安市民服务中心综合能源系统示范项目。

雄安市民服务中心综合能源系统，遵循"成熟技术＋系统创新"的设计理念，实现了安全、绿色、清洁、高效的供能目标。一是根据土壤冬暖夏凉的特点，通过地埋管，从土壤中提取浅层地温能，作为园区主要供能来源；二是根据生活污水冬夏两季与环境温度差大的特点，从园区每天产生的生活污水中提取能量，作为园区辅助供能来源；三是根据河北地区昼夜峰谷电价差大的特点，通过设置蓄能水池进行储能调节，节约电费支出；四是在夏季通过回收空调循环水中的能量，为园区提供生活热水。

基于物联网感知技术，雄安市民服务中心可以做到对园区冷、热、电等综合能源的全景监测，为精细化的能源管理建立数据基础。与单纯使用电能、电能＋天然气、电能＋地热等供能方案相比，在经济效益、环境效益等方面具有明显的优势。

（5）交通枢纽。交通枢纽能耗水平较高，冷热需求时空差异性大。以机场航站楼为例，一年内，航站楼对热量、冷量的需求随季节的波动性较大，电力需求全年基本稳定；一日内，能源需求量的比例也会发生较大波动。

888. 综合能源服务在工业企业中有哪些典型应用场景？

工业企业是耗能大户，工业用能约占我国终端能源消费的 70%，以煤、焦炭和电力为主。随着节能减排力度的加大，近年来工业能源消费结构呈现清洁化特征。据测算，钢铁、石油与化工、水泥、煤炭等高耗能行业可回收利用的余热资源约为消耗能源总量的 10%～40%，因此面向工业企业开展节能改造、余热余气余压利用，具有较大的综合能源服务市场空间。

889. 综合能源服务在园区中有哪些典型应用场景？

根据园区产业特征，可采用以电为中心，进行能源一体化供应。新建园区综合能源系统需要一体化的规划设计、建设施工和运营管理。规划设计阶段需要考虑新能源和传统能源的互补、分布式与集中式的匹配，以及源网荷储协调互动；运营管理需要精准计量，并运用能源管控平台实现管理效率提升。存量改造园区多以加装新能源设施、能源管控平台等实现能效提升和环保达标。

890. 如何评价综合能源服务业务发展水平？

可用"综合能源业务发展指数"这一指标进行评价。该指标反映了综合能源业务整体发展水平，可通过综合能源服务业务收入、综合能效等目标完成率进行衡量。

综合能源业务发展指数＝（综合能源业务收入完成值/收入目标值）×60%＋（单位国内生产总值能耗/单位国内生产总值能耗目标值）×40%

（16 - 17）

891. 大规模电动汽车接入电网，会造成哪些影响？ 电网发展又存在哪些机遇？

随着电动汽车的大规模发展，其无序接入电网充电将对电力系统的规划和运行产生不可忽视的影响，主要包括负荷的增长、负荷曲线的改变、电网运行优化控制难度的增加、对电能质量的影响以及对配电网规划提出新的要求。

大规模电动汽车接入电网带来负面影响的同时，也给未来能源互联网的发展带来机遇，一是通过先进的有序充电调控降低充电负荷的影响；二是可以实现规模化电动汽车和智能电网深度融合与互动；三是促进以电动汽车为支柱之一的能源互联网快速发展。

892. 电动汽车与电网互动有哪些主要方式和主要目标?

电动汽车与电网互动的主要方式包括有序充电和 V2G 两种。当充电装置仅具备单向充电能力时,电网调度可采取有序充电方式,将电动汽车视为可控负荷,动态调节其充电功率,以实现电网对电动汽车充电负荷的控制。电动汽车通过 V2G 技术与电网互动的原理与有序充电原理类似,只是在 V2G 技术的支持下,电动汽车不仅可以从电网充电,也可以向电网放电。在相同的车辆规模下,电动汽车通过 V2G 技术与电网互动的灵活性更大,产生的安全、经济效益更加显著。

电动汽车与电网互动的主要目标包括削峰填谷、提供辅助服务(调频、备用等)和促进新能源发电消纳等。通过有序充放电控制,电动汽车易于实现对电网基础负荷的削峰填谷;伴随着新能源产业的大规模发展,风力发电、光伏发电在所有装机容量中的占比不断提高,系统净负荷波动性增大,电网调峰、调频需求随之增加,电动汽车能够向电网提供调频和备用等辅助服务,相较于传统系统的调频和备用资源,电动汽车参与系统辅助服务具有响应速度快、调节灵活的优势。

893. 电动汽车与电网互动有哪些关键技术?

(1)电动汽车与电网互动的优化控制。按照控制方法的不同,电动汽车与电网互动的控制可分为集中式控制、分布式控制和分层式控制三类。集中式控制是指在一个控制中心汇总各电动汽车的信息,由控制中心集中决策各电动汽车的充放电计划,并直接对电动汽车充放电功率进行控制的方法;分布式控制是指电动汽车的充放电计划在本地进行决策的控制方法,各电动汽车根据调控信号在本地制定充放电计划;分层式控制将大规模的电动汽车群体分解成多个较小的电动汽车群体,各个群体交由控制中心进行控制,实现每个群体中电动汽车的有序充放电,顶层控制则关注多个电动汽车群体之间的协调配合。

(2)电动汽车有序充电。为有效实现多辆电动汽车的有序充放电,首先需要在电动汽车充电站、配备电动汽车充电桩的停车场配备相应的软件、硬件和通信设备。软件方面,配套软件系统应当具备采集电动汽车用户充电信息和实时接收电网发布的控制信号或者分时电价信息,并据此计算管辖范围内各电动汽车充放电策略的能力;硬件方面,电动汽车充电机应当能够动态获取所接入电动汽车的电池状态,同时能够接收电动汽车有序充放电控制中心下达的控制指令;通信方面,电动汽车有序充放电控制中心应与管辖范围内充放电机实现双向通信,并与电网控制中心实现通信连接。

(3)电动汽车参与辅助服务。电动汽车参与辅助服务的类型可分为一次调频、二次调频、备用等。电动汽车提供辅助服务所需的软件、硬件和通信条件与有序充放电所需的相关设施基本类似。电动汽车参与辅助服务一般需要与系统进行快速、高频率的信息传递，因此对电动汽车控制中心与电网调度之间以及电动汽车控制中心与各充电桩之间的双向通信系统有更高的要求。同时，由于要求电动汽车快速反应，电动汽车充放电策略的求解和充放电机的调节也应当具备足够的计算速度与动作效率。

（4）电动汽车与可再生能源发电协同。电动汽车具有快速响应能力，在规模化场景下具有巨大的负荷调控潜力。充分发挥电动汽车的调节作用，促进电动汽车充放电与可再生能源协同，可以有效促进可再生能源发电的消纳。电动汽车与可再生能源协同所需的软件、硬件和通信条件与电动汽车提供有序充放电、辅助服务所需的相关设施基本相似。电动汽车与可再生能源发电协同的关键技术主要包括目的地充电与可再生能源协同技术、快速充电与可再生能源协同技术。

894. 如何实现源网荷储协同互动？

（1）构建源网荷储友好互动平台。实现各类资源的可观、可测、可控、可调与灵活互动，聚合可调负荷资源、分布式新能源和储能参与电网辅助服务。

（2）加强关键技术研究与核心产品研制。深化智能传感、边缘计算、智能量测、储能电池、储能系统集成等关键技术研究应用，研制能源路由器、能源控制器、储能系统设备等核心产品。

（3）建立源网荷储协同产业生态圈。对内制定导向性政策，鼓励各级单位以灵活方式积极拓展源网荷储协同互动业务；对外设计可持续发展的商业模式，吸纳负荷聚合商和大客户广泛参与，构建以电网为核心的分层分级的源网荷储协同产业体系。

（4）打造储能全产业链能力。提供"装备＋服务"成套高质量系统集成解决方案，推广区域分布式能源＋储能模式，探索建设"源网储供"一体化协调发展的中大型"储能＋"基地。

895. 如何评价源网荷储协同服务水平？

可用"源网荷储协同服务指数"这一指标进行评价。该指标反映了电网与用户互动能力，可通过可调负荷占比、实施用能优化台区占比等衡量。

$$源网荷储协同服务指数＝（用户侧需求响应资源库最大可调节负荷能力／电网最大用电负荷）×60\%＋（实施公共台区用能优化的个数／总公共台区数）×40\%$$

(16-18)

第五节　基础资源共享化

896. 如何实现电力基础资源共享？ 杆塔、 电缆管沟和光纤资源共享涉及哪些内容？

　　电力基础资源共享是通过杆塔共享、光纤通道资源复用、多站融合、大数据运营等方式，深入挖掘电网基础设施和数据等资源的共享渠道与商业化潜能，释放电网资源价值。其中，实现杆塔资源共享，应扩大电力杆塔等基础设施共享规模，结合智慧城市建设需求，挖掘电网基础资源附加价值，打造统一建设、多级应用、智能高效的运营管理平台；实现电缆管沟共享，可因地制宜向市政、电信等行业开放共享，盘活电缆管沟资源；实现光纤资源共享，可建立统一云平台对通信光纤进行统一运维管理，在保障通信资源安全可靠运行的基础上，实现光纤资源有序开放，大范围共享。

897. 什么是杆塔共享？ 杆塔共享有哪些优势？

　　杆塔共享一般是在电力杆塔上加装通信设备（部分场景下还涉及生态、气象、消防、地质灾害、定位导航等设备），尤其是高电压等级输电塔上安装通信基站，将光缆、通信基站、移动天线等通信设施附属在输电线路本体上，通过对电网通道资源的复合使用，使电网通道成为提供通信服务的走廊。共用电网的优质杆塔资源作为通信网络的公共资源，使得电力通道资源获得再利用和综合利用，形成技术资源、物资资源、时空资源等资源整合与共享。电力、通信杆塔共享，有以下几点优势：

　　（1）利用密布全国城乡和公路铁路沿线的电力杆塔开展通信建设，可以促进电信网络广覆盖、快覆盖，大大缩短施工周期，提高通信基站建设效率，降低通信基站建设成本，有力支撑"网络强国"战略实施，支撑 4G 网络深度覆盖和 5G 网络快速部署。

　　（2）推进形成电力和通信企业市场化的共建共享合作模式，可以促进电网企业盘活存量资源、开拓新的业务领域，从而提高电网企业效益，有利于国有资产保值增值和放大功能。

　　（3）有效减少新增通信铁塔基站占用土地资源及其对环境的影响，成为践行绿色发展、协调发展理念的典范。

898. 输电线路共享设计技术包括哪些内容？

　　（1）共享通信技术。

共享通信技术分有线和无线两类。

1）共享有线通信是根据有线通信需求，将光纤复合架空地线（OPGW 光缆）共享给通信行业使用。在满足电力调度运行通信需求的前提下，可将 OPGW 光缆的多余纤芯共享给通信行业。

2）共享无线通信是利用杆塔资源，将通信行业的宏基站、微基站安装在输电杆塔上，起到节约社会资源、提高电网企业利润的作用。微基站设备安装在线路杆塔上，不需要改造铁塔。然而宏基站设备重量大、体积大、安装位置较高，需要在杆塔上合理布置其安装高度和具体位置，并考虑输电线路对宏基站设备的防雷、接地、电场等安全影响，因此需要在杆塔上增加设备支架，加强杆塔杆件甚至主材强度。

（2）共享感知技术。

共享感知技术是将生态、气象、消防、地质灾害、定位导航等各类公共感知设备与输电杆塔深度融合的设计技术。该项技术既可以为输电线路建设和运行提供环境变化资料，又可以通过融合实现更大范围、更大规模的数据采集、传输和专业化处理，提高全社会应对自然灾害的能力。对采用通用设计的杆塔开展生态监测共享，一般只需进行局部杆件校核，基本不影响杆塔强度；对未采用通用设计的老旧杆塔开展生态监测共享，在开展电气和杆塔荷载校验后，还需要改造或加强局部的杆塔。

（3）共享支撑技术。

共享支撑技术包括杆塔技术方案、供电方案、杆塔信息管理和运营模式 4 个方面。杆塔技术方案研究不同设备的安装位置、高度、布置方案等，在满足杆塔结构协调、电气安全距离的前提下，提出共享感知设备或通信基站在杆塔上的安装方案。目前已实现应用的供电方案有新建配电线路和风光蓄供电。杆塔信息综合管理是对杆塔共享方案的重要支撑，可实现对共享杆塔及其监测设备的属性、状态、所属单位等信息全过程的管理。运营模式方面，通常采用电网企业一站式服务或联合运营模式。

899. 架空输电线路与无线通信共享杆塔，有哪些基本要求？

（1）架空输电线路与无线通信共享建设，应和通信运营商充分衔接，取得资源匹配共识。对符合共享需求的杆塔开展方案设计，包括路径方案、杆塔设计、无线基站安装方案（天线数量、类型、安装位置、连接方式）、供电方案、通信设备防雷抗干扰方案等。

（2）共享建设工程应遵循设计流程，如图 16 - 6 所示。

（3）共享技术方案不应降低现有电力设施安全和稳定运行标准，共享设备带来的安全风险等级控制在 1 级及以下。

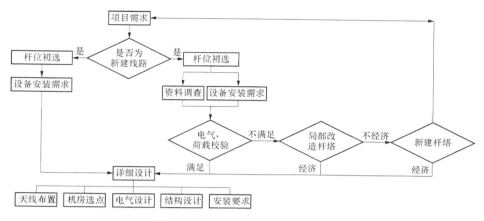

图 16-6　共享建设工程设计流程

（4）共享技术方案应对新建工程投资影响较小，对在运工程运行扰动影响较小，投入运行后有较低运行维护成本和较高利润收入，具有技术经济优势。

（5）电力杆塔安装通信天线设备后，电磁环境指标应满足国家相关标准限值要求。

（6）共享技术方案应符合目前设备、材料的技术水平和施工工艺要求，便于施工，易于维护。

（7）共享杆塔运营一般按资产属性界定运维界面和安全责任界面，合同另有约定的除外。

900. 电力线路与无线通信共享杆塔的选择，需要遵循哪些技术要求？

（1）共享杆塔的布点设置应结合电力与通信部门总体规划，满足通信运营商选点范围要求，不宜进行全线杆塔共享预留。

（2）杆塔高度应满足通信天线安装高度、安装间距、与带电设备安全距离的要求。

（3）同塔四回路及以上多回线路杆塔不宜作为共享杆塔。

（4）投运 30 年以上的杆塔和 20 年以上水泥杆等老旧线路杆塔不宜作为共享杆塔。

（5）对于在运杆塔应进行力学、电气、环保等综合性能评估，对于评估不达标或需进行杆塔主材、基础加固方可实现共享的杆塔不宜作为共享杆塔。

（6）达到临界使用条件的杆塔不宜作为共享杆塔。

（7）位于 20mm 及以上重冰区的杆塔不宜作为共享杆塔。

（8）位于雷暴多发地区的杆塔在作为共享杆塔时应对其搭载的通信系统采取防雷措施。

（9）拟退运杆塔应通过综合性能评估及全寿命经济性分析确定是否具备共享条件。

901. 什么是多站融合？ 多站融合有什么内涵？

多站融合是将能源供应站、能源服务站、储能站、电动汽车充电站、数据中心、5G 基站等进行统一建设、管理和运营，实现多站分布式逻辑融合、结构式相辅相成、数据式横向贯通，满足能源用户的不同需求，形成综合能源服务新业态和新模式。开展多站融合，应满足对变电站、充换电（储能）站和数据中心站三站合一的延伸和扩充，构建包括 5G 通信基站、北斗地基增强站、分布式新能源发电站、环境监测站等在内的信息通信和能源环境相关基础设施及系统平台。

需要注意的是，"多站"除了传统三站以外，还可包括 5G 通信基站、北斗地基增强站、分布式新能源发电站、环境监测站等在内的信息通信和能源环境相关基础设施及系统平台；"融合"即通过"多站"的建设，业务上实现能源、信息通信、政务等领域的融合，服务主体上实现电网企业、通信运营商、政府相关委办局等的协同。综上，多站融合以提高资源利用效率、促进业务跨界融合为目标，具备开放共享、深度协同的资源和数据服务能力。

902. 多站融合有哪些特征？

多站融合具有融合化、高速化及效益化的特征。

（1）融合化。即通过电力通信资源的复用，多站间的空间融合化建设，实现资源优化配置，并基于多站间的业务进行跨界业务融合应用。

（2）高速化。即通过 5G 基站、边缘数据中心站的广泛布点，为高清视频数据的传输提供高速网络，并支持高速渲染、低时延工业控制等应用，实现数据处理的低延迟性及业务响应的高即时性。

（3）效益化。主要体现在三方面：一是能源领域，通过分布式新能源发电站、储能站的建设，可有效促进新能源消纳，降低弃风弃光率，提高发电企业售电收益，降低电网企业输配电网改造和变压器扩容成本及线损，并可降低用户用能成本，实现多方受益；二是信息通信领域，通过电力场站、杆塔沟道的对外开放共享，可有效匹配 5G 基站、北斗地基增强站、边缘数据中心站等的建设及布点需求，降低通信运营商、铁塔公司等投资主体的信息通信基础设施投资，节约土地资源；三是政务领域，通过多站融合建设，可为气象、环保、公安、城管等政府部门提供广泛的场站、杆塔沟道资源以及高速的电力通信和数据响应资源，助力政务服务降本增效。

903. 多站融合的商业模式包括哪些内容？

多站融合的商业模式包含业务体系和运作模式两个方面内容。

（1）多站融合的业务体系。

多站融合的业务横向跨越能源、信息通信、政务等多个行业领域，纵向贯通咨询设计、设备制造、系统集成、运营运维等全产业链体系，通过业务融合化发展可开拓新兴市场和业务蓝海。基于横向维度，多站融合业务囊括电力场站、杆塔沟道、电力通信资源等基础设施的共享租赁及设备安装运维服务，日常及应急电力供应、定位及导航、5G 通信等特定单领域业务服务，智慧城市、工业互联网、智能家居等多领域融合性服务。基于纵向维度，通过多站融合的建设和运营，可引入咨询设计机构、产品提供商、解决方案提供商、系统集成商、运营运维服务提供商等多样化市场主体，提供多站融合相关端到端的咨询设计服务，涵盖芯片、智能终端、通信硬件等的产品和解决方案的提供服务，基础设施资源与应用系统等软硬件的集成服务，以及多站的特色化运营运维服务。

（2）多站融合的运作模式。

基于云计算、大数据、物联网、人工智能、区块链等新一代信息技术，整合各类市场资源对变电站、充换电（储能）站、边缘数据中心站、5G 通信基站、北斗地基增强站、分布式新能源发电站、环境监测站等多站进行融合化建设和精准化运营，为能源用户、通信用户、电网企业及政府等其他市场主体提供多元化、互动化、定制化的服务，提高市场活力和经济发展驱动力。

对于规划及建设期，为避免规划冲突、产权纠纷等问题，方便后期运营，应采用"统一规划、统一设计、特色化建设"的模式。由电网企业或其他电力基础设施产权单位依据电力场站、杆塔沟道资源情况，统筹平衡各站建设需求，对边缘数据中心站、充换电（储能）站、5G 通信基站、北斗地基增强站等在电力基础设施上的空间布局、配套供电系统等进行统一规划和设计。基于此，可由电网企业、多站投资主体、具有电力及信息通信等行业的跨行业融合化建设优势的机构，依据各站建设需求进行特色化建设。

对于运营期，应制定分阶段的运营思路。运营初期，可在投资少、见效快、条件成熟的区域开展多站融合试点，并基于变电站新建或改造需求优先建设边缘数据中心站、充换电（储能）站和5G 通信基站，面向政府和各类企业提供多样化服务。面向政府侧，基于公安、城管等委办局专业化监控、监测设备的安装需求，通过多站融合建设可提供电力场站及杆塔沟道租赁、监控监测设备安装及一体化运维等服务，相应收取基础设施租赁费、设备安装费及运维费；面向企业侧，基于通信运营商、铁塔公司的5G 基站布点需求及互联网企业的业务布局需求，通过多站融合建设可提供电力场站及杆塔沟道租赁服务、5G 设备安装及运维服务、边缘数据中心机柜租赁服务、充换电站售电服务、储能站售电及电网调峰调频等辅助服务，相应收取基础设施租赁费、5G 设备安装费和运维费、机柜租赁费、充换电服务费、储能售电及辅助服务费等。

运营步入成熟期后，多站融合进行全面推广及应用，并面向政府侧和企业侧提供深入业务的数据增值服务，支撑智慧城市、工业互联网及智能家居等的建设和应用。

904. 多站融合有何典型应用场景？

多站融合的典型应用场景之一是平安城市建设。平安城市即通过技防、物防、人防、管理系统的协同配合来满足城市治安管理和社会安全防控的需求，助力平安和谐城市建设。平安城市依赖于大规模视频监控联网系统的建设，借助多站融合提供的大量边缘计算能力和高速、泛连接通信网络，并结合人工智能技术可实现公安海量监控视频、图片数据的快速传输、高效解析以及预警、布控、应急处置的实时决策，具体应用涉及感知层、网络层、计算分析层。其中，感知层多样化的感知设备作为平安城市的"触角"，可实时感知车流、人流并进行异常上报，可依托电力杆塔资源进行建设；网络层多元化网络作为平安城市的"神经系统"，负责接入设备与后台的通信连接以及省、市、区级公安系统的联通，可依托高速互联的电力通信网络进行建设，并结合公安业务提供差异化的专网和互联网部署；计算分析层依托边缘数据中心建设"平安大脑"，完成海量视频、图像数据的快速有效分析和识别判断，可依托 35kV、110kV、220kV 等多电压等级的变电站进行边缘数据中心建设，实现业务快速决策和及时响应。

905. 多站融合的发展路径是什么？

作为新兴业务，且涉及能源、信息通信等多个领域，多站融合资源整合亟需统筹考虑政府和各个市场主体，从战略和策略两个层面上制定发展路径。

（1）战略层面上，采取"政府引导，企业运作"的战略方针。当地政府结合本地清洁能源消纳、科技示范等特色化需求，给予资本、技术的适度引导和政策倾斜，激发电网企业、新能源企业、运营商、云服务商等市场主体以及相关专业技术人员积极参与多站融合建设和运营，进而激发市场更多的活力，形成市场发展内生动力，推动多站融合相关市场的建立和完善。基于"政府引导，企业运作"的战略方针，同样将推动多站融合相关产业生态的建设和发展，通过基础设施提供商、硬件厂商、云服务商、运营商、解决方案提供商等市场主体的转型和创新，开拓联合运营、共创共赢发展模式，推进健康有序的产业生态体系的建设。

（2）策略层面上，采取"核心基础业务先行，带动全产业链协同，助力城市级创新"的发展路径。以 5G 布点为切入点，逐步引入边缘数据中心建设，带动能源、信息通信领域，包括芯片研发、设备制造、运营运维等在内的全产业链发展，同时通过环境监测站、北斗地基增强站、储能站、分布式新能源发电站等的集约建设和协同发展，为新型智慧城市建设注入动力引擎。多站融合初期的核心基础业务应主要以变电站、5G 基站和边缘数据中心的集约建设和运营为主，并通过 5G 基站和边缘数据中心形成的广覆盖、低延迟、大带宽的通信网络和即时响应的边缘计算能力，支撑新兴智能化服务应用需求。随着核心基础业务体系的成熟和发展，可引入环境监测站、北斗地基增强站、储能站、分布式新能源发电站等站点的建设和运营，逐步形成区域级、城市级的集约共享、创新融合发展能力。

906. 变电站实施多站融合应用，有哪些可共享融合？

变电站有多种融合元素，且具有场站资源丰富、布置场地集中、电源充足稳定、数据搜集方便等共享优势，经济潜力巨大。变电站共享应用应综合考虑企业运营、电网运行安全、社会资源集约等方面，现阶段，基站、数据业务等是共享变电站建设的主要方向。变电站共享设计技术可从场地与建筑物融合、供电与接地融合、消防与防雷系统融合、通信与智能化融合等方面统筹考虑。

（1）场地与建筑物融合。可通过共用场站内道路、大门、围墙、给排水设施等手段，充分利用屋顶、空地等资源，将多种设施充分整合，达到节约土地、降低综合造价、缩短建设周期、提升变电站价值的目的。

（2）供电与接地融合。可从变电站低压侧 10kV 或 35kV 母线就近获取电源，且在站内敷设全部线路，大幅减少通道、路径建设，缩短建设周期，保障供电可靠性。各设施接地网通过多点可靠连接，形成联合接地网，有利于降低接地电阻，优化接触电势和跨步电势的分布，提高人身及设备的安全性。

（3）消防与防雷系统融合。不同设施可共用一套消防水池及泵房，减少重复建设，高效利用，统一管理。也可充分利用变电站防雷设施，在防雷保护范围内布置融合设施，如集装箱式数据中心等，可共享防直击雷保护功能，提升防雷设施利用率。

（4）通信与智能化融合。在开展对内服务时，可共享变电站的通信设备和光缆资源；开展对外服务时，可利用变电站富余的光缆纤芯资源，实现数据中心站间高速网络互联。各融合设施可共享门禁系统、站区安防系统、消防广播等功能，发掘智能化系统潜力。

907. 变电站与数据中心站融合有哪些基本原则？

（1）变电站与数据中心站融合建设应依据因地、因站、因需原则，在站区围墙内部署数据中心站设施，并满足变电站的安全运行要求。

（2）变电站与数据中心站融合建设可根据建设规模、场地条件，选择数据中心站室内部署方式或集装箱部署方式。

（3）对于新建、改建、扩建融合变电站，宜综合考虑技术、工程、成本等因素。

（4）对于新建融合变电站，应对变电站与数据中心站统筹规划，考虑建设规模、建设形式、建设时序，并与当地电网规划和数据业务发展规划相协调。

（5）对于新建融合变电站，宜考虑按照民用建筑标准开展数据中心站建设。

（6）对于改造变电站应考虑变电站站址资源、周边自然社会环境、站内设施布局情况，避免电磁干扰和运维、安全风险。

908. 变电站与数据中心站融合时，在选址方面有哪些要求？

（1）变电站与数据中心站融合时，选址应对安全、设备运输、管线敷设、雷电感应、电磁环境、结构荷载、水患及空调系统室外设备的安装位置等问题进行综合分析和经济比较。

（2）数据中心站选址应优先选择平均气温相对较低、有空闲资源的变电站（含建筑物和站内空地），具备通信快速畅通、交通便利的条件，且变电站内应具备可靠电力供应的能力和两路电源接入条件。

（3）数据中心应与电力生产作业区域具备实现物理隔离的条件，周围环境应远离腐蚀性气体、粉尘、油烟、有害气体、强振动源、强噪声源、强电磁辐射源，以及储存具有腐蚀性、易燃易爆的场所。

（4）数据中心不应设置在站区内低洼处。防洪标准采用就高原则，与变电站保持一致。选址在 220kV 及以上的变电站，A、B、C 级数据中心防洪标准均应按当地洪水百年重现期考虑，首层建筑面应高出当地洪水百年重现期水位线 1m 以上，并应高出室外地坪最少 0.6m；选址在 35kV 以上、220kV 以下的变电站，A级数据中心防洪标准应按当地洪水百年重现期考虑，首层建筑面应高出当地洪水百年重现期水位线 1m 以上，并应高出室外地坪最少 0.6m。B、C 级数据中心防洪标准应按当地洪水 50 年重现期考虑。

（5）在临近政府、事企业单位、居民区住宅楼的变电站内建设数据中心站应做好降噪措施，依据 GB 3096—2008《声环境质量标准》规定，选址规划用地四周用户为政府、企事业单位、居民区住宅楼，环境噪声限值按时段划分：昼间不大于 55dB（A），夜间不大于 45dB（A）。

（6）站区内数据中心站建筑体上方应避免有高压线缆跨越，应考虑建筑物在新建、加固、空调室外机或集装箱安装等作业时，与变电站内已有设备、杆塔、线缆的安全距离，如无法避免则不宜建设数据中心站。

变电站与数据中心融合，具体选址技术要求如表 16-4 所示。

表 16-4　　　　　选址技术要求

场景	A 级	B 级	C 级
距离停车场	不宜小于 20m	不宜小于 10m	—
距离铁路或高速公路的距离	不宜小于 800m	不宜小于 100m	—

续表

场景	A级	B级	C级
距离地铁的距离	不宜下于 100m	不宜小于 80m	—
距离甲、乙类厂房和仓库、垃圾填埋场	不应小于 2000m		
距离核电站的危险区域	不应小于 40000m		
距离住宅区	不宜小于 100m		
有可能发生洪水的地区	不应设置数据中心		
地震断层附近或有滑坡危险区域	不应设置数据中心		
从火车站、飞机场到达数据中心的交通道路	不应少于 2 条道路	—	—

909. 变电站与数据中心站融合时，在建筑融合方面需要遵循哪些技术要求?

（1）总平面布置。

1）站内的总平面布置应根据变电站现有设备和建筑进行合理安排，数据中心的建设不应对变电站的生产工艺、运输、检修、防火、防爆、保护及施工等方面造成影响。数据中心宜与变电站进行严格的防火分区、防爆隔离措施。

2）站内道路宜成环形道路，也可结合市政道路形成环形道路；当设计不能形成环形道路时，应设回车场（不小于 12m×12m）或 T 型回车道。站内运输道路及消防道路宽度不小于 4m，转弯半径不小于 9m。站内道路宜采用城市型或郊区型道路，湿陷性黄土地区、膨胀土地区宜采用城市型道路，可采用混凝土路面或其他路面。采用郊区型道路时，路面宜高于场地设计标高 100mm。

3）户外绿化用地与已有变电站绿化合理搭接，尽量保持原貌。屋外场地宜采用碎石或卵石地坪，湿陷性黄土地区应设置灰土封闭层。缺少碎石、卵石或雨水充沛地区，可简易绿化，不设置绿化供水管网等设施。

4）当采用集装箱式数据中心时，基础应高出场地地面 25cm 以上。

（2）建筑。

数据中心的建筑及装修风格宜与原有变电站保持一致性。数据中心的主机房净高度应根据机柜高度、管线安装及通风要求确定。改建的数据中心的主机房不宜设置外窗。改建的 A、B 级数据中心的屋面防水等级应为Ⅰ级。

（3）结构。

数据中心的抗震设防类别不应低于丙类，新建 A 级数据中心的抗震设防类别不应低于乙类。当抗震设防类别为丙类的建筑改建为 A 级数据中心时，在使用荷载满足要求的条件下，建筑可不做加固处理。数据中心建筑结构的设计使用年限应按照现行 GB 50068—2018《建筑结构可靠性设计统一标准》确定，宜采用 50 年。改建的数据中心机房主体结构需满足荷载要求。

（4）消防。

数据中心供配电系统及中控系统宜结合变电站已有消防设施，数据中心机房区宜单独隔离并采用气体消防，并设置适当措施避免事故发生后气体对周围设备造成损害。泄压口不宜朝向配电装置区。数据中心站在不影响变电站正常运行的情况下，可共用站内的消防通道、消防水池、消防泵房等设备，如不能满足消防用水量要求，需对现有消防水池、消防泵房进行扩建改造。改建的数据中心其建筑防火设计可按照变电站防火要求进行设计。改建的数据中心与建筑内其他功能用房之间应采用耐火极限不低于 2.0h 的防火隔墙和 1.5h 的楼板隔开，隔墙上开门应采用甲级防火门。

（5）给排水与暖通。

数据中心冷却水排水系统宜直接通过变电站已有排水沟，雨水排放应结合现有变电站排水网络，合理安排排水设施。空气调节系统设计应根据数据中心等级的要求执行，并符合现行国家标准。

（6）电磁干扰。

1）数据中心主机房和辅助区内的无线电骚扰环境场强在 80～1000MHz 和 1400～2000MHz 频段范围内不应大于 130dB（μV/m）；工频磁场场强不应大于 30A/m。电磁环境不满足以上要求时应采取电磁屏蔽措施。

2）户内布置的数据中心站电磁屏蔽室的结构型式和相关的屏蔽件应根据电磁屏蔽室的性能指标和规模选择，应遵循以下原则：单相接地故障电容电流在 10A 及以下，宜采用中性点不接地方式；电磁屏蔽衰减指标大于 25dB，小于或等于 60dB，电磁屏蔽室宜采用焊接直贴式，屏蔽材料可选择金属丝网；电磁屏蔽衰减指标大于 60dB，小于或等于 120dB，电磁屏蔽室宜采用焊接直贴式，屏蔽材料可选择镀锌钢板；电磁屏蔽衰减指标大于 120dB、建筑面积大于 50m²，电磁屏蔽室宜采用自撑式；建筑结构应满足屏蔽结构对荷载的要求，增加结构荷载一般在 1.2～2.5kN/m² 范围内；电磁屏蔽室与建筑（结构）墙之间宜预留维修通道或维修口，通道宽度不宜小于 600mm；电磁屏蔽室的壳体应对地绝缘，接地宜采用共用接地装置和单独接地线的形式，单独接地引下线采用截面积不小于 25mm² 的多股铜芯电缆。

3）集装箱布置的数据中心站箱体应采取电磁屏蔽措施，电磁屏蔽结构宜和箱体结构统一设计。

（7）防雷接地。

数据中心建筑物为第二类防雷建筑物，应设防直击雷的外部防雷装置，并应采取防闪电电涌侵入的措施。数据中心建筑物的防直击雷措施应和变电站统筹考虑，改扩建工程数据中心站应布置在原变电站防雷保护范围内，不满足防雷保护范围要求的需考虑增设独立避雷针或屋顶避雷带。数据中心站主接地网宜与变电站主接地网多点可靠连接，接地体材质宜与变电站主接地网保持一致。数据中心站内所有设备的金属外壳、各类金属管道、金属线槽、建筑物金属结构必须进行等电位联结并接地。集装箱体内所有设备的等电位联结应由箱体厂家和设备厂家配合完成，并预留外引接地端子与主电网可靠连接。

（8）其他。

其他未涉及部分参照 GB 50174—2017《数据中心设计规范》。

910. 如何制定变电站与数据中心站融合设计的技术方案？

以 110kV 变电站为例，110kV 变电站和数据中心站建设融合技术方案依据电力行业和通信行业相关设计规定，结合 110kV 智能变电站和数据中心站设计经验，对变电站与数据中心站融合进行设计方案编制。具体是在 110kV 全户内和半户内变电站设计方案基础上，融合了数据中心站的综合设计方案。

（1）电气一次部分。

1）供电方案。

a. 供电负载需求。数据中心站需要稳定可靠的供电电源，宜由双重电源供电。

b. 推荐供电方案。从融合变电站 10kV 两段母线各引出一回馈线至数据中心站。当融合变电站只有一台主变压器时，宜从融合变电站外引入一回配电至数据中心站。

2）防雷。

a. 防雷需求。根据 GB/T 50064—2014《交流电气装置的过电压保护和绝缘配合设计规范》、GB 50057—2010《建筑物防雷设计规范》要求，数据中心站站内设备必须进行保护。数据中心站为全户内站，两层建筑结构，需要对其进行防直击雷保护。

b. 防雷推荐方案。当 110kV 变电站为全户内或半户内站时，数据中心站均采用屋顶避雷带进行全站防直击雷保护。该避雷带采用 $\phi 12$ 热镀锌圆钢，并在屋面上装设不大于 10m×10m 或 12m×8m（第三类防雷建筑物为 20m×20m 或 24m×16m）的网格，每隔 10～18m 设引下线接地。上述接地引下线应与主接地网连接，并在连接处加装集中接地装置。屋顶上的设备金属外壳、电缆金属外皮和建筑物金属构件均应接地。

3）接地。

a. 接地需求。接地电阻应同时满足 GB/T 50065—2011《交流电气装置的接地设计规范》、GB/T 36448—2018《集装箱式数据中心机房通用规范》和 GB 50689—2011《通信局站防雷与接地工程设计规范》的相关要求。数据中心站接地电阻一般控制在 1Ω 以下。

b. 接地推荐方案。考虑到变电站接地电阻需满足接触电势和跨步电势允许值要求，结合数据中心站的接地电阻要求，宜采用联合接地网。

（2）电气二次部分。

数据中心站与变电站融合，在传统变电电气二次设计基础上需考虑以下几方面的变化：

1）智能化系统。数据中心站应配置智能化系统，其包括总控中心、环境和设备监控系统、安全防范系统、火灾自动报警系统、数据中心基础设施管理系统等。采用统一系统平台，具备显示、记录、控制、报警、提示及趋势和能耗分析功能。当发生火灾等紧急情况时，数据中心站应能接受智能化系统平台及变电站火灾报警系统的联动控制，自动打开疏散通道上的门禁系统。

2）电能质量监测。根据电力系统对供电电能质量的监测要求，在数据中心站配置电能质量监测装置 1 套，用于监测电能质量。

3）关口计量。数据中心站侧设置关口计量点，在 10kV 电源进线开关柜配置关口计量装置。

4）二次线缆通道。数据中心站与变电站设置线缆通道，敷设变电站与数据中心站间的光缆及控制电缆。

5）时钟同步。变电站配置 1 套北斗＋GPS 双时钟同步系统。条件具备时，变电站可为数据中心站提供时钟同步信号。

（3）通信部分。

1）光纤通道。变电站新建光缆应为数据中心站预留纤芯资源，出站路由不少于 2 条。数据中心站至变电站应至少敷设 2 根联络光缆，分别为对内服务、对外服务提供光缆通道。

2）设备配置。数据中心站对内提供服务时，优先利用变电站内数据通信网设备，接入电力信息内网，数据通信网设备应满足数据中心站接入需求。数据中心站对外提供服务时，应在数据中心站配置 2 套专用通信设备。

911. 多站融合有哪些典型示范项目？

多站融合技术目前处于试点应用阶段，现将国内近年来落地投运的典型示范项目介绍如下：

（1）江苏镇江"光伏＋风机＋电动汽车充换电站＋冷热供应站＋数据中心＋5G 基站＋储能"。2021 年 2 月，镇江首座多站融合示范项目经试运行后正式投运。该项目有效提升基础设施利用效率，盘活滨河开关站内部土地、房屋等闲置资源约 1100m²，利用开关站屋面、车棚顶棚共建设容量 127kW 光伏电站，每年可生产约 11.6 万 kWh 清洁电力，有效供应 5G 数据中心等负荷；建设容量 100kW 储能及交、直流电动汽车充电桩。

（2）浙江北仑"光伏发电系统＋数据机房＋智能配电系统＋新能源汽车充电

站＋梯次再利用储能电池系统"。2020 年 11 月 10 日，北仑高塘综合能源站成功投运。该能源站的光伏发电系统包括新能源汽车充电站、"零排放"光伏小屋、数据机房屋顶分布式光伏，预计每年可节约用电 63 万 kWh，等同节省约 253 吨标准煤，减少二氧化碳排放约 629 吨。新能源汽车充电站配备 20 台 60kW 直流一体式单枪快充充电桩，可满足 20 辆新能源汽车同时充电需求，并将光伏发电系统与车棚建筑有机结合，实现从被动节能到主动产出能源的转变，有效降低建筑投资成本约 20％。数据机房屋顶光伏装机容量约 60kW，采用自发自用，余电上网的模式，每年可发电 6 万 kWh，大大降低数据机房运营成本。

（3）安徽合肥"光伏电站＋储能站＋5G 基站＋电动汽车充电站＋数据中心＋换电站＋北斗地基增强站"。2020 年 9 月 22 日，合肥首个北斗地基增强站在始信路多站融合数据中心站正式落成。该站 88kW 容量的光伏电站全年约发电 84000kWh，供给站内数据中心、5G 基站等设备使用；1.34MW 储能电站一方面保障着电力供应的平衡稳定，同时利用晚间充电、白天供电，起到了一定的"削峰填谷"作用。与传统火电厂相比，每年节约标准煤达 26 吨，降低全站用电成本达 14.6 万元。

第十七章 配电网规划管理

第一节 规划管理体系

912. 配电网的规划管理体系是什么？

配电网规划工作由总部、省、市、县四级规划管理部门归口管理，各级相关专业部门协同配合、一线班组参与、技术单位支撑，共同构成职责明确、界面清晰、无缝衔接的"四级规划、五级参与"配电网规划管理体系。

913. 配电网规划的组织流程是什么？

配电网规划期限应与国民经济和社会发展规划的年限相一致，通常为5年。组织流程如下：

（1）总部级规划管理部门按照电网规划统一部署，组织相关支撑单位研究确定配电网规划总体目标及边界条件，下发省级公司，启动配电网规划编制工作。

（2）省级规划管理部门组织相关支撑单位研究分解地市配电网规划边界条件，制定本单位配电网规划工作方案，明确规划报告体系、内容深度要求、规划边界条件和时间节点安排等。

（3）地市、县级规划管理部门，组织供电所、配电运检室（工区）、供电服务中心等一线班组，整理配电网规划基础资料，提出配电网规划项目需求和建设方案。

（4）地市级规划管理部门组织相关支撑单位编制市辖区配电网规划，组织县级公司编制县域配电网规划。

（5）地市级规划管理部门评审市辖区和县域配电网规划，在此基础上组织相关支撑单位编制地市级公司配电网规划报告。地市公司履行决策程序后，提交省级公司评审。

（6）省级规划管理部门组织相关支撑单位评审地市公司配电网规划报告，出具评审意见，在此基础上编制省级公司配电网规划报告。省级公司相关部门充分征求其他相关部门意见，履行省级公司决策程序后，提交总部级规划管理部门评审。

（7）总部级规划管理部门组织相关支撑单位评审省级公司配电网规划报告，并出具评审意见，在此基础上编制配电网规划报告。总部级规划管理部门充分征求相关部门意见后，将配电网规划报告纳入电网规划总报告，并履行咨询、审议和决策程序。

（8）总部级规划管理部门将审定的配电网规划分解下发至各省级公司。

（9）省级公司规划管理部门根据总部级相关部门下发的配电网规划审定结果，调整完善本单位配电网规划并履行决策程序后，报总部级相关部门备案，下发地市公司执行，同步报送省级政府相关部门，落实与地方规划的衔接。

（10）地市公司规划管理部门根据省级公司下发的配电网规划审定结果，组织县级公司调整完善配电网规划并履行决策程序后，报省级公司规划管理部门备案，同步报送地方政府相关部门，落实与地方规划的衔接。

914. 编制配电网规划的各级责任主体是如何分工的？

省公司负责本省电网规划（含主网架、配电网和智能化等专项规划），组织编制本省 110（66）kV 电网规划（具备条件的可将 110kV 电网规划编制下放至地市公司）；地市公司负责本地市公司电网规划，组织编制 35kV 及以下电网规划（具备条件的可将 10kV 及以下电网规划编制下放至县公司）；县公司负责编制本县公司电网规划。

915. 总部级规划管理部门在配电网规划工作中负责哪些工作内容？

总部级规划管理部门在配电网规划工作中主要负责内容如下：

（1）按照国家、行业相关标准要求，组织制定和修编电网企业配电网规划技术标准和规章制度。

（2）指导、监督、评估省级公司配电网规划管理工作，协调解决配电网规划管理中的重大问题。

（3）确定配电网规划边界条件，包括规划指导思想、技术原则、规划目标、规划方法、投资重点、负荷预测、投资规模和评估结果等。

（4）组织编制公司配电网规划报告，并将其纳入公司电网规划总报告。

（5）落实中央决策部署，组织编制相应专项规划，滚动纳入规划成果。

（6）组织开展配电网规划重大专题研究。

（7）组织评审省级公司配电网规划。

（8）组织开展公司配电网规划的技术交流与培训。

（9）组织管理公司配电网规划信息系统建设与应用。

916. 总部级规划技术支撑单位在配电网规划工作中负责哪些工作内容？

总部级规划技术支撑单位在配电网规划工作中主要负责内容如下：

（1）开展配电网发展战略研究。

（2）承担配电网规划相关技术标准研究和编制，参与配电网规划相关规章制度的研究和制定。

（3）开展配电网规划边界条件相关研究，配合总部级规划管理部门确定配电网规划边界条件。

（4）开展配电网专项规划工作，配合总部级规划管理部门将相应内容滚动纳入规划成果。

（5）开展配电网规划重大专题研究，承担总部级配电网规划报告编制。

（6）负责对省级规划技术单位进行业务指导。

（7）负责评审省级公司配电网规划，参与大型供电企业配电网规划评审。

（8）负责电网企业配电网规划信息系统的应用与维护。

917. 省级公司规划管理部门在配电网规划工作中负责哪些工作内容？

省级公司规划管理部门作为本单位配电网规划的归口管理部门，工作内容包括：

（1）组织贯彻公司总部有关配电网规划技术标准和规章制度，根据需要制定本省差异化条款和实施细则，并组织所属单位具体实施。

（2）在总部级规划管理部门下达配电网规划边界条件的基础上，分解各地市配电网规划边界条件。

（3）组织编制本单位配电网规划。

（4）组织将本单位配电网规划报告纳入电网规划总报告，并落实与省级政府相关规划的衔接。

（5）配合总部开展专项规划，并将相应内容滚动纳入本单位规划成果。

（6）组织开展本单位配电网规划专题研究。

（7）指导、监督、评估地市公司配电网规划管理工作，组织评审地市公司配电网规划。

（8）组织开展本单位配电网规划的技术交流与培训。

（9）管理本单位配电网规划信息系统的建设与应用，协调与审核相关数据源。

918. 省级规划技术支撑单位在配电网规划工作中负责哪些工作内容？

省级规划技术支撑单位作为省级公司电网规划设计技术归口管理单位，工作内容包括：

（1）对省级公司配电网规划业务提供技术支撑和服务。

（2）接受总部级规划技术单位业务指导，对地市规划技术单位进行业务指导。

（3）配合总部级规划技术支撑单位，开展相关专项规划、专题研究、技术研究，开展本省配电网规划专题研究。

（4）承担省级公司配电网规划报告编制。

（5）负责评审地市公司配电网规划。

（6）负责省级公司配电网规划信息系统的应用与维护。

919. 地市公司规划管理部门在配电网规划工作中负责哪些工作内容？

地市公司规划管理部门作为本单位配电网规划的归口管理部门，工作内容包括：

（1）按省级公司要求组织编制本地市配电网规划，提出 220kV 及以上电网规划建议。

（2）指导、监督、评估县级公司配电网规划管理工作，组织评审县级公司配电网规划。

（3）配合省级公司开展配电网专项规划、专题研究，组织开展本地市专题研究。

（4）组织开展本地市配电网规划的技术交流与培训。

（5）负责与地方政府进行沟通和协调，落实配电网规划与地方规划的衔接，负责将市辖区配电网规划内容落实到城市总体规划和控制性详细规划。

920. 地市规划技术支撑单位在配电网规划工作中负责哪些工作内容？

地市规划技术支撑单位作为配电网规划的业务支撑机构，工作内容包括：

（1）对地市公司和县级公司配电网规划业务提供全面技术支撑和服务，接受省级规划技术单位业务指导。

（2）配合省级规划技术单位开展相关专项规划、专题研究、技术研究，开展本地市配电网规划专题研究。

（3）承担地市配电网规划报告编制工作，具体编制市辖区配电网规划。

（4）协助地市公司规划管理部门评审县级公司配电网规划。

（5）落实规划人员到岗到位，保证人员能力素质，将配电网规划作为工作重点。

921. 县公司规划管理部门在配电网规划工作中负责哪些工作内容？

县公司规划管理部门作为本单位配电网规划的归口管理部门，工作内容包括：

（1）组织开展县域配电网规划工作，统筹制定 10kV 及以下电网建设改造方案，提出 35~110kV 电网规划建议。

（2）配合地市规划技术单位开展配电网规划编制工作，配合地市公司规划管理部门开展配电网规划评审工作。

（3）指导和监督供电所、配电运检室（工区）、供电服务中心等业务机构参与配电网规划工作。

（4）负责与县（区）政府进行沟通和协调，将县（区）配电网规划内容落实到县（区）总体规划和控制性详细规划。

（5）落实规划人员到岗到位，保证人员能力素质，提升配电网规划工作水平。

922. 供电所、配电运检室（工区）、供电服务中心等业务机构在配电网规划工作中负责哪些工作内容？

（1）负责收集、整理配电网规划所需的设备运行、业扩报装、用户发展等相关基础资料。

（2）提出 10kV 及以下配电网规划项目需求和建设方案。

923. 设备管理部门在配电网规划工作中负责哪些工作内容？

（1）提出包括智能感知终端及信息接入在内的配电网设备技术功能需求和建议。

（2）提出配电网扩展性改造项目需求和建议。

（3）提供配电网规划所需的生产技术数据和资料。

（4）参与配电网规划的编制与评审。

924. 调度部门在配电网规划工作中负责哪些工作内容？

（1）提出配电网调度系统发展需求和建议。

（2）提供配电网规划所需的调度运行数据和资料。

（3）参与配电网规划的编制与评审。

925. 营销（农电）部门在配电网规划工作中负责哪些工作内容？

（1）提出重大用电项目配电网发展需求和建议。

（2）提供配电网规划所需的营销数据和资料。

（3）参与配电网规划的编制与评审。

926. 数字化部门（科信部门）在配电网规划工作中负责哪些工作内容？

（1）组织提出新型电力系统对智能配电网的需求和建议。

（2）提供配电网规划所需的相关资料。

（3）参与配电网规划的编制与评审。

927. 通信管理部门在配电网规划工作中负责哪些工作内容？

（1）提出配电网通信设备技术功能需求和建议。
（2）提出配电通信网发展需求和建议。
（3）提供配电网规划所需的电网通信相关资料。
（4）参与配电网规划的编制与评审。

928. 建设部门在配电网规划工作中负责哪些工作内容？

（1）提出配电网建设标准需求和建议。
（2）参与配电网规划的编制与评审。

929. 财务部门在配电网规划工作中负责哪些工作内容？

（1）提出配电网规划方案财务分析建议。
（2）提供配电网规划所需的财务资产数据和资料。
（3）参与配电网规划的编制与评审。
（4）在预算中编列配电网规划工作专项费用。

930. 配电网规划应遵循哪些原则？

配电网规划应统筹考虑、合理规划，做到科学论证、技术先进、经济合理，并遵循以下原则：

（1）统筹考虑电网电源、城乡电网、输配电网、电网用户之间协调发展，切实提高配电网发展质量及效率效益。

（2）落实本质安全理念，提高电网的供电安全保障水平，兼顾电网运行的灵活性和经济性。

（3）满足电力发展和售电市场竞争需求，贯彻资产全寿命周期管理理念，适度超前，新/扩建与改造相结合。

（4）规范规划方法和模型，开展必要的定量分析和电气计算。

（5）重视电网新技术的应用，提高电网的装备水平和智能化水平。

（6）充分考虑各类新能源、新型负荷的灵活高效接入。

（7）节约土地资源，重视环境保护。

（8）配电网设备要标准化、规范化、系列化。

931. 配电网规划应包含哪些具体内容？

配电网规划应包括经济社会概况、配电网现状诊断、电力需求预测、供电区域划分、规划目标及技术原则、变（配）电容量估算、网络方案优化、电气计算和无功平衡、二次系统和智能化规划、投资估算、技术经济分析、规划成效分析、专题研究等内容。

932. 配电网规划工作评估与滚动调整应遵循哪些原则？

（1）配电网规划工作评估是检验配电网规划工作质量的重要依据，旨在及时发现解决配电网规划实施过程中存在的重大问题，并总结提出推进配电网规划工作的对策措施。配电网规划评估过程中，要充分考虑规划边界条件变化等因素。

（2）配电网规划工作评估实行年度定期评估机制，评估周期从上年度末上溯至本轮规划起始年。规划起始年的配电网规划评估工作应于本轮规划编制工作开始前完成，覆盖上一轮 5 年规划周期。

（3）配电网规划评估过程中发现的严重偏差，应在后续规划编制、滚动调整中予以纠正，对相关责任单位和人员采取通报、约谈等形式开展问责，评估结果纳入公司系统发展工作考核内容。

（4）评估结果认为需要对规划进行滚动调整，或配电网规划边界条件发生重大变化，应及时启动配电网规划滚动调整，工作流程参照规划编制流程。根据配电网规划滚动调整成果，及时调整规划项目库。

933. 如何加强配电网规划队伍建设？

加强配电网规划队伍建设，建立健全各级配电网规划设计体系，配置配足规划专业人员，突出配电网规划工作的核心业务地位。基层单位要加强配电网规划力量的投入，合理协调配置资源，调动供电所、配电运检室（工区）和供电服务中心等一线班组，形成骨干力量从事规划工作。

934. 配电网规划技术交流可采取哪些手段？

通过实地调研考察、异地交叉评审、人员上下互挂、培训授课指导、典型经验发布等多种手段，加强配电网规划技术交流，深化对配电网规划先进理念的认识和理解，共同促进配电网规划质量的提高。

935. 配电网规划培训可采取哪些形式？

可采用网络大学、集中培训、专家定点帮扶等多种手段，开展形式多样的配电网规划人员培训。加强对县级公司和基层班组的专业培训，培训对象原则上覆盖各级配电网规划的管理人员和技术人员。

第二节　规划成果体系

936. 配电网规划成果体系包括哪些内容？

配电网规划成果体系包括各级规划报告、专项规划报告和专题研究报告，以及项目清册、图册等相关成果。

937. 配电网规划编制应遵循哪些原则？

（1）以国家和电力行业的有关政策、法律法规、技术标准和规程规范，以及电力企业有关标准为依据，保证规划成果的合规性。

（2）以效率效益为导向，在保障安全质量的前提下，落实以可靠性为中心、资产全寿命周期管理和差异化发展、标准化建设的理念，保证规划成果的前瞻性。

（3）以信息化手段为支撑，综合运用"云大物移智链"新技术，保证规划成果的科学性。

（4）以地方经济社会发展规划、土地利用规划、控制性详细规划为基础，保证规划成果可实施性。

938. 配电网专项规划包含哪些方面？

配电网专项规划是落实中央重大决策部署的重要手段，由公司统一组织、各级单位配合开展。专项规划报告是针对特定区域或特定目的编制的配电网专项规划报告，如城市电网规划、农村电网规划、配电网智能化规划等。

939. 配电网规划专题研究包含哪些方面？

专题研究报告是研究配电网规划中执行回顾、规划方法、技术难点等方面的专题报告，包括配电网负荷预测、供电区域划分、目标网架、典型供电模式、配电自动化、通信网规划、可靠性、投资敏感性、分布式电源并网、电能替代等方面相关研究。专题研究由各级单位根据需要自行安排开展，重大共性问题的研究一般由总部统筹开展。

940. 配电网规划附表应至少包含哪些内容？

（1）经济社会发展历史指标统计。

（2）现状电网规模统计。

（3）现状电网技术经济指标统计。

（4）历史负荷电量及电力电量需求预测（含各电压等级网供负荷预测）。

（5）各电压等级线路规划建设规模与工程分类汇总分析。

（6）各电压等级变电/配变规划建设规模与工程分类汇总分析。

（7）各电压等级规划及独立二次建设投资估算。

（8）各电压等级规划成效指标对比。

941. 配电网规划附图应至少包含哪些内容?

（1）规划基准年 35~110kV 电网地理接线示意图。

（2）规划水平年 35~110kV 电网地理接线示意图。

（3）规划基准年 35~110kV 电网地理接线示意图。

（4）规划水平年 35~110kV 电网地理接线示意图。

（5）规划基准年 10kV 主干网结构示意图。

（6）规划水平年 10kV 主干网结构示意图。

942. 配电网规划执行过程中进行调整的情况有哪些?

《电力规划管理办法》（国能电力〔2016〕139 号）规定电力规划发布两至三年后，国家能源局和省级能源主管部门可根据经济发展和规划实施等情况按规定程序对五年规划进行中期滚动调整。根据相关规定，配电网规划在执行期内，如遇国家重大专项任务、电网投资能力不足及边界条件等重大变化，规划编制部门按程序对规划内容进行相应调整，相关单位按照决策部署和实际需要及时组织实施。

943. 配电网规划近、中、远期规划年限如何选取? 应达到什么深度?

配电网规划年限应与国民经济和社会发展规划的年限相一致，一般可分为近期（5 年）、中期（10 年）、远期（15 年及以上）。配电网规划应遵循"近细远粗、远近结合"的思路，并建立逐年滚动工作机制。其中，近期规划应着力解决当前配电网存在的主要问题，并依据近期规划编制年度计划，35 至 110（66）kV 电网应给出 5 年的网架规划和分年度新建与改造项目；10kV 及以下电网应给出 3 年的网架规划和分年度新建与改造项目，并估算 5 年的建设及投资规模。中期规划应与近、远期规划相衔接，能够明确配电网发展目标，对近期规划起指导作用。远期规划应侧重于战略性研究和展望。

944. 配电网网格化规划成果包括什么?

配电网网格化规划成果包括配电网网格化规划报告，配电自动化规划、配电通信网规划、站址廊道规划等专题研究报告，配电网网格化附图，配电网网格化项目清册。

945. 配电网网格化规划报告体系都包含哪些内容？

以供电分区为单位，形成配电网网格化规划报告，配电自动化规划、配电通信网规划、站址廊道规划等可根据实际需要另立专题研究。

946. 配电网网格化附图至少包含哪些内容？

配电网网格化附图应至少包括以下内容：
（1）以供电分区为单位，绘制供电网格（单元）划分示意图。
（2）以供电分区为单位，绘制规划基准年 35～110kV 电网地理接线示意图。
（3）以供电分区为单位，绘制规划水平年 35～110kV 电网地理接线示意图。
（4）以供电网格为单位，绘制规划基准年 10kV 主干网电网拓扑图。
（5）以供电网格为单位，绘制规划水平年 10kV 主干网电网拓扑图。
（6）以供电网格为单位，绘制 10kV 主干网目标网架电网拓扑。
（7）以供电单元为单位，绘制规划基准年的 10kV 地理接线图及电网拓扑图。
（8）以供电单元为单位，绘制规划水平年的 10kV 地理接线图及电网拓扑图。

947. 配电网规划中各电压等级项目清册如何计列？

配电网规划中 35～110kV 电压等级规划项目清册要求逐项计列电网 5 年内规划项目；10kV 及以下电压等级规划项目清册要求逐项计列前 2 年的规划项目，后 3 年的规划项目可以县（区）为单位，按项目属性打包，逐年计列。

948. 配电网规划中各电压等级工程项目如何分类？

（1）35kV 及以上电压等级工程项目：
1）线路工程、变电站工程和对端变电站侧间隔扩建为基本单位，构建 110（66）kV、35kV 电网输变电工程项目单元。
2）按输变电工程在电网中发挥的优先作用进行分类（每个工程可对应多个分类，按重要程度排序），统计不同区域分类工程规模，要求如下：
a）市辖供电区项目主要分类包括：解决设备重（过）载、满足新增负荷供电要求、消除设备安全隐患、网架结构加强、变电站配套送出、电源接入、其他等；
b）县级供电区项目主要分类包括：加强与主网联系、解决设备重（过）载、满足新增负荷供电要求、消除设备安全隐患、网架结构加强、变电站配套送出、电源接入、其他等。
（2）10kV 及以下电压等级工程项目：
1）以配电线路（包含架空和电缆）、配电网开关设施、配变设施、分布式电源接入、低压配套线路等几类工程为基本单位构建 10kV 及以下配电网工程项目单元。

2）考虑工程在电网中发挥的作用和工程特点等因素构建项目属性，将工程进行分类（每个工程可对应多个分类，按重要程度排序），统计市辖、县级供电区分类工程规模：市辖、县级供电区工程分类包括：解决设备重（过）载、解决"低电压"台区、变电站配套送出、满足新增负荷供电要求、解决卡脖子、消除设备安全隐患、加强网架结构、分布式电源接入、改造高损配变、其他等。

949. 高压配电网规划项目命名规则是什么？

不同项目命名规则如下：

（1）输变电工程命名应按照"项目所在地＋站名＋电压等级（kV）＋输变电工程"的原则进行命名。

（2）变电工程一般包括变电站改造工程、变电站扩建工程（含增容扩建）和开关站新建工程。

1）其中变电站扩建工程按照"项目所在地＋站名＋电压等级（kV）＋变电站/开关站［×号主变压器或电压等级（kV）间隔名间隔］＋扩建工程"的原则进行命名。

2）变电站改造工程按照"项目所在地＋站名＋电压等级（kV）＋变电站/开关站（主变压器或间隔）＋改造工程"的原则进行命名。

3）开关站新建工程按照"项目所在地＋站名＋电压等级（kV）＋开关站新建工程"的原则进行命名。

（3）线路工程一般包括线路新建工程和线路改造工程。

1）线路新建工程按照"项目所在地＋站名～站名＋电压等级（kV）＋线路工程"的原则进行命名。

2）线路改造工程按照"项目所在地＋站名～站名＋电压等级（kV）＋线路改造工程"的原则进行命名。

（4）送出工程一般包括电源送出工程和配套送出工程。

电源送出工程按照"项目所在地＋电厂名称（水电＋风电＋光伏＋燃气等）＋电压等级（kV）＋送出工程"的原则进行命名；

配套送出工程按照"项目所在地＋站名＋电压等级（kV）＋送出工程"的原则进行命名。

（5）电铁供电工程按照"铁路简称＋项目所在地＋牵引站名＋电压等级（kV）＋外部供电工程"的原则进行命名。

（6）升压＋降压工程按照"项目所在地＋站名＋电压等级（kV）＋变电站（开关站）升压工程"的原则进行命名。

（7）独立二次项目按照"项目所在地＋设备名称＋建设（或改造）"的原则进

行命名。

950. 中低压配电网规划项目的命名规则是什么？

中低压配电网规划项目分为项目包和单项项目两种形式进行计列。

（1）中低压配电网规划项目包按照城农网属性进行分类，其命名关键要素应包括年份、项目所在地、电压等级、城农网属性等。

1）城网项目包应按照"年份＋项目所在地＋城网＋电压等级（kV）＋（批次）＋项目包"的原则顺序进行命名。

2）农网项目包应按照"年份＋项目所在地＋农网＋电压等级（kV）＋（批次）＋项目包"的原则顺序进行命名。

（2）单项项目分为新建项目和改造项目两种，一般按照"项目所在地（到地市/县公司）＋电压等级＋建设内容＋建设性质"的原则顺序进行命名。

1）新建工程一般按照"项目所在地（到地市/县公司）＋电压等级（kV）＋设备（设施）名称＋新建工程"的原则顺序进行命名。

2）改造工程一般按照"项目所在地（到地市/县公司）＋电压等级（kV）/低压＋设备（设施）名称＋改造/更换"的原则顺序进行命名。

951. 配电网规划项目库管理如何分工？

省级公司组织地市公司将审定的配电网规划项目纳入电网规划项目库，其中110（66）kV规划项目库由省级公司管理（具备条件的可下放至地市公司），35kV及以下电网规划项目库由地市公司管理（具备条件的可将10kV及以下下放至县级公司）。

952. 配电网规划项目入库流程？

规划审定后，按照电压等级、地市、项目类型等建立相应规划库，并根据规划设定逐年投资、建设规模等限额指标，各级规划管理部门将审定的配电网规划项目纳入电网规划项目库，审核无误后对配电网项目进行固化。

953. 配电网规划项目库如需调整，各单位权限及主要过程是什么？

省级公司、地市公司在不影响规划边界条件的前提下，按权限自行安排电网规划项目库调整。其中，110kV电网项目调整由地市公司规划管理部门提出建议，省级公司规划管理部门审核后调整；35kV及以下电网项目由县级公司规划管理部门提出建议，地市公司规划管理部门审核后调整；承担10kV及以下电网规划项目库管理的县级公司，项目调整由规划管理部门根据供电所、配电运检室（工区）、供电服务中心等业务机构提出建议进行调整。

954. 如何对配电网规划项目成效进行评价分析？

整体配电网规划成果分析应着重于规划方案实施后配电网整体技术指标的改善情况，评价规划效果，说明对规划目标的满足程度。结合负荷预测结果和规划网架结构，列表分析主要综合性指标，包括供电可靠率、线损率、综合电压合格率、户均配电变压器容量等。同时应分析规划期内对配电网现状存在问题的解决情况。各电压等级配电网规划成效评价分析具体要点如下：

（1）35～110kV 电网规划成效评价分析应主要着重于供电能力、网架结构方面，对比分析规划实施前后 35～110kV 电网有关技术经济指标的改善情况，评价规划效果，说明对规划目标的满足程度。主要分析指标包括容载比、主变压器和线路 $N-1$ 通过率等。

（2）10kV 及以下电网规划成效评价分析应主要着重于网架结构、装备水平方面，对比分析规划实施前后 10kV 电网有关技术经济指标的改善情况，评价规划效果。主要分析指标包括线路联络率、线路 $N-1$ 通过率、供电半径、高损配变比例、电缆化率以及绝缘化率等指标。

955. 各级配电网规划图纸绘制应包含哪些？

配电网规划图纸应分层分区绘制，具体要求如下：

（1）市（州、盟）级图纸应包括 35kV 及以上配电网地理接线图、市区 10kV 主干网地理接线图。

（2）县（区、县级市、旗）级图纸应包括 10kV 主干网地理接线图。

（3）乡镇级图纸应包括 10kV 电网（可含分支线）地理接线图，可包括配变台区低压电网地理接线图。

（4）根据工作需要可绘制市（州、盟）、县（区、县级市、旗）级、乡镇级地下廊道图（集）。

（5）根据工作需要可绘制市（州、盟）、县（区、县级市、旗）级、乡镇级电网拓扑图（集）。

（6）配电网规划图纸应直观、清晰反映配电网情况，市（州、盟）、县（区、县级市、旗）级图纸宜分别绘制在一张图，若本地区配电网规模过大，可分区绘制。

956. 配电网规划图纸的命名规则是什么？

图纸命名应包括图号和图题，按照图号在前、图题在后的方式书写。单张图纸可省略图号。图集图号编排应统一，以地理接线图、地下廊道图、电网拓扑图的顺序，分类按年份依次编排。图题应包含绘制范围、年份、电压等级、图纸类型等信息。

957. 配电网电气主接线图、地理接线图、电气拓扑图有什么区别？

配电网电气主接线图是指为满足预定的功率传送和运行等要求而设计的，以电源进线和引出线为基本环节，以母线为中间环节构成的电能输配电线路。

地理接线图是显示配电网中发电厂（站）、变电站、配电设施的地理位置和电力线路的路径，以及它们相互间的联结的图纸，一般以地理信息图为背景，由地理接线图可获得对该地区电网的宏观印象。

电网拓扑图是描述配电网主要设备的拓扑电气连接关系，是对电网地理接线图的抽取和概括。

958. 配电网地理接线图应包含哪些内容？

配电网地理接线图应突出表示现状年和规划年不同电压等级电网设施的地理位置分布情况及网架结构，下衬地理底图。其主要内容包括：

（1）35kV 及以上配电网地理接线图应包括 110（66）kV、35kV 电压等级的发电厂（站）、变电站位置及名称，发电厂（站）装机容量，变电站变压器台数及容量，电力线路的路径及参数（包含名称、线路型号、长度等），以及有 110（66）kV、35kV 出线的上一级电源的位置及参数（包含厂站名称及设备容量）。

（2）10kV 主干网地理接线图应包括中压主干线路、重要分支线路的路径及参数（包含线路名称、型号、长度等），线路重要开关设施（分段、联络）的位置及名称，同级以及有 10kV 出线的上一级电源的位置及参数（包含厂站名称及设备容量）。

（3）10kV 电网（含分支线）地理接线图应包括中压主干线路、各分支线路的路径及参数（包含线路名称、型号、长度等），线路各开关设施的位置及名称，以及有 10kV 出线的上一级电源的位置及参数（包含厂站名称及设备容量）。可包括线路电杆的位置及编号，可体现挂接配电变压器信息。

（4）配电变压器台区低压电网地理接线图应包括配电变压器位置及参数（包含配电变压器名称、型号、容量），以及该配电变压器涉及的低压线路路径及参数（包含线路名称、型号、长度等），线路电杆的位置及编号，用户信息（三相/单相用户、分布式电源接入情况等）及户表数等。

959. 配电网地理接线图的底图如何选取？

（1）配电网地理接线图的底图应简洁清晰、信息完整、绘制准确，应采用淡化底图，底图色调不宜与各电压等级颜色重复或近似。

（2）35kV 及以上电网地理接线图底图应反映省（自治区、直辖市）、市（州、盟）、县（区、县级市、旗）行政界线，可根据绘图需要淡化体现乡镇行政界线、主干水系等地理要素。

（3）10kV 主干网地理接线图底图应反映县（区、县级市、旗）、乡镇行政界线及水系、道路、桥梁、居民地等主要地理要素，宜采用淡化路网底图。

（4）10kV 电网（含分支线）地理接线图和配电变压器台区低压电网地理接线图底图应反映乡镇行政界线，宜体现水系、道路、桥梁、居民地等主要地理要素，未体现道路地理要素的底图应体现村庄方位。

960. 配电网的地理接线图的绘制要求是什么？

（1）35kV 及以上电网地理接线图各电压等级输配电设备图形符号、图例说明及标注颜色应按照对应电压等级颜色着色，发电厂（站）及其余图形符号的图例说明、标注宜采用黑色。各电压等级颜色可参照 Q/GDW 11616—2017《配电网规划标准化图纸绘制规范》要求绘制。

（2）10kV 电网地理接线图应按不同变电站供电范围选取不同颜色区分，颜色不宜超过 5 种，变电站及其标注宜统一采用黑色。

（3）配变台区低压电网地理接线图着色宜统一采用黑色。

（4）地理接线图常用图形符号可参照 Q/GDW 11616—2017《配电网规划标准化图纸绘制规范》要求绘制。

961. 配电网拓扑图应包含哪些内容？

配电网拓扑图可以按电压等级、年份和运行方式等分别绘制。

（1）配电网拓扑图应反映供电区域内配电网主要设备的电气连接关系，突出表现网络的主干和联络关系。

（2）配电网拓扑图主要包括发电厂（站）、变电站、配电室、线路设备等，并应标注出发电厂（站）、变电站、配电室等站点名称，线路名称，配电自动化终端类型等信息。

（3）配电变压器台区低压电网拓扑图主要包括配电变压器、低压配电箱、电缆分支箱、户表设备等，并应标注出配电变压器名称及其所属 10kV 线路等信息。

962. 配电网拓扑图应如何进行绘制？

（1）配电网拓扑图基本图元间应紧密连接，出线可水平或垂直布置，应尽量减少导线、连接线等图线的交叉、转折。

（2）35kV 及以上电网拓扑图中输配电设备图形符号、图例说明及标注颜色应按照 Q/GDW 11616—2017《配电网规划标准化图纸绘制规范》中对应电压等级颜色着色。

（3）10kV 电网拓扑图中线路宜按相应运行方式下不同馈线供电范围选取不同颜色区分，线路颜色宜按照 Q/GDW 11616—2017《配电网规划标准化图纸绘制规范》规定颜色着色，配电设施宜采用黑色。

（4）配电变压器台区低压电网拓扑图着色宜统一采用黑色。

（5）联络线宜选取其他颜色予以区分，线路上应绘制分段和联络开关设备。

（6）线路应区分架空和电缆。

（7）电网拓扑图中上一级电源点应标注电压等级、名称、低压侧电气主接线及运行方式，内部电气主接线可选择绘制。

（8）电网拓扑图中所选电压等级的厂站或配电设施宜绘制或文字标注高压侧电气主接线及运行方式。

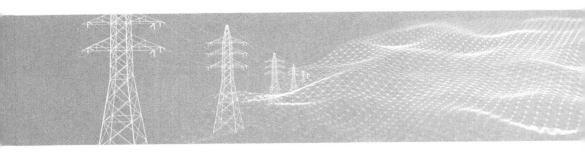

第十八章　配电网规划数字化发展

第一节　概　述

963. 配电网规划数字化的发展目标是什么？

基本建成覆盖能源互联网生产传输、消费交易、互通互济各环节全场景的信息支撑体系，融通能源流和信息流共筑价值创造体系。新型数字基础设施能力完备，数据要素价值作用充分发挥，电网生产、企业经营、客户服务数字化创新应用全面构筑，能源互联网新兴产业生态基本形成，实现"三个转型、两个升级"。

三个转型：是数字化发展的"基本盘"，是坚持"一业为主"的集中体现。电网生产数字化转型方面，实现"电网一张图、数据一个源、业务一条线"，源网荷储智能互动能力大幅提升；企业经营数字化转型方面，实现电网核心业务智能精准洞察和人财物等核心资源科学高效配置，企业级决策支持能力大幅提升；客户服务数字化转型方面，实现线上线下智能服务全渠道融合，多元化、互动化、个性化服务能力大幅提升。

两个升级：是数字化发展的"新动能"和"新增长"，是坚持"四翼齐飞、全要素发力"的集中体现。创新能力升级方面，数字化连接感知、高效处理和共享服务能力大幅提升，企业级数据管理和应用水平成熟稳健，形成以用户为中心、安全高效的数字化运营体系，推动公司核心业务向赋能型数字化架构转型升级；新兴产业升级方面，技术密集型和高附加值产业营收比重显著提高，规模增长、价值贡献和产业带动效应明显，形成互利共赢能源互联网生态圈，推动电网公司整体产业结构转型升级。

964. 配电网数字化规划发展思路是什么？

以数字技术和数据要素创新应用为驱动，以"三融三化"为主要思路，主动融入电网业务、融入生产一线、融入产业生态，推进架构中台化、数据价值化、业务智能化，支撑战略目标落地实施。

架构中台化：着力推进业务、数据和技术中台化，实现全局共享和开放服务，支撑前端业务快速创新，逐步推动数字化业务架构中台化演进。

数据价值化：着力挖掘海量数据潜在价值，用好用活数据要素，以实用实效为目标，强化数据管理、应用和运营，释放数据对提质增效和业务创新的放大、叠加、倍增作用。

业务智能化：着力提升作业、管理和服务智能化水平，推进人、设备、数据泛在互联和在线交互，增强电网、客户全息感知、移动互联和智能处理能力，为基层赋能、为员工赋能。

第二节　新型数字基础设施及企业中台

965. 新型数字基础设施的规划工作目标是什么？

打造"云网融合、泛在互联、灵活高效、开放共享"的新型数字基础设施，建成满足能源互联网全场景需求的信息通信网络和智慧物联体系，建成"资源全域调配、业务敏捷支撑、开发运维一体"的云平台，推动内外部、各专业、各类型终端和采集量测数据统一接入、在线管控和共享应用，实现电网感知测控体系向电源侧、客户侧和供应链延伸，实现企业管理云、公共服务云及生产控制云资源全域调配和业务敏捷支撑，为传统电网向能源互联网跨越升级、为电网企业转型升级奠定坚实的数字化基础。

966. 企业中台的规划工作目标是什么？

建立"企业全局复用、服务标准稳态、数据融合共享"的企业中台，构建核心基础设施，统驭后台资源，通过提炼构建公共资源共享能力，打破"烟囱式"系统架构和消除"数据孤岛"，形成"活前台、大中台、强后台"架构体系，实现能力跨专业复用、数据全局共享，支持前端应用快速灵活搭建，支撑业务快速发展、敏捷迭代、按需调整，是数字化技术成果的汇聚地，是创新业务模式的催化剂，是数字战略升级、组织升级、流程升级、技术升级的核心抓手。

967. 电网"三台"建设指的是哪"三台"？

"三台"指的是云平台、数据中台和物联管理平台，是电力物联网建设的基础。

云平台是一种利用互联网实现随时随地、按需、便捷地使用共享计算设施、存储设施、网络设施、应用程序等资源的计算模式。

数据中台是企业级的数据能力复用平台，其核心理念在于"数据取之于业务，用之于业务",构建了从数据生产到消费,消费后生产的数据再流回到生产流程的闭环过程。

物联管理平台是智慧物联体系的基础支撑平台,可实现感知层资源共享和"数据一个源",实现源端数据融通和业务实时在线,汇聚各类数据进行共享应用,支撑"电网一张图、业务一条线",提升电网安全运行、企业精益管理和客户优质服务水平。

968. 物联管理平台的主要应用场景是什么?

物联管理平台主要针对输电、变电、配电、综合能源、供应链等应用场景,支持多协议、多网络、多平台的设备快速接入,实现设备远程遥控管理、各类信息的实时全景监控与安全防护。

969. 物联管理平台的定位是什么?

物联管理平台承上启下,对上通过标准化接口向企业中台、业务应用系统等提供服务;对下以标准物联网协议或电力专用物联网协议,与边缘物联代理、业务终端等进行交互,实现各类终端的统一接入和管理。

970. 物联管理平台的建设目标是什么?

提升电网、设备、客户互联和全息感知能力,打造精准感知、边缘智能、共建共享、开发合作的智慧物联体系和应用生态。

971. 国网云平台建设的重点建设任务是什么?

建成"资源全域调配、业务敏捷支撑、开发运维一体"的国网云平台,实现企业管理云、公共服务云及生产控制云资源全域调配和业务敏捷支撑,整合电网企业总部、省(市)公司及边缘侧各类计算、存储资源,统一管理和调配云平台资源,持续推进业务系统上云工作,实现业务系统全面上云,大幅提升 IT 基础资源利用效率。建立研发测试运行一体化体系,实现业务敏捷研发部署的全程在线管理,大幅缩短业务迭代周期。拓展公共服务云应用生态,大幅降低云平台运营成本。以"价值驱动、共建共享、标准先行、全面上云"为原则,坚持统一云管,以全面云化 IT 资源、支撑业务敏捷迭代开发、拓展公共服务云应用生态为方向,建成国网云平台。

972. 企业中台的工作目标是什么?

建立"企业全局复用、服务标准稳态、数据融合共享"的企业中台,构建能源互联网信息支撑体系核心基础设施,统驭电网企业强大的后台资源,通过提炼构建公共资源共享能力,打破"烟囱式"系统架构和消除"数据孤岛",形成"活前台、大中台、强后台"架构体系，实现能力跨专业复用、数据全局共享，支持前端应用快速灵活搭建，支撑业务快速发展、敏捷迭代、按需调整，是数字化技术成果的汇聚地，是电网企业创新业务模式的催化剂，是电网企业数字战略升级、组织升级、流程升级、技术升级的核心抓手。

973. 业务中台是什么？

业务中台是企业级业务能力共享平台，实现企业核心业务能力沉淀，提供统一的企业级共享服务，通过支撑各业务板块，以关键业务链路稳定高效和经济性兼顾为原则，提供"敏捷、快速、低成本"创新能力。业务中台由电网资源中台、客户服务中台、财务管理中台、项目管理中台四部分组成，逐步实现核心业务共享能力、技术支撑能力的服务化，满足客户资源引流共享、交叉赋能，推动新业态、新模式高速创新发展。

974. 技术中台是什么？

技术中台是企业级技术能力复用平台，通过对技术能力的持续平台化沉淀，为企业数字化应用的快速建设提供"架构统一、技术先进、服务智能"的能力接口。依托人工智能"两库一平台""一主两侧多从"国网链、电力北斗时空智能服务平台、统一视频平台、新一代企业级智能化移动门户、数字身份服务平台等，提供人工智能公共服务能力、区块链公共服务能力、地理信息公共服务能力、全域视频公共服务能力、移动互联公共服务能力、数字身份公共服务能力。

975. 数据中台是什么？

数据中台是电网企业数据存储、计算的基础支撑平台，面向电网企业全局提供企业级数据服务，能够全面承载电网企业各类型业务的企业级数据中台，实现各类型数据资源全量纳管至数据中台，为事务型及分析型业务提供高效可靠的数据存储、计算服务，拉近业务与数据距离，推动数据业务化，支撑内外部数据创新应用，助力电网企业数字化转型发展。

第三节　配电网数字化业务应用

976. 赋能电网生产的工作思路是什么？

遵循企业中台共建共享的统一技术路线和技术管控要求，全面拓展电网生产移动应用深度和广度，在电网建设发展、设备资产管理、源网荷储控制等领域的主要环节实现专业融通、协同共享、智能支撑，不断提升业务应用系统核心功能和应用性能，着力打造全息数据、全景导航、全程在线的新一代电网发展平台，强化电网建设全过程数字化管控，构建新一代设备资产精益管理系统，以数字化、网络化、智能化为电网生产赋能赋智，助力提升电网发展质量。

977. 拓展数据驱动电网发展新格局涉及哪些工作？

构建数据驱动的电网智能投资决策管理模式，以支撑服务能源互联网发展为目标，以能量全过程、资产全寿命为主线，打造全息数据、全景导航、全程在线的新一代电网发展平台，创新网上管理、图上作业、线上服务新模式，建设"一览无遗"的全景电力驾驶舱、"一键生成"的智能业务应用、"一线贯通"的协同作业模式。

978. 电网建设全过程数字化管控涉及哪些工作？

强化电网建设全过程数字化管控，实现基建相关业务管理效能提升。加强数字技术在智能建设中的应用，基于云和数据中台，全面构建基建业务数字化工作平台，深化专业应用、促进数据共享、挖掘数据价值，实现数字化智能建设，构建共建共赢的基建数字化生态体系，持续打造和提升基建数据挖掘和辅助决策能力，减轻基层现场操作负担，提高实用化成效和管控水平。构建水电基建生产管理应用，实现厂站侧的无人值守，少人值班。

979. 现代设备智能管理新体系的构建思路是什么？

助力构建现代设备智能管理体系，实现设备资产数字化管理。建设新一代设备资产精益管理系统（PMS3.0），支撑现代设备管理体系高质量运转，开展设备自动化和信息化融合，推进设备、业务、管理、协同数字化，赋能基层班组、赋能管理决策、赋能服务生态，推动电网设备高质量、可持续发展。

980. 营销服务方面有哪些业务应用？

构建智能化新一代营销系统，加快营销应用全业务改造，提升 95598 平台智能化服务水平，开展营销移动作业深化应用，满足创新业务发展的需要，实现客户服务智能化。打造一体化电力交易市场服务平台，实现市场化售电业务多元发展、服务全新体验、生态开放共享，构建全国统一、公开透明、规范高效电力交易市场。

981. 如何构建数据管理和数据应用体系，释放数据价值？

在数据管理方面，以驱动电网企业高质量发展和数字化转型为目标，以强化数据基础治理、推动数据共享开放、提升数据技术创新、激发数据内生动力为重点，全面提升公司数据治理能力、数据服务能力、数据创新能力。强化数据资源管理，推动数据质量提升，建成科学完善的数据基础治理体系；打破数据壁垒，加强数据集成整合和互联互通，建成规范高效的数据共享开放体系；强化数据技术应用创新，加快构建数据技术创新生态，建成广泛融合的数据创新能力体系；培育数据思维理念，建立数据协同机制，推进量化评估，建成全面激活的数据内生动力体系。

在数据应用方面，聚焦电网企业提质增效与创新发展的关键问题，以价值发挥与能力夯实为着力点，构建公司级大数据应用业务体系，拓展数据应用广度深度，推进数据应用与业务融合，增强成果共享复用和迭代升级，对内打造业务提质增效新动能，对外开辟数据增值服务新空间，为创新发展提供量化、洞察、预测与展示支撑；培育大数据应用关键能力，拓展内外数据资源维度，提升统计分析、机器学习、深度学习数据挖掘能力，推动数据在线、算法在线、算力在线，形成以数据模型应用为脑细胞的企业运营"智慧大脑"，促进电网智能运行和企业智慧运营。

982. 可依据哪些信息化平台开展配电网规划？

配电网规划可依据"网上电网"平台、设备（资产）运维精益管理系统、电网调度管理系统、电能质量在线监测系统、营销辅助决策系统、地理信息管理系统等信息化平台开展工作。

983. 设备（资产）运维精益管理系统对于配电网规划有什么支撑作用？

设备（资产）运维精益管理系统（简称 PMS 系统）是一套以设备管理和资产管理为核心，涉及电网资源及输变配等生产业务过程的管理系统，通过 PMS 系统的应用，结合设备的具体情况，可实现对电网设备台账的查询与管理，为配电网规划提供电网资产设备基础信息数据支撑。

984. 设备（资产）运维精益管理系统中配电网设备台账的基本架构是什么？

PMS2.0 系统总体功能构架主要分为标准数据、电网资源、运维检修、监督评价和决策支持五大中心。设备台账管理隶属于电网资源中心下的电网资源管理，设备从新投到退役的台账全程维护均在此模块中得到实现。台账根据运维单位按电压等级分站划分，一个变电站的台账按照树形结构从上到下依次含有变电站、间隔、设备三级台账，每一级台账所含的具体信息又有所不同。其中，设备台账是设备台账管理构成的基础单元，由基本信息、设备资料和设备履历三部分构成。

985. 设备（资产）运维精益管理系统中配电网设备基础信息主要包含什么内容？

基本信息是设备台账基础数据的主要来源。包含设备资料中上传的铭牌图片信息，生成设备履历中的概述信息，为运检数据、设备生命大事记和管理信息等提供设备数据支持。

基本信息主要由资产参数、运行参数、物理参数和其他参数组成。根据设备类型不同，基本信息组成会有所增加，如主变、断路器、隔离开关等设备还含有调控运行参数，主变、避雷器等设备还有统计参数等，数量从几十个到几百个不等。

986. 电网调度管理系统对于配电网规划有什么支撑作用？

电网调度管理系统是分布式电力生产运行管理信息系统，按照省、地、县各级调度间分层控制，分级管理的模式，是一个统一信息交换、资源共享、生产流程控制以及决策支持的电网调度平台，可为配电网规划提供所需设备运行相关数据及配电网网架相关数据。

987. 电网调度管理系统可实现哪些功能辅助配电网规划？

电网调度管理系统是可实现电网资源的一体化管理，电网实时数据查询与分析，调度、运行、继电及自动化的一体化管理，其中电网实时数据查询可实现电网设备、业务数据、分析数据及运行实时数据的查询与分析，帮助配电网规划人员了解电网运行现状，支撑配电网规划。

988. 营销辅助决策系统对于配电网规划有什么支撑作用？

营销辅助决策系统可为配电网规划提供所需的用户资产设备基础台账数据及用户负荷报装数据，并实现数据的实时更新，可依据客户的实际用电量、用电时间规律等信息进行综合分析，辅助配电网规划。

989. 地理信息管理系统对于配电网规划有什么支撑作用？

地理信息管理系统从基础台账资料管理入手，以单线图管理作为配电网系统的主要表现形式，以地理信息系统为应用功能的集成界面，实现配电网地理属性数据、管理数据可视化，指导配电网规划，助力实现配电网规划数字化。

990. "网上电网"对于配电网规划有什么支撑作用？

"网上电网"集成运检、调度及营销等系统配电网规划所需数据，可实现电网规划和调度数据的统一、图模一体化的数据管理、灵活的计算分析模式和智能的规划方案管理，可实现历史态、现状态、规划态、计划态多重配电网形态的展示，同时具备网格化规划设计、项目库全流程管控、项目库可视化及规划报告辅助编制等功能，全面支撑配电网规划。

991. "网上电网" 的建设目标是什么？

"网上电网"建设以支撑服务坚强智能电网发展为目标，着力实时、实景、实效，着眼数字化、可视化、智能化，打造全息数据、全景导航、全程在线的新一代电网发展平台，创新网上管理、图上作业、线上服务新模式，推进新基建融合、数字化转型、智能化发展，助力提升电网发展质量。

992. "网上电网" 可实现哪些业务？

"网上电网"利用大数据、人工智能等技术搭建多场景、多维度、多方法的系统功能，设计在线化、人性化、定制化的应用场景，全面支持网上规划设计、网上计划投资、网上项目管控、网上统计分析、网上诊断评价、网上协同服务（简称"六个网上"），业务全程在线，统一平台、高效协同、智能作业，推动管理转型和业务升级，实现效率效益提升。

993. "网上电网" 功能建设思路是什么？

"网上电网"功能建设需充分吸纳基层意见，结合试点经验，持续迭代完善系统功能性能，不断丰富"六个网上"应用功能集群，开发电气参数库、标准接线库、设备选型库、环境资源库等辅助工具，灵活构建适用各层级、各专业多业务场景的工作平台。"网上电网"中台化改造，实现统建功能和自建微应用的自主配置，并与其他专业系统灵活调用，友好交互。

994. "网上电网" 可实现哪些数据的在线集成？

"网上电网"集成技术路线，基于数据中台及技术中台，打通发展、财务、设备、营销、基建、调度等专业27套系统数据堵点、断点，实现"营—配—调—规"全面贯通、"投—建—运—调"深度融合，在线汇聚全网全量电源档案、电网拓扑、设备台账、项目信息、用户档案，以及出力曲线、功率曲线等数据，完成项目—设备—测点关联匹配，形成全网统一的多专业数据台账映射关系，同时融合外部电网环境、自然资源、气象地灾、地形地貌、土地控规、交通规划等地图资源及多规图层，形成了一张图数融合一体的数字孪生电网。

995. "网上电网" 如何保证数据采集的准确性？

"网上电网"数据采集过程中应强化终端采集运维管理，优化通信技术和主站性能，固化采集消缺响应机制，提升电压、电流、电量等运行数据采集质量，实现 $T+1$ 共享集成；强化源端数据标准化维护、联动信息规范化交互、异常错误精准化定位，协同各专业深入开展信息台账质量治理和异动交互流程梳理，加强数据应用校验，全面提升基础数据质量。

996. "网上电网" 如何实现图数表一体化？

"网上电网"基于电网 GIS 平台服务，持续完善厂—站—线—变—户关系贯通和网格化管理拓扑图，丰富设备台账、项目建设、生产运行、关口电量等信息可视化展现形式，通过项目上图绘制、多版本形态图留存等方式，实现历史态、现状态、建设态、规划态等多时态电网图演示查询，实现图—数—表灵活转换。

997. 为助力配电网规划，"网上电网" 可实现哪些外部数据关联？

建立外部数据交互机制，依托数据中台逐步实现气象数据需求（如地面风日值格点数据图形、地面气象 3 天预报格点数据图形、空气质量格点逐时数据图形等）、经济数据需求（如国内生产总值、工业增加值、进出口等）、多规数据需求（如控规用地地图、总规路网图、土地性质现状图、土地规划建设用地管制区图、生态红线图、其他多规数据等）。

998. 如何保证 "网上电网" 数据贯通的一致性？

针对数据痛点深入梳理数据需求，明确数据流程，基于中台开展系统集成和数据接入，打通"营—配—调—规"各环节，开展项目—设备—运行信息关联匹配，初步形成覆盖源网荷要素、上下游信息、内外部数据的发展业务大数据。

999. "网上电网" 可实现哪些电网信息的实景展示支撑在线规划？

推动 3D 建模、VR 虚拟现实、视频监控以及地理信息技术融合应用，充分利用电网资源中台、智慧工地、智慧供应链等平台成果，可形成电站全景图、电网导航图和项目驾驶舱等一系列可视化图层，可实现电网历史态、现状态、规划态、计划态电网图展示与编辑，满足多专业、多时态、多类型的一站式应用需求，支撑在线规划、仿真作业与全局协同。

1000. 配电网规划过程中可利用 "网上电网" 哪些数据的统计分析功能？

基于源头自动采集数据，可实现网上统计建模，自动生成统计报表，建立多源设备匹配档案。其中，在线开展源网荷全量设备统计、可视化关口模型配置、供用电统计、同期电量监测、"三率合一"投资统计等统计功能可有效协助配电网规划，同时可利用"网上电网"经济活动分析模型、电力市场分析预测等分析功能，提升统计分析质量。

1001. 配电网规划建设哪些移动化应用助力规划工作？

"网上电网"遵循安全保密要求，面向不同层级、不同专业、不同类型用户需求，基于数据口袋书、项目宝、掌上电网、线损助手等一系列应用产品，优化人机交互模式，加强信息推送跟踪，丰富在线作业方式，便捷基层人员应用，切实做好决策支撑、基层赋能。

1002. 配电网规划人员应如何充分利用 "网上电网"，转换规划工作模式？

配电网规划人员应推行网上规划设计，基于"现状态"电网一张图，开展网上诊断、规划布局与仿真论证，智能诊断各级电网薄弱环节，预判发展需求；基于标准接线库、设备选型库，在网上开展布点规划、网架设计、仿真计算及多方案比选，改变以往规划线下编制、设计经验主导的工作模式，实现在线诊断、在线搭建、在线计算、在线评价。

1003. "网上电网" 作为信息化系统，如何支撑电网规划与外部规划的有效协调统一？

"网上电网"可有效推动多规合一，加强与各级地方政府沟通衔接，推动"网上电网"与地方国土空间资源平台互联互通，不断丰富地方控规、自然保护、人文遗迹、生态红线等信息，完善路径冲突预警、最优路径推荐等功能模型，助力电网规划与国土规划、环保规划、林水规划、交通规划等"多规合一"，实现资源统筹、效率提升、效益最优。

1004. "网上电网" 可实现哪些智能化功能助力配电网规划？

智能诊断薄弱环节，直观可视业扩需求，辅以电气计算工具，可在图上开展布点规划、网架设计及多方案比选，初步改变了以往数据手工收集、规划线下编制、项目人为报送的工作模式，取而代之的是电网问题智能判、电力负荷切实测、目标网架直观绘、规划方案在线比、规划项目自动出、指标成效仿真算。

1005. "网上电网" 如何实现规划项目监控，保证规划成果有效落地？

基于"建设态"电网一张图，开展网上项目统一编码、网上可研设计、网上辅助审查、网上项目优选、网上进度监控，融合智慧工地、智慧供应链等成果，推动项目—设备—指标的关联贯通，支撑项目建设全过程由线下向网上转变，在线论证项目必要性，评估投资效益，保证规划成果有效落地，实现电网项目可视化管理与全程闭环管控。

1006.　"网上电网" 如何实现项目的诊断评估，为后续规划提供数据支撑？

充分利用系统大数据，科学构建评价指标体系，客观评价电网发展质量、项目投资效率效益，在线动态计算，自动生成评价结论；通过可视化应用，实现项目运行效率和效益在线分析和评价；衔接投资项目管理，聚焦问题导向、目标导向、结果导向，为确定方向重点、调整结构时序、优化投资方案提供支撑。

1007.　"网上电网" 如何实现多专业的有效衔接？

推行网上协同服务，依托"网上电网"在线提供电源接入、供电方案批复等服务，开放电网运行工况、电网规划方案及规划项目进展等信息，共享间隔、廊道、项目资源，支撑营销阳光业扩、财务多维精益等融合应用，实现规划管理业务与调度、运维、营销等业务相关环节的有效衔接，促进电网业务高效协同。

1008. 如何利用 "网上电网" 辅助配电网网格化规划？

"网上电网"平台能够支撑电网网格化规划业务，可实现供电分区管理、规划断面管理、规划版本管理、规划方案管理、规划作业流程、规划作业工具等功能，基于可视化地图和海量运行数据，智能分析电网薄弱环节，预判发展需求；基于设备选型库，在网上电网开展布点规划、网架设计及多方案比选，改变以往规划线下编制、设计经验主导的工作模式，实现网上规划、网上设计。

1009. 如何利用 "网上电网" 辅助规划报告编制？

"网上电网"平台能够支撑完成规划报告编制管理业务，包含规划报告的在线编制、各类指标数据插入、热词导入和词云导入等功能。

1010. 如何利用 "网上电网" 中实现电网项目可研辅助审查？

"网上电网"平台能够实现电网工程可行性研究报告智能审查功能，可实现由可研评审申请、确定主审、可研预审、可研评审、提交设计收口、设计收口、评审意见编制、汇总出文等可研全流程的管理与辅助审查。

附录　重要文件及标准

《中华人民共和国国民经济和社会发展第十四个五年规划和 2035 年远景目标纲要》

2021 年《政府工作报告》

《电力设施保护条例》（根据 2011 年 1 月 8 日《国务院关于废止和修改部分行政法规的决定》第二次修订）

《生态保护红线划定技术指南》（环发〔2015〕56 号）

《中共中央国务院关于建立国土空间规划体系并监督实施的若干意见》（中发〔2019〕18 号）

《新时代的中国能源发展》白皮书（中华人民共和国国务院新闻办公室 2020 年 12 月）

《国家发展改革委国家能源局关于全面提升"获得电力"服务水平持续优化用电营商环境的意见》（发改能源规〔2020〕1479 号）

NB/T 33030—2018《国民经济行业用电分类》

GB/T 14285—2006《继电保护和安全自动装置技术规程》

GB/T 15544.1—2013《三相交流系统短路电流计算　第 1 部分：电流计算》

GB/T 22239—2019《信息安全技术　网络安全等级保护基本要求》

GB/T 29328—2018《重要电力用户供电电源及自备应急电源配置技术规范》

GB/T 33589—2017《微电网接入电力系统技术规定》

GB/T 33593—2017《分布式电源并网技术要求》

GB/T 36047—2018《电力信息系统安全检查规范》

GB/T 36278—2018《电动汽车充换电设施接入配电网技术规范》

GB/T 36547—2018《电化学储能系统接入电网技术规定》

GB/T 36572—2018《电力监控系统网络安全防护导则》

GB/T 36635—2018《信息安全技术 网络安全监测基本要求与实施指南》

GB/T 37138—2018《电力信息系统安全等级保护实施指南》

GB/T 38318—2019《电力监控系统网络安全评估指南》

GB 38755—2019《电力系统安全稳定导则》

GB/T 40427—2021《电力系统电压和无功电力技术导则》

GB 50059—2011《35kV～110kV 变电所设计规范》

GB 50289—2016《城市工程管线综合规划规范》

GB 50293—2014《城市电力规划规范》

GB 50613—2010《城市配电网规划设计规范》

DL/T 256—2012《城市电网供电安全标准》

DL/T 686—2018《电力网电能损耗计算导则》

DL/T 836—2012《供电系统供电可靠性评价规程》

DL/T 985—2012《配电变压器能效技术经济评价导则》

DL/T 1563—2016《中压配电网可靠性评估导则》

DL/T 1936—2018《配电自动化系统安全防护技术导则》

DL/T 1941—2018《可再生能源发电站电力监控系统网络安全防护技术规范》

DL/T 2034.1～2034.3—2019《电能替代设备接入电网技术条件》

DL/T 2192—2020《并网发电厂变电站电力监控系统安全防护验收规范》

DL/T 2335—2021《电力监控系统网络安全防护技术导则》

DL/T 2336—2021《电力监控系统设备及软件网络安全检测要求》

DL/T 2337—2021《电力监控系统设备及软件网络安全技术要求》

DL/T 2338—2021《电力监控系统网络安全并网验收要求》

DL/T 5002—2021《地区电网调度自动化设计规程》

DL/T 5003—2017《电力系统调度自动化设计规程》

DL/T 5216—2005《35kV～220kV 城市地下变电站设计规定》

DL/T 5226—2013《发电厂电力网络计算机监控系统设计技术规程》

DL/T 5542—2018《配电网规划设计规程》

DL/T 5729—2016《配电网规划设计技术导则》

T/CEC 167—2018《直流配电网与交流配电网互联技术要求》

T/CEC 5014—2019《园区电力专项规划内容深度规定》

T/CEC 5015—2019《配电网网格化规划设计技术导则》

Q/GDW 156—2006《城市电力网规划设计导则》

Q/GDW 1212—2015《电力系统无功补偿配置技术导则》

Q/GDW 1480—2015《分布式电源接入电网技术规定》

Q/GDW 10270—2017《220kV 及 110（66）kV 输变电工程可行性研究内容深度规定》

Q/GDW 10370—2016《配电网技术导则》

Q/GDW 10738—2020《配电网规划设计技术导则》

Q/GDW 10738—2020《配电网规划设计技术导则》补充条款（试行）

Q/GDW 10865—2017《国家电网公司配电网规划内容深度规定》

Q/GDW 11019—2013《农网 35kV 配电化技术导则》

Q/GDW 11147—2017《分布式电源接入配电网设计规范》

Q/GDW 11358—2019《电力通信网规划设计技术导则》

Q/GDW 11360—2015《调度自动化规划设计技术导则》

Q/GDW 11374—2015《10 千伏及以下电网工程可行性研究内容深度规定》

Q/GDW 11375—2015《配电网规划计算分析数据规范》

Q/GDW 11396—2015《电网设施布局规划内容深度规定》

Q/GDW 11431—2016《配电网规划基础信息与数据集成技术导则》

Q/GDW 11542—2016《配电网规划计算分析功能规范》

Q/GDW 11615—2017《配电网发展规划评价技术规范》

Q/GDW 11617—2017《配电网规划项目技术经济比选导则》

Q/GDW 11619—2017《分布式电源接入电网评价导则》

Q/GDW 11622—2017《110（66）kV～750kV 交流输变电工程后评价内容深度规定》

Q/GDW 11690—2017《综合管廊电力舱设计技术导则》

Q/GDW 11722—2017《交直流混合配电网规划设计指导原则》

Q/GDW 11724—2017《配电网规划后评价技术导则》

Q/GDW 11725—2017《储能系统接入配电网设计内容深度规定》

Q/GDW 11728—2017《配电网项目后评价内容深度规定》

Q/GDW 11856—2018《电动汽车充换电设施接入配电网设计规范》

Q/GDW 11989—2019《国家电网有限公司电网发展诊断分析内容深度规定》

Q/GDW 11990—2019《配电网规划电力负荷预测技术规范》

Q/GDW 11991—2019《中压柔性变电站》

Q/GDW 11992—2019《配电网网格化规划内容深度规定》

Q/GDW 11994—2019《电化学储能规划技术导则》

Q/GDW 11996—2019《10（20）kV～500kV 电缆线路工程可行性研究内容深度规定》

Q/GDW 111159—2022《浙江电网规划设计技术导则》

《能源互联网　第 5 部分：能源路由器（能量路由器）功能规范和技术要求》（征求意见稿）

《电能替代项目节能减排量化计算原则》（征求意见稿）

《变电站与数据中心站融合技术导则》（征求意见稿）

《国家电网有限公司"碳达峰、碳中和"行动方案》

《国家电网战略目标深化研究报告》

《国家电网有限公司电网项目前期工作管理办法》（国家电网企管〔2019〕425 号）

《国家电网有限公司电网项目可行性研究工作管理办法》（国家电网企管〔2019〕951 号）

《国家电网有限公司电网项目可行性研究工作管理办法》（国家电网发展〔2021〕996 号）

《国家电网有限公司关于促进电化学储能健康有序发展的指导意见》（国家电网办〔2019〕176 号）

《国家电网有限公司关于深化"放管服"改革优化电网发展业务管理的意见》（国家电网发展〔2019〕407 号）

《国家电网有限公司关于印发电源接入电网前期工作管理意见的通知》（国家电网发展〔2019〕445 号）

《国家电网有限公司关于配合做好国土空间规划有关工作的通知》（国家电网发展〔2019〕600 号）

《国网发展部关于开展 220kV 及以下特殊电网项目和独立二次项目可研安全校核分析的通知》（发展规二〔2018〕35 号）

《国网运检部配网"低电压"治理技术原则（试行）》（运检三〔2015〕7 号）

《35kV 及以上线路工程与无线通信共享杆塔设计与安装技术导则》（试行）

《国家电网有限公司配电网规划评估指导意见（试行）》（征求意见稿）

《国网山东省电力公司配电专业生产技改大修工程管理实施细则》（运检三〔2017〕36 号）

参 考 文 献

［1］舒印彪．配电网规划设计［M］．北京：中国电力出版社，2018.

［2］水利水电部西北电力设计院．电力工程电气设计手册（电气一次部分）［M］．北京：中国电力出版社，1991.

［3］中国航空规划设计研究总院有限公司．工业与民用供配电设计设计手册［M］．北京：中国电力出版社，2016.

［4］崔元春，张宏彦，崔连秀．配电设计手册［M］．北京：中国电力出版社，2015.

［5］国网北京经济技术研究院．电网规划设计手册［M］．北京：中国电力出版社，2015.

［6］电力工业部电力规划设计总院．电力系统设计手册［M］．北京：中国电力出版社，1998.

［7］中国电力工程顾问集团有限公司，中国能源建设集团规划设计有限公司．电力工程设计手册 24：电力系统规划设计［M］．北京：中国电力出版社，2019.

［8］刘振亚．全球能源互联网［M］．北京：中国电力出版社，2015.

［9］代红才．综合能源系统［M］．北京：中国电力出版社，2020.

［10］孙宏斌．能源互联网［M］．北京：科学出版社，2020.

［11］肖先勇．电力技术经济分析［M］．北京：中国电力出版社，2005.

［12］王鹏，王冬容．走进虚拟电厂［M］．北京：机械工业出版社，2019.

［13］曾鸣．综合能源系统［M］．北京：中国电力出版社，2020.

［14］咨询工程师（投资）职业资格考试参考教材编写委员会．现代咨询方法与实务［M］．北京：中国统计出版社，2019.

［15］刘宝华，王冬容，曾鸣．从需求侧管理到需求侧响应［J］．电力需求侧管理，2005，7（5）：10‐13.

［16］邵靖珂．基于人群搜索算法的微网经济优化调度［D］．长沙：湖南大学，2016.

［17］韩雪，任东明，胡润青．中国分布式可再生能源发电发展现状与挑战［J］．中国能源，2019，41（6）：6.

［18］王庆一．能源效率及其政策和技术（上）［J］．节能与环保，2001.

［19］张越，王伯伊，李冉，等．多站融合的商业模式与发展路径研究［J］．供用电，2019（6）：5.

［20］杨国栋．分布式电源并网规划研究［D］．济南：山东大学，2019.

［21］黄学农．国家能源局：多措并举保障新能源高水平消纳利用［N］．北京：光明网，2021.

［22］肖峻，刚发运，蒋迅，等．柔性配电网：定义、组网形态与运行方式［J］．电网技术，2017.

［23］殷晓刚，戴冬云，韩云，等．交直流混合微网关键技术研究［J］．高压电器，2012.

［24］郭雅娟，陈锦铭，何红玉，等．交直流混合微电网接入分布式新能源的关键技术研究综述［J］．电力建设，2017.

［25］朱永强，贾利虎，蔡冰倩，等．交直流混合微电网拓扑与基本控制策略综述［J］．高电压

技术，2016.

[26] 乔奕炜，王冬容．我国虚拟电厂的建设发展与展望 ［J］．中国电力企业管理，2020（22）.

[27] 马秀达，康小宁，李少华，等．多端柔性直流配电网的分层控制策略设计 ［J］．西安交通大学学报，2016（8）.

[28] 陆子凯，简翔浩，张明翰．多端柔性直流配电网的可靠性和经济性评估 ［J］．南方能源建设，2020（4）.

[29] 吴恒，吴家宏，刘千杰，等．面向多端直流配电网的协调稳定控制研究 ［J］．供用电，2018（8）.

[30] 周春丽，刘裕昆，覃惠玲，等．虚拟电厂技术发展趋势 ［J］．广西电力，2021（1）.

[31] 李嘉媚，艾芊，殷爽睿．虚拟电厂参与调峰调频服务的市场机制与国外经验借鉴 ［J］．中国电机工程学报，2022（01）.

[32] 董凌，年珩，范越，等．能源互联网背景下共享储能的商业模式探索与实践 ［J］．电力建设，2020（04）.

[33] 徐瑞龙，田佳强，朱亚运，等．基于博弈论的共享储能社区微电网能源管理 ［C］．第二十届中国系统仿真技术及其应用学术年会论文集（20th CCSSTA 2019）.

[34] 张子建．公寓建筑用户侧共享储能服务模型与运行策略 ［J］．电力安全技术，2021（01）.

[35] 肖立业，林良真．超导输电技术发展现状与趋势 ［J］．电工技术学报，2015（07）.

[36] 郭文勇，蔡富裕，赵闯，等．超导储能技术在可再生能源中的应用与展望 ［J］．电力系统自动化，2019（08）.

[37] 张京业，唐文冰，肖立业．超导技术在未来电网中的应用 ［J］．物理，2021（02）.

[38] 曹阳，袁立强，朱少敏，等．面向能源互联网的配网能量路由器关键参数设计 ［J］．电网技术，2015（11）.

[39] 吕军，盛万兴，刘日亮，等．配电物联网设计与应用 ［J］．高电压技术，2019（06）.

[40] 沈沉，贾孟硕，陈颖，等．能源互联网数字孪生及其应用 ［J］．全球能源互联网，2020（01）.

[41] Farhad Shahnia, Ali Arefi, Gerard Ledwich. Electric Distribution Network Planning ［M］. Springer, Singapore：2018.

[42] H. Lee Willis. Power Distribution Planning Reference Book ［M］. Taylor and Francis；CRC Press：1997.

[43] S. Chowdhury, S. P. Chowdhury, P. Crossley. Microgrids and Active Distribution Networks ［M］. IET Digital Library；IET：2009.

[44] Thomas Allen Short. Distribution Reliability and Power Quality ［M］. CRC Press：2018.